Wirth | Kirschbaum – Flechten

Volkmar Wirth | Ulrich Kirschbaum

Die Flechten Mitteleuropas

Bestimmung und Beschreibung der wichtigsten Arten

3., erweiterte Auflage

Quelle & Meyer Verlag Wiebelsheim

Die Angaben in diesem Buch sind von den Autoren und dem Verlag sorgfältig erwogen und geprüft, dennoch kann keine Garantie übernommen werden. Eine Haftung der Autoren bzw. des Verlags und seiner Beauftragten für Personen-, Sach- und Vermögensschäden ist ausgeschlossen.

Bibliografische Information der Deutschen Nationalbibliothek
Die Deutsche Nationalbibliothek verzeichnet diese Publikation in der Deutschen Nationalbibliografie; detaillierte bibliografische Daten sind im Internet über http://dnb.d-nb.de abrufbar.

3., erweiterte Auflage (Die Vorauflagen erschienen unter dem Titel „Flechten einfach bestimmen. Ein zuverlässiger Führer zu den häufigsten Arten Mitteleuropas".)

www.quelle-meyer.de

Umschlagabbildungen: U1: Vielfrüchtige Gelbflechte (oben), Zerstreutfrüchtige Kuchenflechte (unten); U4: Zarte Rentierflechte (oben), Goldgelbe Stecknadelflechte, Gewöhnliche Gelbflechte, Buschige Astflechte (unten v. l. n. r.)
Druck und Verarbeitung: Belvédère Print & Packaging b. v., Niederlande
Printed in Europe/Imprimé en Europe
ISBN 978-3-494-01970-3

Inhalt

1. Einleitung ... 8
2. Biologie der Flechten ... 8
2.1 Das Flechtenprinzip ... 8
2.2 Aussehen ... 9
2.3 Bau des Lagers ... 10
2.4 Fortpflanzungsorgane ... 10
2.5 Lebensweise und Lebensraum (Standorte) ... 13
2.6 Flechtenbewohnende Pilze ... 14
3. Nutzung der Flechten ... 16
4. Sammeln und Aufbewahren ... 17
5. Bestimmung (Identifizierung) der Flechten ... 18
6. Die Benennung der Flechtenarten ... 21
7. Erklärung wichtiger Fachbegriffe ... 21
8. Charakterisierung der Habitate (Lebensräume) ... 25
9. Schlüssel zu den ökologischen Artengruppen mit Bildteil ... 29
9.1 Flechten überall auf Laubbäumen ... 30
9.2 Flechten auf Bäumen im Freiland ... 62
9.3 Flechten auf Waldbäumen in niederen Lagen ... 114
9.4 Flechten auf Bäumen im Bergwald ... 154
9.5 Flechten auf Holz, auf Baumstümpfen und an der Basis von Bäumen ... 182
9.6 Flechten auf künstlichen Substraten (z. B. Mauern, Dächern, Grabsteinen) ... 197
9.7 Flechten auf Felsen, Blöcken und Steinen aus Silikatgestein ... 224
9.8 Flechten auf Felsen, Blöcken und Steinen aus Karbonatgestein ... 284
9.9 Flechten auf kalkhaltigen Böden ... 324
9.10 Flechten auf sauren Böden ... 338
9.11 Erd- und Felsflechten nahe und über der Waldgrenze ... 374
Literatur ... 410
Dank ... 411
Liste von häufig in der Literatur vorkommenden Synonymen ... 412
Register der deutschen Artnamen ... 415
Register der wissenschaftlichen Artnamen ... 421

Flechtenbestimmung

von Ute Wernicke

*Die Flechte schmiegt sich an den Baum,
ganz winzig klein, man sieht sie kaum.
Dem Flechtenfreund ist sofort klar:
Es ist ein selt'nes Exemplar,
das noch in seiner Sammlung fehlt,
drum wird die Rinde abgeschält;
die Tüte birgt das gute Stück,
und er eilt heim – welch Sammlerglück!*

*Weil es ja nicht lang dauern kann (!),
macht er sich unverzüglich dran,
holt Mikro, Bino, Buch herbei
und wählt den Gattungsschlüssel zwei,
kommt gut voran, sagt fünfmal: „Passt"
(und zehnmal – zugegeben – „fast").
Er schlüsselt aus bei 30 Stern
und freut sich; „Ja, die hätt' ich gern!"
Jedoch – die Stirn schlägt Sorgenfalten:
Es gibt sie nur in Gletscherspalten!*

*Der Fehler lag bei den Rhizinen,
die ihm ganz unverzweigt erschienen,
nun aber hat er, ganz versteckt,
die Flaschenbürstenform entdeckt.
Er merkt, hier ging die Spur verlor'n
und er beginnt noch mal von vorn.
Er müht sich sehr, doch irgendwie
klappt es jetzt nicht mit der Chemie,
die er laut Buch zu Hilfe rief:
Statt dunkelrot wird es oliv.*

*Zudem quält ihn das Unbewusste:
„Du liegst ganz falsch, das ist 'ne Kruste!"
Die Flechte liegt unschuldig, stumm
unter dem Mikroskop herum
und wartet drauf, dass er errät
das Rätsel der Identität.*

*Der dünne Schnitt will nicht gelingen,
die präparierten Stückchen springen
ins Nirgendwo, der Tropfen quillt,
die Sporen schwimmen aus dem Bild.*

*Die Zeit vergeht und auch der Mut –
ein Buch mit Fotos wär jetzt gut.
Auf Seite hundertfünfzig oben
ist eine mit den gleichen Loben,
und ganz egal, was er noch findet,
er sagt: „Beschlossen und verkündet!!!"*

1. Einleitung

Wir sind gewohnt, dass sich die Vegetation um uns ständig verändert. Kräuter erscheinen und ziehen wieder ein, Blumen blühen und vergehen, Bäume entfalten ihr Laub und werfen es, wenn die kalte Jahreszeit beginnt, wieder ab. Bei den Flechten ist dies anders. Flechten sind zu allen Jahreszeiten präsent, ohne sich wesentlich zu verändern. Eine ausgeprägte Vegetationsperiode gibt es bei ihnen nicht. Sie sind ein meist unauffälliger, aber konstanter Bestandteil unserer belebten Umwelt.

Wer botanisch interessiert ist und im Winter und Vorfrühling wenig zu studieren hat, für den mögen Flechten eine reizvolle Beschäftigung abgeben. Mit ihren eigenartigen, ungewöhnlichen, aber oft attraktiven Formen und Farben haben Flechten ästhetische Aspekte zu bieten. Auch ihre Lebensweise ist eigenartig. Sie ist völlig verschieden von der, die wir von höheren Pflanzen kennen. Sie erlaubt es, höchst erfolgreich die unwirtlichsten Gebiete und Standorte zu besiedeln, wenn auch in der Regel nur in bescheidener Größe und geringer Biomasse. Und ihr Aufbau ist so merkwürdig, dass die Wissenschaft lange gebraucht hat, dessen Prinzip zu ergründen. Was sind Flechten? Pflanzen? Ja und nein. Pilze? Ja und nein. Sie haben von beidem etwas. Flechten vereinigen in sich, in engster Lebensgemeinschaft, jeweils einen Pilz, der auf Zufuhr organischer Substanzen angewiesen ist, und einen zur Photosynthese befähigten Partner. Diese Lebensgemeinschaft hat sich weltweit in ca. 25.000 Arten etablieren können, über 2.000 davon kommen in Zentraleuropa vor. Dieses Buch stellt zahlreiche davon vor und ermöglicht deren Bestimmung.

2. Biologie der Flechten

2.1 Das Flechtenprinzip

Flechten sind prinzipiell aus einem Pilz (jede Flechtenart mit einer anderen Pilzart) und einem die Photosynthese übernehmenden Lebewesen, einem sogenannten *Photobionten* aufgebaut – meistens eine Grünalge, seltener eine Cyanobakterie (Blaualge). *Photobiont* und Pilz (sog. *Mykobiont*) leben praktisch untrennbar in Symbiose miteinander, eine Lebensweise, die eine hochgradige morphologische und physiologische Abstimmung voraussetzt. Die Grünalgen bzw. Cyanobakterien produzieren Kohlenhydrate und geben einen Großteil davon an den Pilzpartner ab, der – wie alle Pilze – zur selbständigen Produktion von organischen Substanzen nicht in der Lage ist. Der Pilz umhüllt mit seinem Fadengeflecht (Hyphen) die Algenzellen, schützt sie vor rascher Austrocknung und vor Tierfraß.

Das Prinzip Pilz und Photobiont (Cyanobakterie oder Grünalge) ist ein Grundprinzip der Flechtensymbiose, erfährt aber im Einzelnen unterschiedliche Ausbildungen bzw. Ergänzungen. Verbreitet ist in Grünalgenflechten die zusätzliche Existenz von Cyanobakterien in gesonderten Organen: eine Dreier-Partnerschaft. Auch die Anwesenheit eines zweiten Mykobionten als sogenannter Parasymbiont, der die Flechte infiziert, aber nicht schädigt, ist nicht selten. Neuerdings konnte man feststellen, dass mikroskopisch kleine, hefeartige Pilze, die systematisch zu den Rostpilzen gehören, in der Rinde von Flechten leben und Stoffwechselfunktionen übernehmen.

Wie die weite Verbreitung und die Eroberung unwirtlicher Standorte belegt, entwickelte sich die Flechtensymbiose zum Erfolgsrezept. Dafür spricht auch die Tatsache, dass ca. 20 % aller Pilze in Symbiose mit einem Photobionten leben. Offensichtlich bewirkt die Flechtengemeinschaft aus Pilz und Photobiont eine erhebliche Erweiterung der ökologischen Möglichkeiten. Flechten leben an vielen Orten, die den einzelnen Partnern allein verschlossen wären, d.h. unbesiedelbar blieben. Das deutlichste Beispiel ist vielleicht der reiche Bewuchs frei liegender Felsen mit Flechten. Pilze können keine Felsen besiedeln. Algen können zwar unter bestimmten Bedingungen auf Gestein wachsen, aber gewöhnlich nicht an besonnten Standorten leben.

2.2 Aussehen

Flechten erscheinen in recht unterschiedlicher Gestalt. Es hat sich eingebürgert, mehrere Hauptgruppen nach der Wuchsform des Flechtenkörpers (Lager, Thallus) zu unterscheiden. Die wichtigsten sind Krustenflechten, Blattflechten und Strauchflechten. *Krustenflechten* bilden, wie der Name sagt, krustenförmige Überzüge; sie haben, da sie mit dem bewohnten Substrat eng verwachsen sind, keine ausgebildete Unterseite. *Blattflechten* wachsen ebenfalls flächig, bilden aber schmal- bis breitlappig gegliederte Lager, die eine ausdifferenzierte, klar abgegrenzte Unterseite haben und mit Hilfe besonderer Haftorgane mit dem Substrat verbunden, also nicht flächig lückenlos mit ihm verwachsen sind. *Strauchflechten* wachsen räumlich und sind, wenn sie nicht locker auf dem Boden aufliegen, nur an einer Stelle punktuell mit dem Substrat verwachsen. Sie zeigen in der Regel ein stark bevorzugtes Längenwachstum, was zu schmalen oder dünnen, langgestreckten Lagerabschnitten führt.

Wie in der Natur die Regel, gibt es auch Formen, die sich nicht klar solch grobem Schema zuordnen lassen. Es treten zum Beispiel kleinblättrige bis schuppige Formen auf, die zwischen den typischen Blatt- und Krustenflechten stehen. Es gibt ferner typische Krustenflechten, die also gänzlich mit dem Substrat verwachsen sind, aber deren Randbereiche Ansätze zu einem lappigen Wuchs zeigen. Bei anderen ist gar kein Lager sichtbar, weil es sich im Substrat (z.B. Gestein oder Baumrinde) befindet. So können innerhalb der Großgruppen weitere Wuchsformtypen unterschieden werden. Eine bekannte Untergruppe der Strauchflechten sind die Bartflechten, die sich durch fädige Lager auszeichnen. Flechten vom Typ der sehr wichtigen und verbreiteten Gattung *Cladonia* (Becher-, Säulen-, Korallenflechten) haben einen zweiteiligen Körper: Er besteht aus einem grundständigen, auf dem Substrat ausgebreiteten, kleinblättrigen Thallus (Primärthallus, Horizontalthallus) und mehr oder weniger aufrecht wachsenden Teilen, die becher- oder geweihförmig, stift- oder spießförmig aussehen können (Sekundärthallus, Vertikalthallus). Ein auf die Konsistenz des Lagers Bezug nehmendes Kriterium ist das Merkmal der Gruppe der *Gallertflechten*. Diese sind in trockenem Zustand hart und spröde, feucht jedoch gequollen und geschmeidig-gallertig.

Flechten sind unterschiedlich gefärbt. Die unterschiedlichen Farbnuancen können wichtige Hilfen bei der Bestimmung sein, sind aber schwer zu umschreiben. Besonders häufig sind Grautöne von fast weiß bis dunkelgrau sowie Grün- und Brauntöne. Eine Reihe von Flechtenarten ist rein gelb bis orange oder grünlichgelb bis gelbgrün gefärbt. Die einzelnen Gelbtöne werden durch unterschiedliche Pigmente in der Rinde der Flechten erzeugt. Besonders die Gelbfärbung mit Grünton ist ein wichtiges Kriterium bei der Artbestimmung; hier liegt Usninsäure zugrunde, benannt nach *Usnea*, einer wichtigen Bartflechten-Gattung, deren Arten diesen Stoff enthalten.

Angefeuchtet verändern sich die meisten Flechten nur recht wenig. Bei Grünalgen-Flechten kann ein leichter Grünstich auftreten, selten auch eine starke Verfärbung von Grau nach frischem Grün, da sowohl die Algenschicht in gequollenem Zustand intensiver gefärbt ist als auch die gequollene Oberrinde die Farbe stärker durchscheinen lässt. Bei grau bis braun gefärbten Flechten mit Cyanobakterien („Cyanoflechten", Blaualgenflechten) ist die Farbveränderung bei Durchfeuchtung des Lagers jedoch erheblich. Sie nehmen dann eine schwärzliche Färbung an.

2.3 Bau des Lagers

Den größten Teil des Flechtenkörpers nimmt in der Regel der Pilz ein. Er bildet ein mehr oder weniger lockeres Geflecht aus seinen Hyphen, das sich an der Oberfläche oft zu einem dichteren Abschlussgeflecht, einer Art *Rinde*, zusammenschließt (Abb. 1).

Die Photobionten, meist ein- oder wenigzellige Algen bzw. Cyanobakterien, liegen eingebettet in pilzliches Hyphengeflecht. Sie sind meistens in einer oberflächennahen Schicht unter der Rinde, der sogenannten *Algenschicht*, konzentriert. Vor allem bei Gallertflechten sind die Photobionten jedoch auch über das ganze Innere des Lagers verstreut. Bei den Flechten mit einem geschichteten Aufbau folgt auf Rinde und Algenschicht ein locker strukturiertes *Mark*. Bei Krustenflechten ist das Mark des Lagers mit der besiedelten Unterlage (Substrat) verwachsen, bei Blattflechten folgt auf das Mark eine *Unterrinde*, die den Thallus nach unten abschließt und gegebenenfalls Haftorgane (meistens fädige, unverzweigte bis verzweigte *Rhizinen*) bildet. Bei Strauchflechten mit stielrunden, z. B. fädigen Thalli und auch meist bei solchen mit bandförmigen Lagerabschnitten sind die Schichten mehr oder weniger konzentrisch angeordnet. Die Oberrinde umschließt die Thallusabschnitte komplett, eine Unterrinde fehlt naturgemäß.

2.4 Fortpflanzungsorgane

Flechten stehen bei der Fortpflanzung vor einem speziellen Problem. Sie müssen gewährleisten, dass dabei letzten Endes die beiden jeweils passenden Symbiosepartner zusammenkommen. Jede Flechtenart repräsentiert eine bestimmte, nur bei ihr vorkommende Pilzart in Kombination mit einem bestimmten Photobionten. Bei vielen Flechtenarten wird die passende Kombination bei der Fortpflanzung dadurch erreicht, dass auf *vegetative* (ungeschlechtliche) Weise „Ableger" vom Lager erzeugt werden, die bereits die beiden Partner enthalten. Flechten produzieren zweierlei Ty-

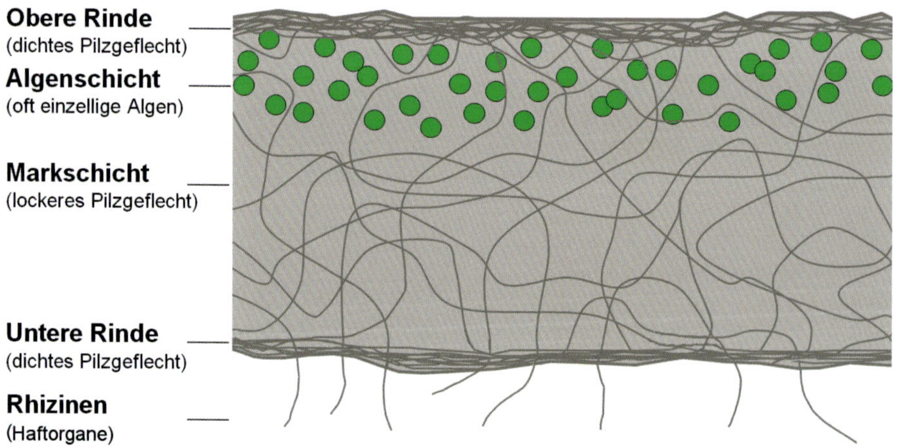

Abb. 1: Schematischer Querschnitt durch eine Blattflechte

pen von solchen Ablegern. Zum einen sind es Auswüchse des Thallus, die bei Trockenheit abbrechen und verbreitet werden. Die Auswüchse nennt man *Isidien*. Sie sind zylindrisch bis fast kugelig geformt oder korallenartig verzweigt. Zum anderen sind es sehr kleine, mehr oder weniger kugelige Teilchen, die in großer Zahl in mehlig bis körnig erscheinenden Aufbrüchen des Lagers gebildet werden. Die mehligen bis körnigen Aufbrüche nennt man *Sorale*, ihre staubfeinen bis körnigen Bestandteile *Soredien*. Diese Fortpflanzungsteilchen enthalten Algenzellen, die von Pilzhyphen umsponnen sind. Sie sind relativ leicht und werden von Wind, Wasser und Kleintieren fortgetragen. Form der Isidien und Sorale sowie ihre Position am Thallus sind artspezifisch und somit wichtige Bestimmungsmerkmale (Abb. 2).

Die vegetative Fortpflanzung ist äußerst vorteilhaft, was die Effektivität der Vermehrung und Fortpflanzung angeht. Doch ist es ein grundsätzliches Handicap der vegetativen gegenüber der sexuellen Fortpflanzung, dass keine genetischen Prozesse mit den sie begleitenden Triebfedern der Evolution, also Rekombination und Selektion, verbunden sind. Die Fortpflanzung mit Isidien und Soredien ist weitgehend eine evolutionäre Sackgasse.

Die *sexuelle* Fortpflanzung bei Flechten wird vom Pilz übernommen, und zwar von *Sporen*,

Abb. 2: Sorale und Isidien

die in Fruchtkörpern gebildet werden. Da fast alle Pilzpartner der Flechten zu den Schlauchpilzen, den *Ascomycota* gehören, handelt es sich bei den Sporen um *Ascosporen*, die (meist zu 8) in *Asci* oder *Schläuchen* entstehen, welche in großer Zahl in den Fruchtkörpern in einer Schicht (im sog. *Hymenium*) angeordnet sind. Die mikroskopisch kleinen Ascosporen werden aus den Asci herausgeschleudert oder entlassen und vom Wind verbreitet. Da sie jedoch nur den Pilzanteil der Flechtenart repräsentieren, muss die auskeimende Spore auf die passende Alge treffen: vermutlich bei den meisten Flechtenarten ein enormes Zufallsereignis. Die geringe Wahrscheinlichkeit, dass eine Spore dort, wo sie gerade hinfällt, auf die passende Alge trifft, wird ausgeglichen durch die große Zahl produzierter Sporen. Es ist vermutlich auch davon auszugehen, dass die Spore sich einen Algenpartner von einer benachbarten Flechte besorgt, oder das Wartestadium saprophytisch (von toter organischer Substanz lebend) überdauert, bis sie auf einen passenden Partner stößt. Die Existenz von sehr vielen Arten, die sich ausschließlich sexuell fortpflanzen, belegt, dass das Zufallsprinzip funktioniert. Die Fortpflanzung mit Sporen hat einen weiteren Vorteil. Ihre Reichweite bei der Ausbreitung ist mit Sicherheit sehr viel größer als bei Soredien und Isidien, da sie wesentlich leichter sind als letztere. Neuansiedlungen von Flechten finden mitunter viele 100 Kilometer von ihrem nächsten Vorkommen statt.

Die *Fruchtkörper*, in denen die Sporen produziert werden, sehen sehr unterschiedlich aus und sind wichtige Bestimmungsmerkmale. Zum großen Teil haben sie eine mehr oder weniger scheibenähnliche Grundform; man nennt sie *Apothecien*. Die Scheibe – ihre Oberfläche ist die Oberfläche des Hymeniums und wird *Epihymenium* genannt – kann konkav, flach oder konvex sein, sie kann von einem mehr oder weniger abgegrenzten *Rand* umgeben oder randlos sein (Abb. 3 und 4).

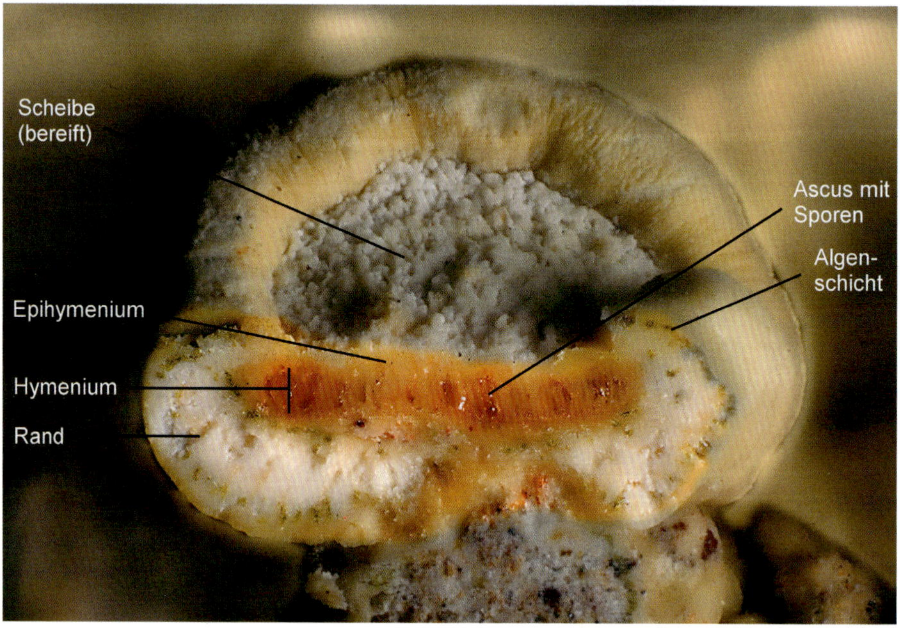

Abb. 3: Bild eines angeschnittenen lecanorinen Apotheciums

Abb. 4: Apothecien, Perithecien und Pyknidien

Der Rand kann vom Lager gebildet werden und stimmt dann farblich mit dem Lager überein (sog. *Lagerrand* oder *lecanoriner Rand*) und enthält auch Algen. In anderen Fällen wird die Scheibe nicht vom Lager berandet; ist dennoch ein Rand vorhanden, hat er dann gewöhnlich in etwa die Farbe der Scheibe und enthält keine Algen (*Eigenrand*). Bei einer Gruppe von Flechten – fast nur Krustenflechten – liegt das sporenerzeugende Geflecht, das Hymenium, nicht als Oberfläche der Scheibe offen zutage, sondern ist in kugelige Gebilde eingeschlossen, die sich mit einer Pore öffnen. Diese (meist schwarzen) Fruchtkörper nennt man *Perithecien*.

Auch die Sporenform, -farbe und -größe sind wichtige Bestimmungsmerkmale; sie erfordern aber eine entsprechende Mikroskopie-Ausstattung. Im Rahmen dieses Buches wird auf sie möglichst nur in Ausnahmefällen und bezüglich einfach zu erkennender Merkmale (Farbe, Zellenzahl) verwiesen.

2.5 Lebensweise und Lebensraum (Standorte)

Von Gefäßpflanzen wissen wir, dass bei Wassermangel Blätter und krautige Pflanzenteile verwelken. Selbst wenn zahlreiche Gefäßpflanzen die Fähigkeit haben, danach noch einmal auszutreiben, ist ein wiederholter Wassermangel für sie kritisch und führt gewöhnlich zum Absterben der Pflanze. Flechten haben derartige Probleme nicht. Sie sind *wechselfeuchte Organismen*. Zwar ist auch bei ihnen ein Leben ohne Wasser selbstverständlich unmöglich, aber ein zeitweises, wochen- oder monatelanges Ausbleiben der Versorgung mit Wasser wird problemlos überstanden. Die Flechtenlager trocknen aus und werden stoffwechselinaktiv. Man kann auch vergleichsweise sagen: Sie welken, verwelken aber nicht. Sobald Wasser wieder zur Verfügung steht, quellen sie auf und kurbeln ihren Stoffwechsel in Sekunden- oder Minutenschnelle wieder an. Das Wasser wird mit der gesamten Oberfläche des Flechtenlagers als Niederschlagswasser, Sickerwasser oder auch als Wasserdampf aufgenommen. Eine Aufnahme aus dem Substrat ist nicht notwendig; hierfür spezialisierte Organe wie Wurzeln fehlen den Flechten.

Die Wechselfeuchtigkeit und die unspezifische Art der Wasseraufnahme aus Regen, Tau und Nebel mit der ganzen Oberfläche sind ein wesentlicher Schlüssel zum Verständnis der Standortwahl von Flechten. Sie können substrattrockene, kein Wasser zur Verfügung stellende Unterlagen besiedeln: nacktes Gestein, Baumrinde, Holz und sogar künstliche Substrate. Diese Standorte sind höheren Pflanzen im Allgemeinen verwehrt, und so können sich Flechten hier dauerhaft etablieren. Dagegen treffen sie auf dem Erdboden auf die Konkurrenz der höheren Pflanzen. Auf oberflächlich trockenen Böden und Rohhumusschichten haben Flechten noch eine Chance im Wettbewerb mit den Blütenpflanzen. Je besser letztere aufkommen und aus dem tieferen Untergrund mit Wasser versorgt werden, desto schwieriger wird die Situation für die langsam wachsenden Flechten. Schon in Halbtrockenrasen und Trockenrasen mit geschlossener Vegetationsdecke haben Flechten kaum noch die Möglichkeit zu überleben. Sie werden überwachsen.

Eine Besonderheit vieler Flechtenarten ist ihre Fähigkeit, ihren Wasserhaushalt auch dann zu bewältigen, wenn sie nicht von flüssigem Wasser benetzt werden. Diese Arten bewohnen regengeschützte Flächen von Felsen (Überhänge) oder von schief stehenden Baumstämmen oder sie sitzen tief in den Borkenrissen alter Bäume, wohin kein Regen fällt. Die Besiedlung solch extremer Lebensräume erlaubt ihnen ihre Eigenschaft, Wasserdampf als Wasserquelle zu nutzen. Sie setzen sich mit der (im Allgemeinen hohen) Luftfeuchte an ihren Standorten ins Gleichgewicht, quellen entsprechend auf (wie auch ein Schwamm bei hoher Luftfeuchte etwas quillt und geschmeidiger wird) und können bereits diese geringen Wassermengen zur Aktivierung ihres Stoffwechsels und zur Photosynthese nutzen – eine fantastische Leistung. Selbst die „fortgeschrittenen" Blütenpflanzen sind dazu nicht in der Lage, und auch Moose können ihnen hierin in der Regel nicht folgen.

Gewöhnlich sind die Substratansprüche der Flechtenarten ziemlich spezifisch, sie besiedeln entweder Rinde, Holz, Silikatgestein, Kalkgestein oder Erdboden, gelegentlich sogar Tannennadeln und immergrüne Blätter. In diesen Fällen ist die Ökologie ein wichtiges Bestimmungsmerkmal. Manche Arten sind dagegen relativ substratvage und können z. B. von Rinde auf Silikatgestein wechseln und umgekehrt; auch Holz und Rinde werden oft gleichermaßen besiedelt.

Auch hinsichtlich der klimatischen Bedingungen erfolgt eine Einnischung der Arten. Teils werden besonnte, teils ständig schattige Standorte, teils sehr nebel- oder niederschlagsreiche oder teils eher trockene Lokalitäten bevorzugt. Kühle, feuchte Gebiete sind insgesamt flechtenreicher als trocken-warme.

Flechten wachsen in der Regel vergesellschaftet mit anderen Flechtenarten. Sie bilden Gemeinschaften, die in ähnlicher Artenzusammensetzung immer wieder beobachtet werden können. So ist die Gelbflechte *Xanthoria parietina* fast immer zusammen mit Schwielenflechten (*Physcia, Phaeophyscia*) zu finden, und wo *Gyrographa gyrocarpa* wächst, ist meist auch *Enterographa zonata* nicht weit. Zugrunde liegen ähnliche Standortbedürfnisse der Arten. In WIRTH et al. (2013) sind die Habitatschwerpunkte der heimischen Flechtenarten beschrieben.

2.6 Flechtenbewohnende Pilze

Wo Lebewesen sind, sind auch Schmarotzer nicht weit. So ist es auch bei Flechten. Auf und in Flechtenlagern lebende Pilze sind weltweit in tausenden von Arten bekannt. Dabei ist der „Befall" sehr unterschiedlich tiefgreifend für die Flechte. Bei vielen flechtenbewohnenden Arten (lichenicole Pilze) ist überhaupt keine Schädigung zu sehen: Man spricht bei ihnen von Parasymbionten, d. h. sie leben wie der Mykobiont, der „normale" Flechtenpilz, als Symbionten.

Abb. 5: Illosporiopsis christiansenii auf *Physcia adscendens*

Letzten Endes ist freilich auch bei diesen Parasymbionten ein Leben nur durch Entzug von organischen Verbindungen möglich. Bei anderen Arten ist der Parasitismus sehr deutlich, indem befallene Thallusteile der Flechte absterben. Der neutrale Begriff „Flechtenbewohnende Pilze" wertet in dieser Hinsicht nicht und ist dem Begriff „Flechtenparasiten" vorzuziehen.

Sehr viele flechtenbewohnende Pilze gehören zu ganz anderen systematischen Gruppen als die Flechtenpilze. Sie bilden zum Teil keine sexuellen Fruchtkörper aus, andere produzieren Fruchtkörper von ganz anderer Struktur als von Flechten gewohnt. Manche flechtenbewohnenden Pilze fallen auch dem an Flechten Interessierten auf, z. B. weil sie auffällig gefärbte Fruchtkörper entwickeln (Abb. 5). Dies ist der Grund, weshalb wir auf diese durch ihre Lebensweise gekennzeichnete Gruppe hinweisen. Die meisten flechtenbewohnenden Pilze sind allerdings sehr unscheinbar. In den letzten Jahrzehnten ist diesen Organismen sehr viel mehr Beachtung geschenkt worden als noch vor 50–60 Jahren. In Deutschland sind etwa 600 flechtenbewohnende Pilze bekannt.

Es gibt auch parasitisch auf Flechten lebende Flechten, also Flechtenlager auf anderen Flechtenlagern. Dies sind in der Regel Krustenflechten, die sich in die Wirtslager „einfressen" (siehe z. B. *Diploschistes muscorum*, S. 336). Fast alle sind selten.

3. Nutzung der Flechten

Der Nutzen der Flechten aus der Sicht des materiell orientierten Menschen ist gering. Verwendungsmöglichkeiten vorausgesetzt, verwehrt bereits das sehr geringe Wachstum der Arten von Bruchteilen von Millimetern bis maximal etwa zwei Zentimetern/Jahr eine ökonomische Nutzung in größerem Stil. Ansatzpunkte für eine Nutzung sind und waren die von Flechten oft reichlich produzierten Flechtenstoffe, zu einem großen Teil nur bei ihnen zu findende organische Substanzen, zu denen zum Beispiel die erwähnte Usninsäure gehört. Diese Stoffe sind zu einem großen Teil antibiotisch wirksam und werden auch heute noch vereinzelt in Präparaten angeboten. Ebenfalls in der Medizin wird ein Extrakt von *Cetraria islandica* (fälschlich Isländisch „Moos" genannt) genutzt: Er wird bei Erkrankungen der Atemwege wegen seiner schleimlösenden Wirkung verwendet.

Von einer gewissen Bedeutung ist die Verwendung von Flechten in der Parfümindustrie. Zwar gibt es keine duftenden Flechtenstoffe, doch können aus Flechten nach einer Vorbehandlung duftende Substanzen hergestellt werden, die in der Parfümerie wegen ihrer spezifischen Duftnote (z. B. „Irisch Moos") und ihrer langdauernden Wirkung (Fond) sehr geschätzt werden. Von erheblicher wirtschaftlicher Bedeutung war einst die Produktion von Farben für das Färben von Wolle (Orseille, Persio etc.), besonders in Großbritannien. Ganze Schiffsladungen von Flechten wurden dafür importiert. Durch die industrielle Synthese von Anilinfarben kam dieser Wirtschaftszweig zum Erliegen.

Heute begegnet man Flechten als Importware insbesondere auf Friedhöfen: Trockenkränze und -gebinde enthalten oft blassgelbliche, dicht verzweigte, kuppelförmig gewölbte, reich verästelte Büschelchen, die Alpen- oder Stern-Rentierflechte *Cladonia stellaris*. Auch als Modelleisenbahnbäumchen kennen viele diese Art, die in Deutschland von jeher selten war und vom Aussterben bedroht ist. Sie wird daher aus Skandinavien importiert, wo man die Flechte in sauren, mageren Heideflächen heranwachsen lässt und etwa alle zehn Jahre erntet.

Rentierflechten, so auch die erwähnte Art, sind ferner eine Grundnahrung für Rentiere in der kalten Jahreszeit und somit auch eine Grundlage der Haltung von Rentieren – wovon sich auch der deutsche Name der Gruppe herleitet.

Andere Nutzungsarten sind ohne Bedeutung und haben eher Ausnahmecharakter, wie die Herstellung von Alkohol aus Flechten oder ihre Verwendung als Nahrungsmittel in Notzeiten.

Der fein abgestimmte Gleichgewichtszustand zwischen Pilz und Alge macht das System anfällig gegenüber Störungen von außen (z. B. durch Luftverschmutzungen, Klimawandel). Flechten reagieren darauf mit Verschwinden bzw. mit Zuwanderung (im Fall positiver Wirkungen). Diese Tatsache macht man sich zunutze, indem man von derartigen Erscheinungen auf Veränderungen der lufthygienischen Situation und des Klimas schließt. Standardisierte Verfahren dafür wurden beim Verein Deutscher Ingenieure (VDI) als Richtlinien erstellt:

VDI 3957 Blatt 13 (2023): Biologische Messverfahren zur Ermittlung und Beurteilung der Wirkungen von Luftverunreinigungen (Biomonitoring) – Kartierung der Diversität epiphytischer Flechten als Indikator für Luftgüte. – Beuth-Verlag, Berlin.

VDI-Richtlinie 3957, Blatt 20 (2017): Biologische Messverfahren zur Ermittlung und Beurteilung der Wirkung von Umweltveränderungen (Biomonitoring) – Kartierung von Flechten zur Ermittlung der Wirkung von lokalen Klimaveränderungen. – Beuth-Verlag, Berlin.

Die Anwendung dieser Verfahren erfordert fundierte Flechtenkenntnisse. Es ist jedoch auch z. B. für Schüler im Rahmen von Projekten in Leistungskursen möglich, solche Umweltveränderungen mit der Kenntnis einiger weniger ausgewählter Arten mit Hilfe von Zeigerwerten abzuschätzen. (Siehe hierzu z. B. Grundlagen und Anleitungen in KIRSCHBAUM & WIRTH (2010) und WIRTH (2010).

4. Sammeln und Aufbewahren

Zum Bestimmen der Flechten wird man vielfach Proben mit nach Hause oder ins Labor nehmen wollen oder müssen, um sich näher damit zu befassen bzw. einen Beleg und eine Erinnerungsstütze zu haben. Grundsätzlich sollte man aber Flechten, die man an einer Lokalität nur in einem Exemplar oder wenigen Thalli findet, schonen und nicht mitnehmen, besteht doch die Gefahr, dass die Population in Mitleidenschaft gezogen wird oder es sich generell um eine Seltenheit handelt. Man kann als Alternative zum Sammeln den Fund heutzutage ohne großen Aufwand fotografisch dokumentieren. Grundsätzlich sollte man aber auch bei weniger seltenen Flechten nur so viel mitnehmen, wie zur Bestimmung nötig ist. Jegliches Wegwerfen von Flechtenlagern, die ja immerhin etliche Jahre alt sind, ist schade.

Strauch- und häufig auch Blattflechten kann man vorsichtig von der Unterlage trennen. Krustenflechten muss man mit dem Substrat entfernen, mit einem Stück Rinde, Holz oder mit einem Stück des besiedelten Gesteins. Letzteres funktioniert nur mit Hilfe von Hammer und Meißel (am besten mittelgroß, Schneide 0,5 bis 1 cm breit) befriedigend. Beim Abschneiden von Baumrinde sollte man darauf achten, dass man nicht bis zur Wachstumsschicht (Kambium) durchschneidet und abschält und so den Baum verletzt.

Räumlich-plastisch wachsende Flechten mit Verästelungen oder aufsteigenden Lappen sind in trockenem Zustand oft zerbrechlich und werden beim Transport in Tüten leicht beschädigt. Entweder legt man sie in Schächtelchen oder man befeuchtet sie mit Wasser und legt sie leicht feucht in Papiertüten oder in gefaltetes Zeitungspapier, wobei die vorragenden zerbrechlichen Teile in Form gebracht werden. In Plastiktüten in feuchtem Zustand untergebracht, schimmeln Flechten rasch.

Will man die Flechten nach der Bestimmung dauerhaft aufbewahren, legt man sie am besten für einige Tage in die Tiefkühltruhe, um in der Probe eventuell vorhandene Tiere (v. a. Insekten) abzutöten. Anschließend bewahrt man sie in Herbartüten, sog. Kapseln auf (Beispiel siehe Abb. 6), die man aus kräftigem Papier faltet. Zur Stabilisierung kann man einen passend zurechtgeschnittenen Karton unter die gesammelte Probe legen, die man (nur dann) anklebt, wenn die Flechte noch auf dem Substrat sitzt und selbst nicht mit dem Klebstoff in Berührung kommt. Strauch- und Blattflechtenlager (ohne Substrat) klebt man nicht an, weil man die Flechte beschädigt und eine weitere Untersuchung der Unterseite verhindert. Auf der Kapsel sollte man, mit oder ohne Etikett, unbedingt Fundort, Substrat, Sammeldatum, Sammler und – wenn möglich – den Artnamen vermerken. Was auch immer letzten Endes mit einer Flechte bzw. der Kapsel geschieht, sie ist nur dann weiter verwertbar, wenn diese Daten notiert sind. Bevor man die Kapsel beschriftet oder mit einem Etikett beklebt, sollte der Inhalt herausgenommen werden (auch dafür ist eine untergelegte Pappe vorteilhaft).

Weitere Präparationstechniken sind nicht nötig. Das Sammeln und Weiterverarbeiten von

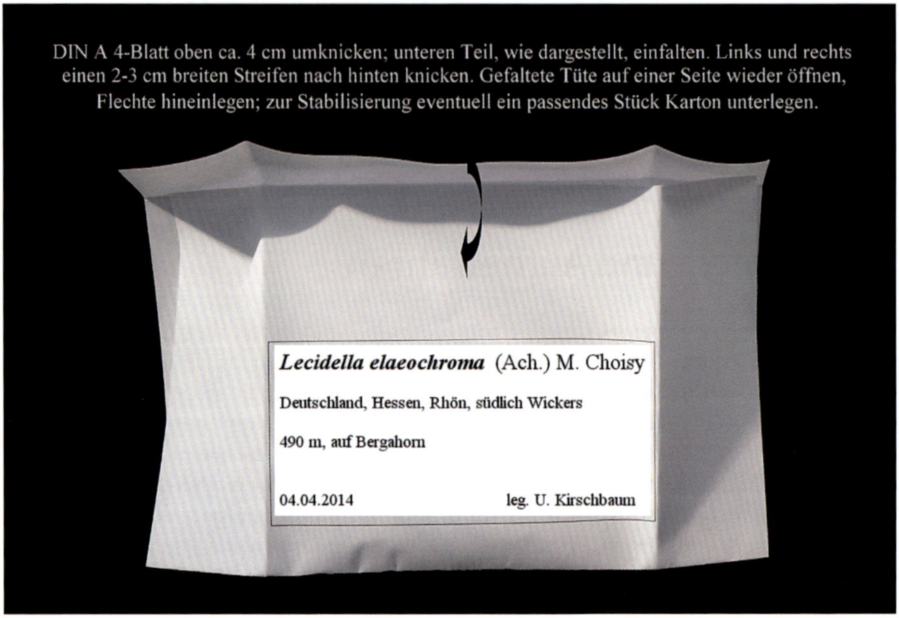

Abb. 6: Falttüte (Kapsel) zur Aufbewahrung von Flechten

Flechten zu Sammlungszwecken ist also denkbar einfach. Allerdings muss der Raum, in dem die Flechten aufbewahrt werden, trocken sein, ansonsten stellen sich Staubläuse und Milben ein und fressen Flechtenteile ab; eine gelegentliche Kontrolle, inwieweit die Tierchen vorhanden sind und bereits ihre Arbeit verrichtet haben, ist wichtig. Besonders empfindlich sind *Physcia*- und *Phaeophyscia*-Arten. Will man sich einmal von seinem Flechtenherbar trennen, sollte man es einem der größeren Forschungsmuseen übereignen.

5. Bestimmung (Identifizierung) der Flechten

Die in diesem Buch aufgeführten Arten sind jeweils einer der elf ökologischen Artengruppen zugeteilt. Dies bedeutet lediglich, dass sie an einem solchen Standort gehäuft zu finden sind. Viele Flechten sind nicht streng standortgebunden und können daher auch in anderen Bereichen auftreten (z. B. wird man eine Art, die häufig auf Bäumen im Freiland vorkommt, auch im Wald oder sogar auf Gestein finden können). Daher ist die hier getroffene Zuordnung nur als erster Anhaltspunkt zum Suchen zu verstehen: Hat man sich für einen Bereich entschieden und ist dort nicht fündig geworden, empfiehlt es sich, auch in ökologisch ähnlichen Lebensräumen nachzuschauen.

Der kleine Bestimmungsschlüssel am Anfang eines jeden Kapitels ist so aufgebaut, dass man sich zwischen zwei Alternativen entscheiden muss. Dort sind die Arten – sofern dies sinnvoll erschien – jeweils so geordnet, dass zunächst die Bart- und Strauchflechten, dann die Blattflechten und schließlich alle krustigen Arten ausgeschlüsselt werden. Die Schlüsselalternativen führen entweder zu einzelnen Arten oder zu Artengruppen, in denen einander ähnelnde Spezies zusammengefasst sind (dies sind in der Regel eine bis fünf Arten). In der in den Schlüsseln sich ergebenden Reihenfolge sind die Arten bzw. Artengruppen auch in den Kapiteln beschrieben; mitunter wird von diesem Prinzip abgewichen, wenn z. B. Arten ein und derselben Gattung „zusammengehalten" werden sollen.

Bei den Artengruppen werden zunächst die den Arten gemeinsamen Hauptmerkmale beschrieben. Darauf erfolgt eine Kurzcharakterisierung der Arten unter besonderer Berücksichtigung der sie unterscheidenden Merkmale. Merkmale, die bei dieser Art nicht vorkommen, werden nicht als fehlend angesprochen (werden z. B. Apothecien nicht erwähnt, ist davon auszugehen, dass sie selten oder gar nicht zu finden sein werden; auch bei den Farbtests wird oft nur auf positive oder zur Unterscheidung relevante Farbreaktionen hingewiesen). Ist keine Sporenfarbe angegeben, sind diese farblos. Im Anschluss an die Artbeschreibung jeder Spezies werden weitere Verwechslungsmöglichkeiten genannt. Sofern die ähnlichen Vertreter im Buch behandelt werden, wird in Klammern hinter den Artnamen auf die entsprechenden Seiten hingewiesen, aber nicht immer, wenn diese Arten im selben Kapitel (in derselben ökologischen Gruppe) behandelt werden. Abschließend erfolgt jeweils eine kurze Angabe zur Ökologie und zur Verbreitung aller Arten der Kleingruppe. Hier wird nach Möglichkeit auch darauf hingewiesen, in welchen weiteren Lebensräumen eine Art zusätzlich zu finden ist. Weitere Informationen zu den ökologischen Ansprüchen der Flechten sind in Wirth (2010) und Wirth et al. (2013) zu finden.

Bei den Beschreibungen finden sich Bilder der behandelten Arten, auf denen die bestimmungsrelevanten Merkmale zu erkennen sind, so dass ein direkter Vergleich untereinander möglich ist. Sofern genügend Platz vorhanden ist, werden auch Bilder von ähnlichen Arten aus anderen ökologischen Gruppen gezeigt.

Kommt man auf diese Weise nicht zu einem befriedigenden Ergebnis, kann es sich um (seltenere) Arten handeln, die in diesem Buch nicht aufgeführt sind. In diesem Fall empfiehlt es sich, einen wissenschaftlichen Bestimmungsschlüssel (z. B. Wirth et al. 2013, Smith et al. 2009) heranzuziehen.

Das Buch ist so konzipiert, dass zur Bestimmung lediglich eine zehnfach vergrößernde Lupe sowie drei bis vier chemische Reagenzien, mit deren Hilfe Farbreaktionen an den Flechten durchgeführt werden können, benötigt werden. Diese Farbreaktionen beruhen auf der Tatsache, dass es in vielen Flechten organische Verbindungen (Inhaltsstoffe) gibt, die mit bestimmten Reagenzien, z. B. Kalilauge (K), Natriumhypochlorit oder Klorix (C), para-Phenylendiamin (P) oder Lugol'scher Lösung (J) farbige Verbindungen eingehen können. Diese Farbreaktionen – bzw. ihre Kombinationen – sind z. T. artspezifisch und geben eine wertvolle Zusatzinformation bei der Artbestimmung. In der Praxis gibt man auf ein kleines, vom Lager abgetrenntes Flechtenstück einen Tropfen des in der Textbeschreibung angegebenen Reagenzes auf den genannten Flechtenteil und beobachtet die Reaktion (die meist innerhalb einer Minute eintritt). Bei der Verwendung von K, P und C treten überwiegend gelbe, orangefarbene oder rote, bei J blaue Farbreaktionen auf; bei C ist die Reaktion sehr flüchtig und verschwindet oft nach wenigen Sekunden. Bei K und P kann man das Ergebnis besser erkennen, wenn man den aufgetragenen Tropfen nach ca. 30 Sekunden vom Flechtenstück mit weißem Saugpapier aufnimmt, ihn trocknen lässt und dann die Farbreaktion an dem Papier beobachtet. Die Chemikalien haben teilweise eine begrenzte Haltbarkeit (C und P bei Aufbewahrung im verschlossenen Fläschchen ca. 6 Monate; die Reaktionsfähigkeit sollte man an Flechten mit bekannter Reaktion überprüfen).

Das untersuchte Stück wird anschließend weggeworfen. Beim Umgang mit den Chemikalien gelten die üblichen Vorsichtsmaßregeln (v. a.

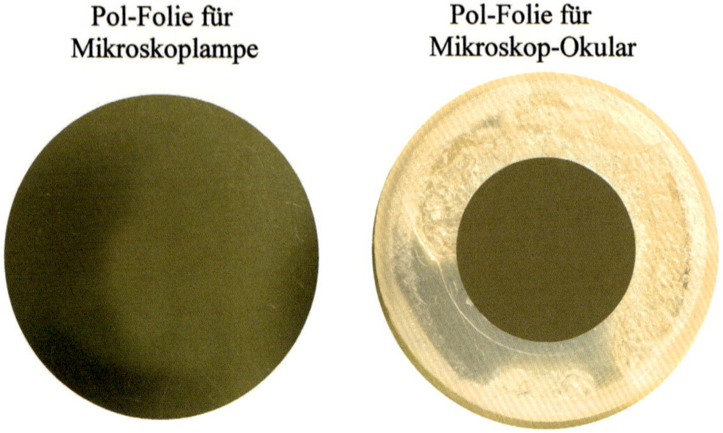

Abb. 7: Pol-Einrichtung

sicher aufbewahren, kein Körperkontakt, Verwendung nur tröpfchenweise). Weitergehende Informationen zum Einsatz der Farb-Reagenzien finden sich z. B. bei KIRSCHBAUM & WIRTH (2010). Bei manchen Krustenflechten ist der Einsatz eines Mikroskops (samt Mikrometer-Okular) erforderlich, um die Sporen untersuchen zu können; meist wird schon ein preisgünstiges Schülermikroskop ausreichen, wenn es nur um Sporenfarbe oder -zellenzahl geht. In anderen Fällen erweist sich die Betrachtung eines mikroskopischen Schnittes unter polarisiertem Licht als wertvolle Bestimmungshilfe. Eine Pol-Einrichtung kann man sich leicht selbst herstellen (Abb. 7): Aus einem Stück Polarisationsfolie schneidet man ein kreisrundes Stück von der Größe der im Mikroskopfuß befindlichen Lampe aus und legt es auf diese. Ein zweites Stück Folie wird auf das Okular gelegt. Dieses wird so lange gedreht, bis im polarisierten Licht sichtbare Strukturen aufleuchten (z. B. Kristalle in den Apothecienschnitten mancher *Lecanora*-Arten). Klebt man die obere Folie in einen Zylinder ein, so lässt sie sich noch eleganter drehen. Auch die Verwendung einer UV-Lampe ist nicht unbedingt nötig, aber in manchen Fällen zur Unterscheidung ähnlicher Arten hilfreich. Die Lampe sollte mindestens 6 W haben. Zur Begutachtung legt man die Flechtenprobe auf schwarzen Untergrund und beobachtet im Dunkeln; dabei die Augen mit einer Brille schützen und nicht direkt in die Lampe schauen.

Bezugsquellen:

Leuchtlupe (10-fach vergrößernd) im Internet ca. 20–40 €.

Farbreagenzien (Kalilauge „K“, Natriumhypochlorit-Lösung „C“, Jod (Lugol'sche Lösung) „J“ und para-Phenylendiaminlösung „P“): www.myko-service.de

Bezugsquelle für Polarisationsfolie z. B.: http://www.perspektrum.de/index2.htm; z. B. Polfilterbrille, linear; ca. 1 €

UV-Lampen: z. B. in Fachgeschäften für Briefmarken- oder Mineraliensammler erhältlich.

Weiterhin empfiehlt es sich, stets einen Druckbleistift mit 0,5 mm Minenbreite dabei zu haben: Einerseits dient er der Beschriftung der Flechtentüten, andererseits bietet er die Möglichkeit, bereits im Gelände die Größe kleiner Flechtenteile abzuschätzen (z. B. Apotheciendurchmesser), indem man die Bleistiftspitze auf die entsprechenden Flechtenteile legt. Maße (Dicke, Durchmesser etc.) zwischen 0,1 und 1 mm lassen sich auch sehr leicht mit einem kleinen Gerät, dem „Henzometer“, ermitteln (Bezug: Manfred.Henze@gen.bio.uni-giessen.de).

6. Die Benennung der Flechtenarten

Die Verständigung unter Wissenschaftlern und kenntnisreichen Amateuren erfolgt bei Flechten mit Hilfe der lateinischen (wissenschaftlichen) Namen. Um den Lesern dieses Buches den Einstieg zu erleichtern, wurden auch deutsche Artnamen hinzugefügt, obgleich viele von ihnen noch nicht „etabliert“ sind, zudem in der Plausibilität zu wünschen übriglassen; die meisten deutschen Namen wurden aus Wirth/Düll (2002) bzw. Cezanne et al. (2008) oder älteren Werken übernommen, einige entsprechen Vorschlägen einer Arbeitsgruppe zur Einführung deutscher Flechtennamen (Cezanne et al. 2016), andere wurden für dieses Buch kreiert, vor allem in Fällen, in denen uns die bisherigen Namen sehr künstlich oder nichtssagend erschienen. Wir sind der Meinung, dass eine Eindeutschung lateinischer Namen gegenüber nichtssagenden deutschen vorzuziehen ist. Wenig aussagekräftige Namen, wie z.B. Felsenflechte (für *Dirina stenhammarii*) sind wenig hilfreich und viel mühevoller einer bestimmten Art zuzuordnen als konkretere Bezeichnungen, wie etwa Stenhammars Flechte. Wir halten es auch für zumutbar, den Namen Catillarie für *Catillaria* zu verwenden, anstelle von Kesselflechte. Leider gibt es auch bei der Verständigung mit Hilfe lateinischer Namen Probleme. Die modernen molekularen Untersuchungsmethoden haben dazu geführt und führen weiter dazu, dass bisherige Gattungen aufgeteilt bzw. neu gegliedert werden, was zu neuen Gattungsnamen führt. Wer weiterhin die alten Namen benutzt, tut nichts Falsches. Es wäre sicherlich für die Verständigung vorteilhaft, eine Bezugsbasis, wie etwa die deutsche Flechtenflora, die gerade mal 10 Jahre alt ist, zu verwenden, bis einigermaßen Stabilität in der Gattungsabgrenzung und Benennung erreicht ist. Eine gewisse Up to date-Mentalität verhindert das und führt dazu, dass unverzüglich die neuen Namen übernommen und somit in floristischen Arbeiten innerhalb weniger Jahre nomenklatorisch ganz unterschiedliche Artenlisten verwendet werden. So muss man sich in kurzer Zeit mit dem Wechsel von *Lecanora dispersa* zu *Myriolecis dispersa* und nun *Polyozosia dispersa* vertraut machen oder von *Cetraria pinastri* zu *Vulpicida pinastri* und zurück zu *Cetraria*. Ein gelassenerer, nicht sofort auf Neuerungen reagierender Umgang mit Namen wäre für Anfänger und Amateure hilfreich.

Wir verwenden zwar die nach dem Stand der Wissenschaft korrekten Namen, fügen aber bei den Artbeschreibungen in gleicher Schriftgröße kursiv die Namen an, die in der vorigen Auflage verwendet wurden und sich nach dem Standardwerk Wirth et al. (2013) richteten.

7. Erklärung wichtiger Fachbegriffe

Adern: Aderartige Erhebungen auf der Unterseite von Lappen, häufig dunkler gefärbt als die sonstige Unterseite. Kommen v.a. bei Vertretern der Gattung *Peltigera* vor.

Apothecien: Fruchtkörper der Flechtenpilze, bei denen die Sporen erzeugenden Bereiche (Hymenium) gewöhnlich offen liegen, meist scheibenförmig-rundlich, aber auch länglich bis verzweigt und fast sternartig, auch gestielt, mit deutlichem Rand oder unberandet (Abb. 3–4).

areoliert: Das Lager ist durch Risse in kleine Felder von ± unregelmäßiger Form aufgeteilt (bei Krustenflechten).

Asci: siehe Schläuche (Abb. 3).

Abb. 8: Parmelia-Typ: Hypogymnia physodes (links), Melanelixia subaurifera (oliv). Physcia-Typ: Physcia tenella (die ganze reche Seite)

berindet: (Lager/Apothecium) durch eine anatomisch deutlich differenzierte Schicht (Rinde) begrenzt, sorediöse Teile sind unberindet.

biatorin: Apothecienrand weder lagerfarben (lecanorin) noch schwarz (lecidein) (Abb. 4).

Blattflechtentypen (die Breitenangaben sind Durchschnittswerte)**:**

***Parmelia*-Typ:** Blattflechten mit relativ breiten Lappen (3–10 mm breit).

***Physcia*-Typ:** Blattflechten mit relativ schmalen Lappen (unter 3 mm breit; Abb. 8).

Cephalodien (kommen in Flechten mit Grünalgen vor): Abgegrenzte, meist andersfarbige Bereiche im Inneren oder auf der Oberfläche des Flechtenlagers; enthalten einen zweiten Photobionten (Cyanobakterien).

Cilien (Wimpern): Borstenartige Gebilde, die am Rand der Lappen oder im randnahen Bereich der Lappenunterseite entstehen und seitlich hervorragen, ähnlich wie Rhizinen gestaltet.

***Cladonia*-Typ:** Strauchflechten mit zweiteiligem Lager: mit einem auf dem Substrat ausgebreiteten kleinblättrig-schuppigen Lager (Horizontallager, Primärthallus) und mit ± aufrecht wachsendem Lageranteil (Podetien, Vertikallager, Sekundärthallus), der die Apothecien trägt.

dachziegelig: Lagerschüppchen oder -blättchen, einander dachziegelartig überlappend.

Eigenrand: Apothecienrand, der sehr ähnlich wie die Apothecienscheibe und meist anders als das Lager gefärbt ist, enthält keine Algen (Abb. 4).

endolithisch: Flechtenlager im Innern des Gesteins lebend.

Epihymenium: Oberster, gewöhnlich gefärbter Bereich des Hymeniums (Abb. 3).

Farbreaktionen (Tüpfeltests):

C+/C–: positive/negative Reaktion mit Natriumhypochlorit.

J+/J–: positive/negative Reaktion mit Kaliumjodid (z. B. Lugol'sche Lösung)

K+/K–: positive/negative Reaktion mit Kalilauge.

KC+/KC–: positive/negative Reaktion nach Anwendung von Kalilauge und anschließender Zugabe von Natriumhypochlorit- oder Chlorkalk-Lösung.

P+/P–: positive/negative Reaktion mit para-Phenylendiamin.

R–: keine chemischen Reaktionen mit den Farbtests vorhanden.

Fibrille: Kurzer, ± senkrecht abstehender Seitenast, dünner als Hauptast.

Hymenium: Sporen erzeugender Teil in den Fruchtkörpern, im Wesentlichen aus fädigen Paraphysen und Schläuchen bestehend, im Schnitt durch den Fruchtkörper an der ± parallelen Anordnung der vertikal ausgerichteten Paraphysen zu erkennen, im obersten Teil gewöhnlich gefärbt, die Oberseite ist bei Apothecien als Scheibe zu erkennen (Abb. 3).

Hyphen: Fadenförmige Gebilde, aus denen der Pilz besteht; bilden im Flechtenlager ein dichtes Geflecht.

Hypothecium: Bereich unter dem Hymenium, von gleicher oder anderer Farbe wie dieses.

Isidien: Stiftförmig bis korallenartig („koralloid") verzweigte oder halbkugelige bis fast kugelige, leicht abbrechende Auswüchse; bestehen aus Rinde und Algenschicht, dienen der vegetativen Fortpflanzung (Abb. 2).

isidiös: Mit Isidien.

Köpfchen: Stecknadelartige Fruchtkörper der Kelchflechten (bestehen aus einem Stiel und dem kugelförmigen bis kegelförmigen Köpfchen).

koralloid: korallenartige Struktur, z. B. Formen von Isidien (Abb. 2).

Lager: Vegetationskörper der Flechte (Thallus).

Lagerrand: Apothecienrand von der Farbe des Lagers, enthält Algen (Abb. 4).

Lappen: ± flächige, oft langgestreckte Lagerabschnitte der Laub- und vieler Strauchflechten (Abb. 9).

Abb. 9: Lappenmaße

lecanorin: Apothecienrand von der Farbe des Lagers (Abb. 4).

lecidein: Apothecienrand schwarz (Abb. 4).

leprös: Lager gänzlich staubig aufgelöst, ohne Rinde.

Mark: Ausschließlich von Pilzhyphen gebildete, im Anschnitt gewöhnlich weiß erscheinende Schicht des Flechtenlagers, liegt unterhalb der Algenschicht; bei Krustenflechten ist das Mark mit dem Substrat verwachsen, bei Blattflechten ist es meist nach unten von einer Unterrinde begrenzt.

Mazaedium: den Fruchtkörper bedeckende staubige Masse, die aus Sporen und Resten des Hymeniums besteht (kommt v. a. bei den Gattungen *Calicium* und *Chaenotheca* vor).

Mykobiont: der an der Flechtensymbiose beteiligte Pilz.

Papille: Kleiner, rundlicher, gewölbter Auswuchs des Lagers (Abb. 2).

Paraphysen: Sterile Fäden im Hymenium eines Fruchtkörpers.

Perithecien: Kugelige bis birnenförmige (aber oft ± stark eingesenkte) Fruchtkörper, die sich nur durch eine Pore öffnen; das Hymenium ist völlig von der Fruchtkörperwand eingeschlossen (Abb. 4).

Photobiont: Die an der Flechtensymbiose beteiligten (und photosynthetisch aktiven) Algen/Cyanobakterien.

placodioid: ± rosettig wachsende, randlich gelappte Krustenflechte (mit „strahlig" ausgerichteten, vergrößerten Randareolen).

Podetien (Stämmchen): Die meist ± vertikal orientierten, stift-, horn-, trompeten-, strauchähnlichen, Fruchtkörper tragenden Teile der *Cladonia*-Arten (Becher- und Rentierflechten).

Pol+/Pol–: Bei Betrachtung mikroskopischer Schnitte im polarisierten Licht können Teile (meist Kristalle) aufleuchten (Pol+) oder nicht (Pol–).

Pseudocyphellen: Auf der Oberfläche von Flechten erkennbare, weißliche, punkt- bis strichförmige oder vernetzte Durchbrechungen der Rinde, dienen dem Gasaustausch („Atemporen"); an diesen Stellen entstehen zuweilen Sorale.

Pyknidien: Organe, in denen asexuell gebildete Keime (Pyknosporen) produziert werden; meist punktartig klein und ins Lager eingesenkt, selten warzenförmig bis zylindrisch vorstehend, im Inneren mit meist kugeligem oder birnenförmigem Hohlraum (Abb. 4).

Rhizinen (Haftfasern): Längliche, einfache bis verzweigte, der Festheftung dienende Organe an der Unterseite von Blattflechten (Abb. 10).

Rinde (bei Flechten): Relativ dichtes Geflecht aus Pilzhyphen, welches das Flechtenlager nach außen begrenzt und schützt; berindete Teile wirken äußerlich glatt und glänzen oft etwas, unberindete Teile sind meist rau.

Rinde (bei Bäumen): Abschlussgewebe von Stämmen und Ästen, hier incl. Periderm und Borke.

s. lat.: im weiten Sinn (sensu lato).

Scheibe: Oberfläche von Fruchtkörpern (Apothecien), oft von einem Rand umgeben (Abb. 3).

Schläuche (Asci): Zylindrische, keulige oder bauchige Gebilde im Hymenium, die die Sporen beherbergen (Abb. 3).

Septum: Querwand, Längswand (bei Sporen).

SiO_2: Siliciumdioxid.

Sorale: Verschieden geformte, meist weißliche Aufbrüche der Ober- oder Unterrinde, die aus einer Ansammlung von Soredien bestehen; sie dienen der vegetativen Fortpflanzung (Beispiele Abb. 2).

Bortensoral: Soral, das bortenartig den Lappenrand säumt.

Flecksoral: Rundlich bis unregelmäßig begrenztes Soral auf der Lageroberfläche.

Helmsoral: Soral unter einer helm- oder kuppelartigen Aufwölbung von Lappen.

Kopfsoral: Halbkugelige bis fast kugelige Ausbildung eines Sorals.

Lippensoral: Soral an der lippenförmig aufgebogenen Unterseite von Lagerlappen.

Soredien: Feine, ± kugelige, der vegetativen Fortpflanzung dienende Gebilde aus Algen und

Abb. 10: Rhizinenformen (links einfach, rechts flaschenbürstenartig)

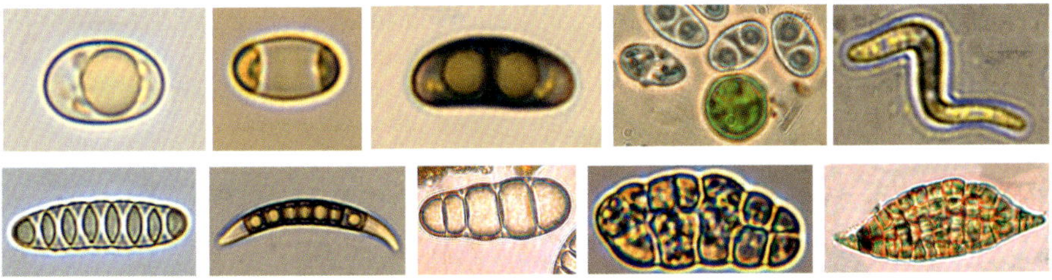

Abb. 11: Sporenformen (von links oben): einfach, farblos; 2-zellig, mit dicker Scheidewand, farblos; 2-zellig, braun gefärbt; 2-zellig, farblos, mit Grünalge; spiralig gewunden; mit linsenförmigen Fächern; spindelförmig, gebogen; länglich-keulenförmig, 5-zellig; vielzellig, mauerförmig; vielzellig, mauerförmig, zugespitzt

diese umhüllenden Pilzhyphen, meist zwischen 25 und 100 µm dick, werden im Bereich der Algenschicht angelegt und lösen sich von der Flechtenoberfläche, meist in Soralen vereinigt.

sorediös: Mit Soredien.

Sporen: Sexuelle Fortpflanzungskörper von verschiedener Form, Farbe und Septierung, entstehen meist zu 8 in den Schläuchen (Asci) (Abb. 11).

subsp.: Subspezies (Unterart)

Stämmchen (Podetien): Die meist ± vertikal orientierten, stift-, horn-, trompeten-, strauchähnlichen, Fruchtkörper tragenden Teile der *Cladonia*-Arten (Becher- und Rentierflechten).

steril: Keine Fruchtkörper (Apothecien, Perithecien) ausbildend.

Substrat: Unterlage, auf der die Flechten wachsen (z. B. Baumrinde, Holz, Gestein, Erdboden und vieles mehr).

Thallus: Lager, Vegetationskörper der Flechten.

UV+/UV–: Unter einer UV-Lampe zu beobachtendes (oder ausbleibendes) Aufleuchten des Flechtenlagers.

Vorlager: Farblich meist abweichende, oft dunkle, begrenzende Linie an der Peripherie der Lager von Krustenflechten.

warzig: Lager aus gewölbten Felderchen oder mit unebener, buckeliger Oberfläche.

Wimpern (Cilien): Borstenartige Gebilde, die am Rand von Lappen oder im randnahen Bereich der Lappenunterseite entstehen und seitlich vorragen, ähnlich wie Rhizinen gestaltet.

Bilddokumentation

Bei jedem Foto ist in Klammern hinter dem Artnamen die natürliche Größe als *Breite* des Bildausschnitts (gemessen in der Horizontalen) angegeben.

8. Charakterisierung der Habitate (Lebensräume)

Flechten haben bevorzugte Habitate, nicht viel anders als wir das bei Blütenpflanzen und auch bei Tieren als schon selbstverständlich ansehen. Wir erwarten keine Ringelnatter an einem warmen Trockenhang und keine Wegwarte im Bachröhricht. Die erhebliche Spezifität der Flechten in Bezug auf die Substratarten Rinde, Gestein oder Erde ist bereits oben erwähnt worden. Darüber hinaus gibt es gewisse, wenn auch meist nicht so scharf zu definierende Abhängigkeiten vom Klima. So kommen viele Arten nur in sehr hohen Lagen mit ihren zeitweise sehr kalten, schneereichen Standorten vor, andere nur in niederen, warmen Weinberggebieten, wieder andere nur in Wäldern mit ihren schattig-luftfeuchten Bedingungen. Wieder andersartige Habitateinflüsse sind die regelmäßige Überspülung oder Benetzung mit Salzwasser

(Beschränkung der Arten auf Meeresküsten) und Süßwasser (Standorte an Bächen) oder der Eintrag von düngenden Substanzen.

Diese ökologischen Abhängigkeiten bzw. Schwerpunkte von Flechtenarten sind eine erhebliche Bestimmungshilfe. Einige dieser und einige andere Aspekte wurden ausgewählt, um die in diesem Buch behandelten Flechten in Gruppen zu gliedern, die eine erste (!) Orientierung liefern sollen, wo man zuerst nach der zu bestimmenden Art suchen sollte.

So sind Hochgebirgsarten im Kapitel „Flechten über der Waldgrenze" zusammengefasst und Flechten auf Kalkgestein, Silikatgestein und Erdboden jeweils gesondert behandelt. Auch die Flechten, die bevorzugt auf freistehenden Bäumen wachsen, und die Arten, die mehr im Waldesinnern gefunden werden, sind in verschiedenen Gruppen untergebracht. Den an Bäumen vorkommenden Flechten, die besonders häufig sind und einem auf Schritt und Tritt begegnen können, sowie den recht zahlreichen Arten, die auf vom Menschen geschaffenen Substraten (Mauern, Grabsteinen, Dächern) zu leben vermögen, sind eigene Bestimmungs-Kapitel gewidmet.

Naturgemäß können solche Gruppen nicht scharf begrenzt sein. Wer eine Art nicht unter den besonders häufigen Baumflechten findet, muss versuchen, an anderer, möglichst passender Stelle fündig zu werden. Auch eine im lichten Wald entdeckte Art kann ihren Schwerpunkt an freistehenden Bäumen haben und umgekehrt. Die gewählten Kapitel erleichtern das Auffinden der Arten, können aber selbstverständlich keine sichere Abgrenzung gewährleisten. Eine recht zuverlässige, aber keinesfalls absolute Zuordnung ist über das Substrat (Rinde, Holz, Kalkgestein, Silikatgestein, Erde) möglich, gerade dann, wenn bereits die Gruppe der häufigen Arten durchsucht wurde, weil insbesondere die häufigen Arten zu den substratunabhängigsten gehören. Bei den gesteinsbewohnenden Arten empfiehlt es sich stets, erst die Gruppe der Flechten auf künstlichen Substraten durchzusehen. Die Gruppe der Hochgebirgsarten und die der mageren Böden sind recht spezifisch umrissen.

Die Beschreibung der einzelnen Flechtenarten erfolgt im Kapitel 9, in elf verschiedenen ökologischen Lebensräumen. Um den Nutzern des Buches eine Vorstellung von diesen zu geben, folgt eine kurze Charakterisierung der Habitate.

1. Flechten überall auf Laubbäumen

Häufige, fast überall in Mitteleuropa an Bäumen zu findende Arten. Fast alle behandelten Arten kommen bevorzugt auf Laubbäumen vor.

2. Flechten auf Bäumen im Freiland

Flechten an freistehenden Bäumen, soweit nicht unter 1. behandelt. Berücksichtigt sind Arten, die ihren Schwerpunkt auf isolierten oder in lichten Gruppen zusammenstehenden Bäumen an Straßen, in Wiesen, Parkanlagen und an Waldrändern haben.

3. Flechten auf Waldbäumen in niederen und mittleren Lagen

Berücksichtigt sind Flechten, die in Wäldern der Ebenen, der Hügellandschaften und der niederen Lagen von Mittelgebirgen zu finden sind. Es handelt sich um Arten, die vor allem auf Laubbäumen wachsen und schattige, nur selten direkt von der Sonne erfasste Standorte bevorzugen bzw. benötigen. Im Vergleich zu Laubbäumen sind Nadelbäume im Flach- und Hügelland, ob in künstlichen Fichtenforsten oder naturnahen Kiefernwäldern, ausgesprochen flechtenarm. Bei den allgemein verbreiteten Fichten liegt dies auch daran, dass diese Baumart in den Tieflagen von Natur aus fehlt; somit konnten sich bei Flechten unter diesen Klimabedingungen keine Anpassungen an das Fichtensubstrat entwickeln. Ein weiterer Grund ist das sehr saure Substrat, das die Fichtenrinde bietet und das Spektrum der Arten sehr einengt. Dieser Faktor spielt auch bei der Kiefer eine Rolle, bei der zusätzlich das häufige Abschuppen der Borke negativ ins Gewicht fällt.

4. Flechten auf Bäumen im Bergwald (ca. 600 bis 1600 m)

Berücksichtigt sind Flechten, die bevorzugt in Bergwäldern, z. B. montanen Buchenwäldern, Tannen-Buchen-Wäldern, Tannen- und Fichtenwäldern, leben. Es handelt sich um Arten, die typisch für kühle, luftfeuchte und niederschlagsreiche Gebiete sind und in niederen Lagen in der Regel fehlen, weil die Feuchtigkeitsansprüche nicht erfüllt werden. In Bergwäldern spielen Nadelhölzer als Flechtensubstrat eine wesentlich größere Rolle als in niederen Lagen. Die Ursache liegt in den generell günstigeren Wachstumsbedingungen für Flechten, aber auch darin begründet, dass hier Tanne und – in kalten Lagen – auch Fichte natürlich vorkommen und Flechten sich an diese Habitate angepasst haben. Für die Bestimmung ist das Substrat, ob Nadel- oder Laubbaum, ein wichtiger Gesichtspunkt.

5. Flechten auf Holz, auf Baumstümpfen und an der Basis von Bäumen

Berücksichtigt sind Flechten, die bevorzugt auf Holz vorkommen, sowohl auf natürlich vorhandenem Substrat als auch auf bearbeitetem Holz. Flechten finden sich an Pfosten und Brettern z. B. von Zäunen, an Scheunenwänden und Schindeln, an Hirnschnitten und entrindeten Flanken von Stümpfen oder an entrindeten, stehenden oder liegenden Stämmen. An der glatten Oberfläche von stehendem Totholz finden sich Flechten erst relativ spät ein, auf der rauen Oberfläche der Hirnschnitte relativ bald. Vermoderndes, feuchtes Holz beherbergt andere Arten als trockenes, zähes Holz. Es gibt spezielle Holzbewohner, die man auf Rinde nicht findet, und fakultative Holzbewohner, die auch oder vor allem auf Rinde wachsen; dazu zählen besonders die häufigen, eher saure Substrate liebenden Blatt- und Strauchflechten, die unter 1. bis 4. behandelt sind.

6. Flechten auf künstlichen (anthropogenen) Substraten (z. B. Mauern, Dächern, Grabsteinen)

Hier sind Arten aufgeführt, die man häufig auf vom Menschen geschaffenen Substraten aus Natur- oder Kunststein findet, auf Mauern, Denkmälern, Grabsteinen, Dachziegeln, Gartenplatten und dergleichen. Eine Reihe von Flechtenarten wächst also nicht nur auf Naturstein, den man für den Mauerbau oder die Herstellung von Denkmälern verwendet, sondern auch auf gesteinsähnlichen reinen Kunstprodukten, wie Ziegel, Beton, Terrazzo und Mörtel. Die meisten Flechten wachsen entweder nur auf kalkfreiem Silikatgestein oder nur auf kalkhaltigen oder zumindest basisch reagierenden Substraten. Beton und Mörtel reagieren basisch, folglich findet man auf ihnen Arten des letzteren Standorttyps. Auf Silikat-Naturstein, wie er oft für Grabmäler verwendet wird, finden sich die Arten kalkfreier Silikatgesteine. Wird Silikatgestein an Natursteinmauern mit Mörtel verbunden, entstehen „Mischbedingungen“: Die Oberfläche des Mörtels reagiert basisch, die des Natur-Silikatgesteins sauer. Da aber die löslichen basisch reagierenden Bestandteile des Mörtels auch die Oberfläche des Silikatgesteins beeinflussen können, ist ein Vorkommen von Basenzeigern selbst auf dem an und für sich kalkfreien Silikatgestein möglich.

7. Flechten auf Felsen, Blöcken und Steinen aus Silikatgestein

Berücksichtigt sind in dieser Gruppe Flechten, die kalkfreie Gesteine besiedeln, also Silikatgesteine (Kieselgesteine). Das können Steine, Blöcke und Felsen z. B. aus Granit, Gneis, Porphyr sein, aber auch die meisten Sandgesteine (wie Buntsandstein). Basalt zählt ebenfalls zu den Silikatgesteinen, hat aber tendenziell eine etwas andere Flechtenflora als die meisten anderen Silikatgesteine. Ob ein Gestein Kalk enthält oder nicht, kann in Zweifelsfällen leicht mit Salzsäure festgestellt werden (Vorsicht beim Umgang mit der Säure!). Bei Anwesenheit nen-

nenswerter Spuren von Kalk schäumt die Säure auf. – Es ist ratsam, auch die Arten der Gruppe 6. zu überprüfen, da etliche häufige Silikatarten auch auf vom Menschen geschaffenen Substraten leben.

8. Flechten auf Felsen, Blöcken und Steinen aus Karbonatgestein

Die Bedeutung von Kalziumkarbonat (Kalk) als Standortsfaktor ist bereits bei der vorigen Gruppe angedeutet worden. Es gibt eine starke Zäsur in der Flechtenzusammensetzung zwischen kalkfreiem Silikatgestein und Karbonatgestein (im Wesentlichen Kalkstein, kalkhaltige Gesteine, Dolomit). Man kann umgekehrt als Kenner der Flechtenflora sofort mit großer Wahrscheinlichkeit entscheiden, ob ein Gesteinssubstrat Kalk enthält oder nicht. In dieser Gruppe sind nur Arten enthalten, die auf Karbonatgesteinen vorkommen. Es ist ratsam, auch die Arten der Gruppe 6. zu überprüfen, da etliche häufige Kalkarten auch auf Kunststein leben. Auch die Arten der Gruppe 9. finden sich häufig auf Kalkgestein ein, aber über Moosen.

9. Flechten auf kalkhaltigen Böden

Hier sind – wie in Gruppe 8 – Arten versammelt, die basische, meist kalkhaltige Substrate bevorzugen, jedoch auf dem Boden vorkommen, mitunter aber nicht direkt, sondern auf am Boden liegenden Pflanzenresten oder Bodenmoosen. Sie gehen auch auf Moose über Kalkfels über.

10. Flechten auf mageren sauren Böden

In dieser Gruppe sind die auf nackter Mineralerde, humosem oder bemoostem Boden, Rohhumus und Torf lebenden säureliebenden Arten behandelt, wie sie z. B. in Zwergstrauchheiden, sauren Magerrasen und Mooren vorkommen.

11. Erd- und Felsflechten nahe und über der Waldgrenze

Über der Waldgrenze herrschen klimatisch harte Bedingungen, was sich ja unter anderem darin zeigt, dass Bäume nicht mehr aufzukommen vermögen. Fröste sind das ganze Jahr hindurch möglich, die Wuchsorte sind im Winter mehr oder weniger mit Schnee bedeckt, oft sind die Niederschläge hoch, und der Wind spielt an exponierten Standorten eine große Rolle. Generell sind die Standorte, da Wald fehlt, relativ lichtreich. Insgesamt kommt die klimatische Situation den Flechten entgegen, die im Allgemeinen in feuchtem Klima und bei niedrigen Temperaturen gut gedeihen. An sehr rauen Stellen finden sich in der alpinen Stufe regelrechte Flechtenheiden, üppige Bestände mit Krusten- und Strauchflechten, die hier ausnahmsweise auch auf dem Boden mit der Blütenpflanzenvegetation konkurrieren können.

9. Schlüssel zu den ökologischen Artengruppen mit Bildteil

1 Flechte im Hochgebirge auf Erde, Pflanzenresten und Gestein .... Gruppe 11 (S. 374)
1* Nicht im Hochgebirge: weiter bei 2

2 Auf Baumrinde, Holz, Gestein (nicht auf Gesteinsmoosen): weiter bei 3
2* Auf Erde, mageren Böden, boden- und gesteinsbewohnenden Moosen, auch auf dünner Humusschicht über Felsen: weiter bei 8

3 Auf Baumrinde und Holz .... Gruppe 1 (S. 30);
wenn dort nicht berücksichtigt, weiter bei 4
3* Auf Gestein .... Gruppe 6 (S. 197)
wenn dort nicht berücksichtigt, weiter bei 7

4 Auf Holz (Pfähle, Bretterzäune, Totholzstämme, Stümpfe) .... Gruppe 5 (S. 182)
4* Auf Rinde: weiter bei 5

5 An freistehenden Bäumen .... Gruppe 2 (S. 62)
5* An Waldbäumen: weiter bei 6

6 In Wäldern niederer und mittlerer Lagen .... Gruppe 3 (S. 114)
6* Im Bergwald (ca. 600–1600 m Höhe; Gebiet von Tannen und naturnahen Fichtenwäldern, Buchen-Tannen-Wäldern, montanen Buchenwäldern, Bergahorn-Beständen) Gruppe 4 (S. 154)

7 Auf kalkfreiem Gestein (Silikatgestein) .... Gruppe 7 (S. 224)
7* Auf kalkhaltigem Gestein .... Gruppe 8 (S. 284)
wenn auf Kalkmoosen siehe .... Gruppe 9 (S. 324)

8 Auf basenreichen Böden (Untergrund meist Kalkgestein, Dolomit, Löss) ..... Gruppe 9 (S. 324)
8* Auf sauren Böden (Untergrund kalkfrei), Rohhumus, Torf .... Gruppe 10 (S. 338)

9.1 Flechten überall auf Laubbäumen

1 Flechten von strauchigem Wuchs .... *Evernia prunastri, Ramalina farinacea* (S. 32–33)
1* Flechten von blattartigem bzw. krustigem Wuchs 2

2 Lager blättrig-lappig, nicht völlig mit dem Substrat verwachsen 3
2* Lager krustig, völlig mit dem Substrat verwachsen 11

3 Lager kräftig gelb bis gelborange ....
.... *Polycauliona candelaria, P. polycarpa, Xanthoria parietina* (S. 34–36)
3* Lager von anderer Farbe 4
4 Lager düster grün, blaugrün, braungrün, olivgrün ....
.... *Melanelixia subaurifera, Melanohalea exasperatula, Pleurosticta acetabulum* (S. 37–39)
4* Lager grau, braun, graugrün, gelblichgrün 5

5 Lappen hohl, unterseits ohne Rhizinen und schwarz bis braun, oberseits grau bis (feucht) grünlichgrau .... *Hypogymnia physodes, H. tubulosa* (S. 40–41)
5* Lappen nicht hohl, unterseits mit (manchmal spärlichen) Rhizinen 6

6 Lager unterseits schwarz, nur im Randbereich auch braun 7
6* Lager unterseits nicht schwarz, sondern weißlich bis braun 9

7 Lager schmallappig (*Physcia*-Typ: Lappen bis 1,5 mm breit), grau bis braun, mit Flecksoralen ..
.... *Phaeophyscia orbicularis* (S. 42)
7* Lager großlappig (*Parmelia*-Typ: Lappenbreite über 2 mm) 8

8 Lager gelbgrün, graugrün .... *Flavoparmelia caperata* (S. 43)
8* Lager grau, ohne Grün- oder Gelbton, Mark K+ rot ....
.... *Parmelia saxatilis, P. sulcata, P. ernstiae* (S. 44–45)

9 Lager glänzend braun, unbereift, dicht mit keuligen bis spateligen Isidien besetzt ....
.... *Melanohalea exasperatula* (S. 38)
9* Lager nicht glänzend braun, wenn braun, dann matt oder bereift, ohne solche Isidien 10

10 Lager schmallappig (*Physcia*-Typ: Lappenbreite unter 2 mm), grau, graubraun ....
.... *Phaeophyscia nigricans, Physcia adscendens, Ph. tenella, Physconia grisea* (S. 46–49)
10* Lager breitlappig (*Parmelia*-Typ: Lappenbreite über 2 mm), grau, an den Rändern auch gebräunt, feucht auch mit Grünstich), mit hellen Borten- und/oder rundlichen Flecksoralen ...
.... *Punctelia jeckeri, P. subrudecta* (S. 50–51)

11 Lager kräftig gelb ...... *Candelariella efflorescens*-Gruppe, *C. reflexa, C. xanthostigma* (S. 52–53)
11* Lager ohne Gelbton oder nur schwach gelblich 12

12 Lager großflächig sorediös, meist ohne Apothecien .... *Lecanora expallens, Lepraria incana* (S. 54–55)
12* Lager nicht sorediös, meist mit Apothecien 13

13 Apothecien schwarz .... *Amandinea punctata, Lecidella elaeochroma* (S. 56–57)
13* Apothecien nicht schwarz 14

14 Apothecienrand bleibend, Scheibe flach .... *Lecanora chlarotera, L. saligna* (S. 58–59)
14* Apothecienrand im Alter schwindend, Scheibe bald gewölbt .... *Lecanora symmicta, Lecania cyrtella* (S. 60–61)

Evernia prunastri (Eichenmoos, Pflaumenflechte)

Hauptmerkmale: Lager meist grau- bis gelbgrün, an einer Stelle festgewachsen, strauchig, mit bandartigen, mäßig verzweigten Ästen, oft runzelig, sorediös.

Unterscheidungsmerkmale: Die Oberseite der Lappen ist graugrün bis gelbgrün und berindet, die Unterseite dagegen weißlich, etwas rinnig und unberindet, die Lappen sind in der Regel 3–5 mm, selten bis 7 mm breit. Oberseite und Ränder mit körnig-mehligen, relativ hellen Soralen. Apothecien sehr selten. Die Rinde reagiert mit K+ gelb, C–, KC–, P–. Gelegentlich findet man eine graue Mangelmutante von *E. prunastri* (f. *herinii*). Von den Ramalinen durch die ungleich gebaute und gefärbte Ober- bzw. Unterseite unterschieden (bei letzteren gleich gefärbt und gebaut). *Pseudevernia furfuracea* (S. 117) besitzt zylindrische bis korallenartig verzweigte Isidien, *Anaptychia ciliaris* (S. 69) eine feine Behaarung und Borsten; sie ist nicht sorediös.

Ökologie und Verbreitung: *Evernia prunastri* ist die am weitesten verbreitete Strauchflechte an Laubbäumen. Bevorzugt mäßig nährstoffreiche bis nährstoffarme, schwach bis ziemlich saure Rinde in lichtreicher Lage. In Europa weit verbreitet bis zur polaren Baumgrenze.

Name/Verwendung: Nach dem häufigen Vorkommen auf Eiche oder Pflaumenbaum (lat. *Prunus*). Wurde früher wegen der Eigenschaft, Wohlgerüche aufzunehmen und festzuhalten, zu „Riechkisschen" und Potpourris auf Toiletten verwendet, auch heute noch wichtiges Rohmaterial für die Parfümherstellung („Irisch Moos").

Evernia prunastri (4,3 cm)

Ramalina farinacea (Mehlige Astflechte)

Hauptmerkmale: Lager graugrün, etwas speckig glänzend, an einer Stelle festgewachsen, strauchig, mit bandartigen, mäßig verzweigten Ästen, oft runzelig, mit ovalen Soralen.

Unterscheidungsmerkmale: Die Ästchen von *R. farinacea* (und anderen *Ramalina*-Arten) sind derb-knorpelig und ober- sowie unterseits gleich gebaut und gefärbt (graugrün, etwas speckig glänzend), sie sind 0,5–2 mm breit. Sorale v.a. an den Lappenrändern, weißlich, elliptisch, deutlicher begrenzt als bei *Evernia prunastri*. Farbreaktionen: Rinde K+ gelb, C–, KC–, P–. Verschiedene Chemotypen: 1. K– oder + orange, C–, KC+ gelb, P+ orange-rot; 2. K+ orange-rot, C–, KC–, P+ gelb-orange; 3. K–, C–, KC+ gelb, P–. *Ramalina pollinaria* (S. 70) wird oft mit *R. farinacea* verwechselt; sie hat oft an den Enden verbreiterte, zerschlitzte Lappen und auch flächenständige, oft relativ große, unregelmäßige Sorale. Die Lager sind „weicher", schlaffer. Außerdem tritt keine positive Reaktion mit P auf. Die übrigen *Ramalina*-Arten sind nicht sorediös und haben häufig Apothecien. *Pseudevernia furfuracea* (S. 117) besitzt zylindrische bis korallenartig verzweigte Isidien, *Anaptychia ciliaris* (S. 69) eine feine Behaarung und Borsten; sie ist nicht sorediös.

Ökologie und Verbreitung: *Ramalina farinacea* besitzt eine weite ökologische Amplitude und ist die häufigste *Ramalina* (aber deutlich seltener als *Evernia prunastri*). Weit verbreitet bis zur polaren Baumgrenze.

Ramalina farinacea (3,0 cm)

Xanthoria parietina (Gewöhnliche Gelbflechte) – vgl. S. 289

Hauptmerkmale: Gelbe bis dottergelbe Blattflechte vom *Parmelia*-Typ (bei geringer UV-Strahlung und feucht vergrünend). Unterseite hell, mit wenigen Haftstellen. Lager K+ rot, C–, KC–, P–.

Unterscheidungsmerkmale: *Xanthoria parietina* besitzt ein (bis 10 cm) großes rosettiges Lager mit anliegenden Lappen vom *Parmelia*-Typ. Fast immer sind Apothecien (mit Lagerrand und orangefarbener Scheibe) vorhanden, der randliche Bereich der Lager bleibt jedoch meist apothecienfrei.

Polycauliona polycarpa hat ein wesentlich kleineres (meist bis 1,5 cm großes), polsterartiges Lager. Im Gegensatz zu jungen Exemplaren von *X. parietina* sind die Lager in der Regel fast bis zum Rand dicht mit Apothecien bedeckt, und ihre Lappen sind viel schmaler (*Physcia*-Typ). Infolge der dicht gedrängten Apothecien sind die Lappen oft kaum zu sehen. Ähnliche Arten aus der *Xanthoria*-Verwandtschaft, wie *Xanthomendoza huculica* oder *Xanthomendoza fulva* (beide S. 72) kommen v. a. in Süddeutschland vor und sind sorediös.

Ökologie und Verbreitung: V. a. auf nährstoffreicher Rinde freistehender Bäume mit hohem pH-Wert (um pH 7), oft an Straßen und im Bereich landwirtschaftlich genutzter Flächen. *Xanthoria parietina* ist von den gelben Blattflechten die häufigste Art.

Historisches: wurde früher als Ersatz von Chinarinde gegen Malaria verwendet.

Xanthoria parietina mit *Pleurosticta acetabulum* (6,7 cm)

Polycauliona polycarpa (Vielfrüchtige Gelbflechte) (*Massjukiella polycarpa, Xanthoria polycarpa*)

Hauptmerkmale: Gelbe bis dottergelbe Blattflechte vom *Physcia*-Typ (bei geringer UV-Strahlung und feucht vergrünend). Unterseite hell, mit wenigen Rhizinen. Lager K+ rot.

Unterscheidungsmerkmale: *Polycauliona polycarpa* hat ein kleines (meist bis 1,5 cm großes), polsterartiges Lager (bei *Xanthoria parietina* bis 10 cm). Im Gegensatz zu jungen Exemplaren von *Xanthoria parietina* sind die Lager in der Regel fast bis zum Rand dicht mit kleinen Apothecien bedeckt (bei letzterer bleibt der Rand apothecienfrei). Die Lappen von *Polycauliona polycarpa* sind viel schmaler (*Physcia*-Typ). Infolge der dicht gedrängten Apothecien sind sie oft kaum zu sehen. Ähnliche Arten aus der *Xanthoria*-Verwandtschaft sind sorediös und bilden nur sehr selten Apothecien aus (S. 36, 72).

Ökologie und Verbreitung: V. a. auf nährstoffreicher Rinde freistehender Bäume mit hohem pH-Wert (um pH 6–7), oft in der Nähe landwirtschaftlicher Anwesen mit Tierhaltung. Häufig, aber seltener als *Xanthoria parietina*. In ganz Europa verbreitet.

Polycauliona polycarpa (1 cm)

Polycauliona candelaria (Leuchter-Gelbflechte) (*Massjukiella candelaria, Xanthoria candelaria*)

Hauptmerkmale: Das Lager der gelben Blattflechte vom *Physcia*-Typ besteht aus gedrängten, schmalen (bis 1 mm breiten), aufsteigenden Lappen, die an den Enden zerschlitzt und grobkörnig sorediös sind. Bei starker Soredienbildung kann das Lager fast krustig wirken. Kleine Flechte, oft in größeren Sammellagern. Apothecien selten. K+ rot, C−, KC−, P−.

Unterscheidungsmerkmale: Die ebenfalls gelben *Xanthoria parietina* und *Polycauliona polycarpa* sind nicht sorediös und haben meist Apothecien. *Xanthomendoza huculica* (S. 72) hat dem Substrat anliegende, nicht zerschlitzte Lappen mit Lippensoralen an kurzen aufgebogenen Seitenlappen, *Xanthomendoza fulva* (S. 72) ist fast stets rotorange bis braunrot gefärbt. Den ebenfalls gelben *Candelaria concolor / C. pacifica* (S. 72) fehlt die K+ rote Reaktion.

Ökologie und Verbreitung: V. a. auf nährstoffreicher Rinde freistehender Bäume mit hohem pH-Wert, oft nahe bei Tierställen. Häufige Art. In ganz Europa.

Polycauliona candelaria (2 cm)

Melanelixia subaurifera (Gold-Braunflechte)

Hauptmerkmale: Braune bis olivbraune, mittelgroße (bis 4 cm Durchmesser), anliegende Blattflechte mit Lappen vom *Parmelia*-Typ. Apothecien selten.

Unterscheidungsmerkmale: *Melanelixia subaurifera* hat braune bis rotbraune, oft glänzende Lappen, die eng anliegen. Sie besitzt zerstreut bis dicht stehende isidiöse bis sorediöse Wärzchen. Sorale gewöhnlich leicht gelblich. Isidien zart, jung halbkugelig, später zylindrisch bis unregelmäßig, an Stellen entstehend, wo sich die Rinde auflöst bzw. sich Sorale befinden. Wenn die Isidien abgerieben sind, bleiben weiß-gelbliche Flecken zurück, die an Sorale erinnern. Unterseite schwarz bis dunkelbraun. Das Mark reagiert mit C rot. Unterscheidungsmöglichkeiten von weiteren Arten, die *M. subaurifera* ähneln (alle S. 74–79): *Melanelixia fuliginosa* hat zarte, zylindrische Isidien und ist nicht sorediös. *Melanelixia subargentifera* unterscheidet sich durch weiße Härchen an den Lappenrändern. *Melanelixia glabra* hat ebenfalls weiße Härchen, ist aber nicht sorediös und besitzt meist Apothecien. Bei anderen braunen *Parmelia*-artigen Flechten reagiert das Mark mit C nicht rot, die meisten braunen Arten liegen auch nicht so dicht dem Substrat an, wie dies bei *M. subaurifera* der Fall ist.

Ökologie und Verbreitung: Auf glatter Rinde mit subneutralem pH-Wert an lichtreichen bis schattigen Standorten. In Europa weit verbreitet.

Melanelixia subaurifera (2,4 cm)

Melanohalea exasperatula (Spatel-Braunflechte)

Hauptmerkmale: Braune bis olivbraune, mittelgroße (bis 4 cm Durchmesser), anliegende Blattflechte mit Lappen vom *Parmelia*-Typ. Apothecien selten.

Unterscheidungsmerkmale: *Melanohalea exasperatula* hat eine olivbraune bis olivgrüne Oberseite mit glänzenden, an den Rändern aufsteigenden Lappen. Sie besitzt glänzende Isidien, die zu den Enden hin verdickt sind (keulenartig bis abgeflacht). Unterseite blass (beige, braunrosa, hellbraun). Mark C–.

Die Art ist durch die kräftigen keulen- bis spatelförmigen, hohlen Isidien von den anderen braunen bis olivbraunen *Parmelia*-artigen Spezies gut zu unterscheiden. Die ähnlichste Art ist *Melanohalea elegantula* (S. 74), die jedoch durch zylindrische (bis verzweigte), oben nicht verdickte Isidien charakterisiert ist. Die seltene *Melanohalea exasperata* (S. 76) hat regelmäßig verteilte, niedrige, breite, konische, an der Spitze vertiefte Wärzchen.

Ökologie und Verbreitung: V. a. auf nährstoffreicher Rinde freistehender Laubbäume. In ganz Europa.

Melanohalea exasperatula (5,2 cm/6 mm)

Pleurosticta acetabulum (Essigflechte, Essignapfflechte)

Hauptmerkmale: Düster grüne, graugrüne, bläulichgrüne, große (bis 15 cm) und großlappige Blattflechte vom *Parmelia*-Typ, oft mit schüsselförmigen, großen Apothecien (bis 2 cm). Ältere Lappen querrunzelig, oft mit schwarzen Punkten (Pyknidien). Ohne Isidien und Sorale. Unterseite in der Mitte schwarz bis braunschwarz, mit einfachen Rhizinen, am Rande hellbraun bis rosabraun und dort ohne Rhizinen. Rinde K–, an hellen Stellen K+ gelb bis braun, C–, KC–, P–; Mark K+ gelb, dann rot, C–, P+ gelb, dann langsam orange.

Unterscheidungsmerkmale: Durch die großen, düster olivgrünen Lappen ohne Isidien und Sorale gut von ähnlichen Arten zu unterscheiden. *Melanohalea exasperatula*, *Melanelixia fuliginosa* (S. 74) und *M. subaurifera* sind deutlich zierlicher und isidiös oder sorediös und eher braunoliv (bis rein braun). *Nephromopsis chlorophylla* (S. 68) besitzt Bortensorale und zeigt im Tüpfeltest keine Reaktionen. *Melanelixia glabra* (S. 76) ist habituell ähnlich, aber rein braun und kommt nur in den Alpen und im Alpenvorland vor.

Ökologie und Verbreitung: Mäßig häufig, auf nährstoffreicher, meist rissiger Rinde (z. B. Apfel, Ahorn, Esche, Linde, Pappel). Weit verbreitet bis ins südliche Skandinavien

Name bezieht sich auf die napfähnlichen Fruchtkörper; ähnliche Näpfe wurden früher als Essigbehälter verwendet.

Pleurosticta acetabulum (7 cm)

Hypogymnia physodes (Gewöhnliche Blasenflechte)

Hauptmerkmale: Grünlichgraue bis blaustichig graue, feucht grünlichgraue, mittelgroße Blattflechte vom *Parmelia*-Typ, mit glatten, hohlen, unterseits runzeligen, im Zentrum schwarzbraunen Lappen; ohne Haftfasern, mit Soralen an den Lappenenden. Apothecien selten. Lager rosettig oder unregelmäßig wachsend (bis 5, selten bis 10 cm Durchmesser), locker anliegend. Rinde K+ gelb, Mark KC+ rot, P+ orange.

Unterscheidungsmerkmale: Die Art besitzt ein locker anliegendes, oft ± rosettiges Lager und an den Lappenenden weißliche Lippensorale. Mark P+ orange. *Hypogymnia farinacea* (S. 168) ähnelt *H. physodes*, ist aber P– und hat diffuse Flächensorale. Ein auffälliges Unterscheidungsmerkmal der *Hypogymnia*-Arten zu den meisten übrigen Blattflechten ist die haftfaserlose Unterseite.

Ökologie und Verbreitung: Bevorzugt saure (oder durch Immissionen angesäuerte) Rinde und kommt oft zusammen mit *Hypogymnia tubulosa* vor. Wegen der Reduzierung saurer Immissionen rückläufig. In ganz Europa.

Hypogymnia physodes (2,4 cm)

Hypogymnia tubulosa (Röhrige Blasenflechte)

Hauptmerkmale: Graue bis blaustichig graue, feucht grünlichgraue, mittelgroße Blattflechte vom *Parmelia*-Typ, mit glatten, hohlen, unterseits runzeligen, im Zentrum schwarzbraunen Lappen; ohne Haftfasern, mit Soralen an den Lappenenden. Apothecien selten. Lager rosettig oder unregelmäßig wachsend (bis 4, selten bis 6 cm Durchmesser), locker anliegend. Rinde K+ gelb, Mark KC+ rot, P-.

Unterscheidungsmerkmale: *Hypogymnia tubulosa* besitzt verlängerte, aufsteigende, röhrenförmige Lappen, an deren Enden sich Kopfsorale befinden. Bei jungen, noch nicht sorediösen Exemplaren ist eine Unterscheidung von *Hypogymnia physodes* anhand der Sorale oft noch nicht möglich. In diesem Fall orientiere man sich an der finger- bis röhrenartigen Lappenform, die nur bei *Hypogymnia tubulosa* zu finden ist; bei *H. physodes* ist das Mark P+ orange. Ein auffälliges Unterscheidungsmerkmal der *Hypogymnia*-Arten zu den meisten übrigen Blattflechten ist die haftfaserlose Unterseite.

Ökologie und Verbreitung: Bevorzugt saure (oder durch Immissionen angesäuerte) Rinde und kommt oft zusammen mit *Hypogymnia physodes* vor. Wegen der Reduzierung saurer Immissionen gehen beide Arten zurück. In ganz Europa.

Hypogymnia tubulosa; mit *Hypogymnia physodes* (unten) (4 cm)

Phaeophyscia orbicularis (Kreisförmige Schwielenflechte)

Hauptmerkmale: Farblich sehr variable, schmalblättrige Blattflechte vom *Physcia*-Typ, mit Flecksoralen. Lappen hellgrau bis schwärzlich, bis 1 mm breit. Lager oft zusammenfließend. Keine Farbreaktionen.

Unterscheidungsmerkmale: Lager bis 2,5 cm. Lappen eng anliegend, bis 1 mm breit. Unterseite schwarz, dicht mit Rhizinen besetzt, die häufig unter dem Rand vorragen und dann weiße Spitzen haben können. Sorale flächenständig, fleckförmig; gelegentlich kommen schwarzbraune Apothecien vor. Die ähnliche *Hyperphyscia adglutinata* (S. 86) ist extrem an das Substrat angeschmiegt, sie besitzt außerdem nur wenige undeutliche Rhizinen, die seitlich nicht unter dem Rand vorragen.

Ökologie und Verbreitung: *Phaeophyscia orbicularis* bevorzugt nährstoffreiche, staubimprägnierte Rinde von Laubbäumen. Sie ist sehr häufig und in ganz Europa verbreitet.

Phaeophyscia orbicularis (1,6 cm)

Flavoparmelia caperata (Caperatflechte)

Hauptmerkmale: Gelblichgrüne, großlappige Blattflechte vom *Parmelia*-Typ, mit Soralen. Apothecien sehr selten. Lappenunterseite am Rand mit einer rhizinenfreien Zone.

Unterscheidungsmerkmale: Die Lappen sind deutlich gelblichgrün bis blass graugrünlich und (v.a. in der Lagermitte) oft querrunzelig, mit grobkörnigen bis warzigen Flecksoralen. Unterseite schwarz, aber die rhizinenfreie Randzone ist glänzend braun. Mark/Sorale K–, C–, P+ orange bis rot. Ähnlich ist *F. soredians* (S. 80), diese besitzt aber feinmehlige gewölbte Sorale und ein mit K+ rot reagierendes Mark. Die ebenfalls ähnliche *Flavopunctelia flaventior* (S. 80) hat weißliche, kurz strichförmige, scharf begrenzte Flecken auf der Oberseite (Pseudocyphellen) und ein C+ rot reagierendes Mark. Die übrigen epiphytischen *Parmelia*-artigen sind grau und weisen Isidien oder ein gratartiges Pseudocyphellennetz auf. Die grauen *Parmotrema*-Arten besitzen größere, nur lose angeheftete Lager mit Cilien.

Ökologie und Verbreitung: Auf Rinde freistehender Laubbäume, bevorzugt warme Standorte, auch auf Felsen vorkommend. Mäßig häufig. Milde Lagen von Europa (bis ins südlichste Skandinavien).

Name: caperatus (lat.) = runzelig, wegen der teilweise runzeligen Oberseite.

Flavoparmelia caperata (ca. 5,3 cm)

Parmelia saxatilis s. lat. (Felsen-Schüsselflechte) - vgl. S. 246
Parmelia ernstiae (Bereifte Schüsselflechte)

Hauptmerkmale: Graue, großlappige, bis 10 cm breite Blattflechten vom *Parmelia*-Typ. Oberseite der Lappen stellenweise oder völlig mit unregelmäßigen weißlichen, erhabenen Netzadern (Pseudocyphellen) bedeckt (netziggratartige Oberfläche v. a. an jungen Lappen; später bricht an den Graten die dünne Rinde auf und es entstehen dort Isidien). Unterseite schwarz, an den Enden dunkelbraun, bis zum Rand mit einfachen bis gabeligen schwarzen Rhizinen besetzt. Apothecien selten. Rinde K+ gelb (bei der ähnlichen *Parmelia sulcata* rot werdend; diese ist außerdem sorediös und nicht isidiös). Mark K+ gelb, später orange bis rot, C–, KC+ orange, P+ gelb und sofort orange.

Unterscheidungsmerkmale: Die Oberseite von *Parmelia saxatilis* ist vor allem an den Graten mit lagerfarbenen bis braunen, zylindrischen bis koralloiden Isidien besetzt, die Lappen sind unbereift und an den Rändern oft braun gesäumt. *Parmelia ernstiae* sieht ähnlich wie *P. saxatilis* aus, ist aber sowohl auf den Lappen als auch auf den Isidien bereift und weist an den Lappenrändern keine Bräunung auf. *Parmelia sulcata* hat Sorale, keine Isidien.

Anmerkung: Wir behandeln hier *Parmelia saxatilis* im weiten Sinn, weil die Unterscheidung von *P. serrana*, die mit Hilfe von molekularen Methoden entdeckt wurde, zumindest für Ungeübte nicht zuverlässig möglich ist.

Allen anderen grauen Parmelien und *Parmelia*-artigen auf Rinde, z. B. *Parmelina tiliacea* (S. 84), *Parmelina pastillifera* und *Imshaugia aleurites* (S. 170), *Punctelia borreri* (S. 85), *Punctelia jeckeri* und *Punctelia subrudecta*, fehlen die charakteristischen weißlichen Netzleisten.

Ökologie und Verbreitung: *Parmelia saxatilis* bevorzugt Bäume mit saurer Rinde (natürlich oder anthropogen versauert), kommt auch häufig auf Silikatgestein vor. In ganz Europa. *Parmelia ernstiae* auf Bäumen mit saurer Rinde. Überwiegend in Nord- und Mitteleuropa.

Parmelia saxatilis (1,5 cm)

Parmelia ernstiae (4 cm)

Parmelia sulcata (Furchen-Schüsselflechte)

Hauptmerkmale: Graue, großlappige, bis 8 cm breite Blattflechte vom *Parmelia*-Typ. Oberseite der Lappen stellenweise oder völlig mit unregelmäßigen weißlichen, erhabenen Netzadern (Pseudocyphellen) bedeckt (netzig-gratartige Oberfläche v. a. an jungen Lappen; später bricht dort die dünne Rinde auf und es entstehen an solchen Stellen Sorale). Unterseite schwarz, an den Enden dunkelbraun, bis zum Rand mit einfachen bis gabeligen schwarzen Rhizinen besetzt. Apothecien selten. Rinde K+ gelb, Mark K+ gelb, später orange bis rot, C–, KC+ orange, P+ gelb und sofort orange.
Unterscheidungsmerkmale: Bei *Parmelia sulcata* entstehen an den Graten längliche, helle Sorale. Bei älteren Exemplaren kann die gesamte Oberfläche sorediös erscheinen. Die Oberseite ist gelegentlich weiß bereift. *Parmelia saxatilis* besitzt Isidien. Allen anderen grauen Parmelien und *Parmelia*-artigen auf Rinde, z. B. *Parmelina tiliacea* (S. 84), *Parmelina pastillifera* und *Imshaugia aleurites* (S. 170), *Punctelia borreri* (S. 85), *Punctelia jeckeri* und *Punctelia subrudecta*, fehlen die charakteristischen weißlichen Netzleisten, ausgenommen *Parmelia ernstiae* und *P. saxatilis*.
Ökologie und Verbreitung: *Parmelia sulcata* hat eine breite ökologische Amplitude, bevorzugt eher nährstoffreiche Rinde. Sie ist wesentlich häufiger an Bäumen zu finden als *Parmelia saxatilis*.

Parmelia sulcata; mit *Physcia tenella* (2,0 cm)

Physcia adscendens (Helm-Schwielenflechte)

Hauptmerkmale: Grauweiße, kleine, schmallappige Blattflechte vom *Physcia*-Typ, mit bis 2 mm langen Wimpern an den Lappenrändern und mit Soralen. Lager rosettenförmig oder ± gleichmäßig rasenartig die Rinde (oft über größere Flächen) bedeckend. Unterseite hell, mit wenigen, hellen Rhizinen besetzt. Apothecien ziemlich selten, flächenständig, sitzend bis kurz gestielt, 1–2 mm. Scheibe dunkel, flach, nackt oder leicht bereift; Rand lagerfarben, etwas über die Scheibe gebogen, glatt. Rinde K+ gelb.

Unterscheidungsmerkmale: *Physcia adscendens* besitzt aufsteigende Lappen, deren Enden helm- bis kuppelartig aufgewölbt sind; darin befinden sich die Sorale. Bei der sehr ähnlichen *Ph. tenella* sind die Lappenenden lippenförmig. Anderen grauen Physcien (außer *Physcia tenella*) fehlen die langen Wimpern.

Ökologie und Verbreitung: *Physcia adscendens* bevorzugt nährstoffreiche, staubimprägnierte Rinde von Laubbäumen (noch etwas stärker als *Ph. tenella*).

Physcia adscendens (je 1 cm)

Physcia tenella (Zarte Schwielenflechte)

Hauptmerkmale: Grauweiße, kleine, schmallappige Blattflechte vom *Physcia*-Typ, mit bis 2 mm langen Wimpern an den Lappenrändern und mit Soralen. Lager rosettenförmig oder ± gleichmäßig rasenartig die Rinde (oft über größere Flächen) bedeckend. Unterseite hell, mit wenigen, hellen Rhizinen besetzt. Apothecien mäßig häufig, flächenständig, sitzend bis kurz gestielt, 1–2 mm. Scheibe dunkel, flach, nackt oder leicht bereift. Rand lagerfarben, etwas über die Scheibe gebogen, glatt. Rinde K+ gelb.
Unterscheidungsmerkmale: *Physcia tenella* fehlen die helmförmigen Lappenenden von *Physcia adscendens*. Ihre Lappen sind meist etwas schlanker und besitzen an den Enden Lippensorale. Junge Exemplare (ohne Sorale) sind schwierig zu unterscheiden, ebenso ältere Exemplare von *Physcia adscendens*, wenn die Helmsorale abgefressen sind. Anderen grauen *Physcien* (außer *Physcia adscendens*) fehlen die langen Wimpern. Borstenförmige (aber deutlich gröbere) Cilien kommen auch bei der viel größeren, seltenen *Anaptychia ciliaris* (S. 69) vor. Sie hat mehrere cm lange bandförmige graue bis graubraune Lappen, ist K- und besitzt keine Sorale.
Ökologie und Verbreitung: *Physcia tenella* bevorzugt nährstoffreiche, staubimprägnierte Rinde von Laubbäumen (etwas weniger ausgeprägt als bei *Physcia adscendens*). In fast ganz Europa verbreitet, eine der häufigsten Flechten.

Physcia tenella; mit *Phaeophyscia orbicularis* (1,1 cm)

Phaeophyscia nigricans (Schwärzliche Schwielenflechte)

Hauptmerkmale: Sehr klein- und schmallappige Blattflechte vom *Physcia*-Typ, mit Isidien (Lupe!). Lappen hellgrau bis braunschwarz. Lager oft zusammenfließend und größere Flächen bedeckend. Keine Farbreaktionen.

Unterscheidungsmerkmale: Lager sehr klein und unauffällig, bis 1 cm Durchmesser. Lappen feinästig, fast kleinstrauchig, bis 0,3 mm breit. Unterseite hell, an den etwas aufsteigenden Lappenrändern befinden sich Isidien, die oft sorediös aufbrechen.

Ökologie und Verbreitung: Auf nährstoffreichen, staubimprägnierten Rinden von Laubbäumen. Die Art ist häufig und breitet sich aus.

Phaeophyscia nigricans; mit *Phaeophyscia orbicularis* (7 mm)

Phaeophyscia nigricans; mit *Physcia adscendens* (3,3 mm)

Physconia grisea (Graue Schwielenflechte)

Hauptmerkmale: Graue bis braune, ± weiß bereifte Blattflechte vom *Physcia*-Typ, mit sorediösen bis isidiösen Lappen. Lager bis 8 cm. Lappen anliegend, einander berührend oder teilweise deckend. Ränder wellig und leicht aufsteigend, körnig-sorediös bis deutlich isidiös, 3–5 mm lang, 1–2 mm breit. Lagermitte häufig großflächig sorediös bis isidiös. Unterseite hellbraun, zum Rand hin weißlich. Rhizinen einfach bis gabelig geteilt (nicht flaschenbürstenartig). Mark weiß. Ohne Farbreaktionen.

Unterscheidungsmerkmale: Von anderen Physconien wie *Physconia enteroxantha* und *Physconia perisidiosa* (beide S. 90) durch die einfachen Rhizinen zu unterscheiden. *Physconia distorta* (S. 90) ist zwar auch bereift, besitzt aber keine Sorale und meistens Apothecien. Anders als bei den meisten *Physcia*-Arten sind die Lappen von *Physconia grisea* etwas größer und kräftiger und ± deutlich bereift und K–. *Physcia*-Arten sind K+ gelb und nicht fleckig bereift.

Ökologie und Verbreitung: Besonders auf staubimprägnierter Laubbaumrinde, bevorzugt warme Standorte in niedrigen Lagen. Mäßig häufig (die häufigste *Physconia*). Vom Mittelmeergebiet bis Südskandinavien.

Physconia grisea; mit *Physcia adscendens* (4,5 cm)

Punctelia jeckeri (Krausblättrige Punktflechte)

Hauptmerkmale: Grünlichgraue, graue, großlappige Blattflechte vom *Parmelia*-Typ, mit Soralen. Apothecien sehr selten. Lappenunterseite hell, am Rand mit einer rhizinenfreien Zone.
Unterscheidungsmerkmale: Die Farbe geht ins Grünliche (deutlicher und auffällig im feuchten Zustand). Lappenränder kraus gewellt und aufsteigend (salatähnlich), mit rundlichen Flecksoralen auf der Fläche der Lappen, die aus weißlichen Pseudocyphellen hervorgehen; zusätzlich zu den flächenständigen Soralen besitzt sie stets Bortensorale. Lappenränder matt, hellbraun und weiß bereift (mit Lupe den Rand gründlich absuchen). Unterseite beige bis hellbraun. Rinde K+ gelb; Mark/Sorale C+ rot, P–. *Punctelia subrudecta* ist am Rand glänzend braun und unbereift und hat überwiegend flächenständige Sorale. *Punctelia borreri* (S. 85) unterscheidet sich durch die sehr breiten, an den Enden regelmäßig gerundeten, stahlgrauen, dicht angepressten Lappen ohne braunen und bereiften Rand und eine schwärzliche (nie helle) Unterseite. Die übrigen epiphytischen, grauen *Parmelia*-artigen weisen Isidien oder ein gratartiges Pseudocyphellennetz auf. Die *Parmotrema*-Arten besitzen größere, nur lose angeheftete Lager mit breiteren Lappen.
Ökologie und Verbreitung: Auf der Rinde freistehender Laubbäume, bevorzugt warme Standorte. Süd-, West- und Zentraleuropa. *Punctelia jeckeri* ist häufiger als *Punctelia subrudecta*. Am seltensten: *Punctelia borreri*.

Punctelia jeckeri; mit *Parmelia sulcata* (rechts oben) (4,8 cm)

Punctelia subrudecta (Verwechselbare Punktflechte)

Hauptmerkmale: Grünlichgraue bis graue, großlappige Blattflechte vom *Parmelia*-Typ, mit Soralen. Apothecien sehr selten. Lappenunterseite hell, am Rand mit einer rhizinenfreien Zone.

Unterscheidungsmerkmale: Lagerfarbe im trockenen Zustand ± grau; die Art hat rundliche Flecksorale auf der Fläche der Lappen, die aus weißlichen Pseudocyphellen hervorgehen. Lappen kaum aufsteigend. Bortensorale selten. Rand glänzend dunkelbraun und immer unbereift. Unterseite beige bis hellbraun. Rinde K+ gelb; Mark/Sorale C+ rot, P–.

Bei *Punctelia jeckeri* ist der Rand bereift; sie besitzt stets reichlich Bortensorale an aufsteigenden Lappenrändern. Während sich *P. subrudecta* in feuchtem Zustand farblich wenig verändert, bekommt *P. jeckeri* einen hellen (gelb-)grünlichen Farbton. *Punctelia borreri* (S. 85) unterscheidet sich durch die sehr breiten, an den Enden regelmäßig gerundeten, stahlgrauen, dicht angepressten Lappen ohne braunen und bereiften Rand. Außerdem hat sie eine schwärzliche (nie helle) Unterseite.

Ökologie und Verbreitung: Auf der Rinde freistehender Laubbäume; bevorzugt warme Standorte. Süd-, West- und Zentraleuropa. *Punctelia subrudecta* ist seltener als *Punctelia jeckeri*. Noch seltener ist *Punctelia borreri*.

Punctelia subrudecta (3,6 cm)

Candelariella efflorescens-Gruppe (Sorediöse Dotterflechte) *Candelariella reflexa* (Kleinschuppige Dotterflechte)

Hauptmerkmale: Gelbe Krustenflechten mit sorediösem kleinschuppigem Lager oder aus gewölbten Soredienhäufchen bestehend. Apothecien sehr selten, gelb. K– oder schwach rötlich.

Unterscheidungsmerkmale: *Candelariella reflexa* besteht, wenn gut entwickelt, aus kleinen, am Rand gelappten bis gekerbten, bis 0,8 mm großen Schüppchen, die vor allem gegen die Mitte des Lagers sorediös aufbrechen. Soredien relativ grob, 40–80 µm dick. Die Schüppchen haben oft eine zitronengelbe bis gelbgrüne Färbung. Die beiden Arten der *Candelariella efflorescens*-Gruppe sind ohne Apothecien nicht zu trennen (*C. efflorescens* hat 16–32 Sporen im Ascus, *C. xanthostigmoides* nur 8). Gegenüber *Candelariella reflexa* haben sie feinere Soredien (15–40 µm) und viel kleinere, nicht gelappte Schüppchen, die nur um 0,2 mm breit werden und sich meist sehr rasch in gewölbte Soredienhäufchen wandeln. Die Farbe ist intensiv hellgelb bis gelb. Zu verwechseln sind die behandelten Arten auch mit *Candelariella xanthostigma*, die aber keine Soredien bildet, sondern aus (relativ regelmäßig) zerstreuten Körnchen von ca. 0,06–0,1 mm Durchmesser besteht. Gelbe *Caloplaca*-Arten reagieren K+ intensiv rot.

Ökologie und Verbreitung: *Candelariella efflorescens*-Gruppe verbreitet, auf nährstoffreicher Rinde, oft mit *Physcia adscendens/tenella* oder *Amandinea punctata*, auch in trocken-warmen Gebieten, *C. reflexa mehr* in humiden Lagen, oft auf Apfelbaum. Von Südeuropa bis ins südliche Skandinavien.

Candelariella efflorescens-Gruppe (6,1 mm)

Candelariella reflexa (3,1 mm)

Candelariella xanthostigma (Körnige Dotterflechte)

Hauptmerkmale: Gelbe Krustenflechte mit körnigem Lager. Keine Farbreaktionen.

Unterscheidungsmerkmale: Lager besteht aus kleinen, berindeten Körnchen (0,07–0,1 mm), die ± gleichmäßig über die Fläche verteilt sind. Man achte auf die ziemlich regelmäßige Anordnung der kleinen Körnchen, die *Candelariella xanthostigma* charakterisieren.

Leicht mit *Candelariella efflorescens/reflexa* zu verwechseln – zumal beide auch zusammen vorkommen. *Candelariella vitellina* (S. 208) besteht aus verflachten Areolen und besitzt oft Apothecien. *Caloplaca*-Arten unterscheiden sich durch die kräftige K+ tiefrote Reaktion.

Ökologie und Verbreitung: Auf nährstoffreicher, staubimprägnierter Rinde, an Straßenbäumen und vor allem Feld- und Gartenbäumen (oft mit *Amandinea punctata* und *Physcia adscendens/tenella*); sehr häufig (die Arten der *Candelariella efflorescens*-Gruppe sind neuerdings häufiger als *C. xanthostigma*, weil noch eutrophierungstoleranter). In Europa bis zur polaren Waldgrenze verbreitet.

Candelariella xanthostigma (2,8 mm)

Lecanora expallens (Ausbleichende Kuchenflechte)

Hauptmerkmale: Großflächig sorediöse, blass gelblichgrüne bis blassgrünliche Krustenflechte mit weißem Vorlager, meist ohne Apothecien.

Unterscheidungsmerkmale: *Lecanora expallens* besitzt ein dünnes, ungegliedertes bis rissiges, blasses Lager, das mit K+ gelb, mit C+ orange (diese Reaktion ist oft nur schwach gelborange), mit KC+ orange bis rosarot reagiert. UV+ orange.

Sterile, flächig sorediöse und gelbgrüne Exemplare von *Lecanora conizaeoides* (S. 112) sind durch die P-Reaktion (Rotfärbung) sicher von *L. expallens* zu unterscheiden. *Pyrrhospora quernea* reagiert mit C+ orange, ist aber mehr gelblich bis ockergelblich (nicht grünlich) gefärbt, hat meist ein schwarzes Vorlager, und ihre Soredien sind gröber als die von *L. expallens*. Beide Arten sind seltener als *L. expallens*. Auch mit der häufigen *Lepraria incana* zu verwechseln. Deren Lager ist aber blau- bis grünstichig weißlich, einheitlich feinkörnig und ohne Farbreaktionen (jedoch UV+ bläulichweiß).

Ökologie und Verbreitung: Während *Lecanora expallens* sich auch auf besonnten Borkenstegen findet, besiedelt *Lepraria incana* (S. 55) die beschattete (luftfeuchtere) Baumseite und kommt dort gewöhnlich in den Borkenritzen vor. Beide Arten sind sehr häufig. Im Laubwaldgebiet Europas weit verbreitet.

Lecanora expallens (3 mm)

Lepraria incana (Graue Lepraflechte)

Hauptmerkmale: Großflächig sehr feinkörnige, blau- bis grünstichig weißliche Krustenflechte; ohne Apothecien.

Unterscheidungsmerkmale: Das Lager ist blau- bis grünstichig weißlich. Es gibt keine Farbreaktionen. UV+ bläulichweiß. Die Soredien/Körnchen sind kompakt, bei der häufigen *Lepraria finkii* (S. 146) wattig-diffus (Lupe/Bino). Eine sichere Ansprache der meisten Leprarien ist nur dünnschichtchromatographisch möglich.

Ökologie und Verbreitung: *Lepraria incana* besiedelt die beschattete (luftfeuchtere) Baumseite und kommt dort gewöhnlich in den Borkenrissen vor. Sie bevorzugt saure Substrate. Sehr häufig. Vor allem in milden bis gemäßigten Gebieten Europas verbreitet, in kalten Lagen fehlend.

Lepraria incana (4,3 mm/6,1 mm)

Amandinea punctata (Punkt-Scheibenflechte)

Hauptmerkmale: Krustenflechte. Lager grau, grüngrau, graubraun, nicht sorediös, mit kleinen schwarzen Apothecien.

Unterscheidungsmerkmale: Diese Art besitzt ein hell- bis dunkelgraues oder graubräunliches, oft schwach entwickeltes und glattes bis rissig-warziges Lager von 1–3 cm Durchmesser; es ist matt und nicht sorediös. Apothecien zahlreich und klein (0,2–0,6 mm). Scheibe schwarz, matt, flach bis stark gewölbt. Rand schwarz, dünn, im Alter auch fehlend. Sporen braun, 2-zellig (Quetschpräparat genügt). Keine Farbreaktionen.

Mit der ähnlichen *Lecidella elaeochroma* (S. 57) zu verwechseln; diese hat jedoch deutlich größere (meist 0,4–1,0 mm breite), oft etwas glänzende Apothecien, einzellige farblose Sporen und ein glatteres, oft schwach glänzendes Lager von weißlicher bis olivgrauer Farbe, das bei guter Entwicklung K+ gelb und C+ orange reagiert und oft von einem schwarzen Vorlager umgeben ist. Die ebenfalls ähnliche *Catillaria nigroclavata* (S. 104) hat kleinere Apothecien und sehr schmale 2-zellige, aber farblose Sporen.

Ökologie und Verbreitung: *Amandinea punctata* kommt tendenziell eher auf freistehenden Bäumen mit eutrophierter Rinde vor; sie ist sehr häufig. Europaweit verbreitet.

Amandinea punctata (4,8 mm)

Lecidella elaeochroma (Olivgrüne Schwarzscheibenflechte)

Hauptmerkmale: Krustenflechte. Lager weißlich, gelblich, hell- bis dunkelgrau oder oliv, nicht sorediös, meist mit schwarzen Apothecien.

Unterscheidungsmerkmale: Lager weißlich, gelblich, hell- bis dunkelgrau bis oliv, glatt, zuweilen schwach glänzend; oft mit schwarzem Vorlager. Apothecien deutlich größer als bei *Amandinea punctata* (meist 0,4–1,0 mm breit), oft etwas glänzend. Sporen einzellig, farblos (Quetschpräparat genügt). Lager bei guter Entwicklung K+ gelb und C+ orange. Die ebenfalls ähnliche *Catillaria nigroclavata* (S. 104) hat kleinere Apothecien und sehr schmale farblose, aber 2-zellige Sporen.

Ökologie und Verbreitung: Bevorzugt glatte Rinde (und findet sich auch im Wald), sie ist ziemlich häufig. Europaweit bis zur polaren Waldgrenze verbreitet.

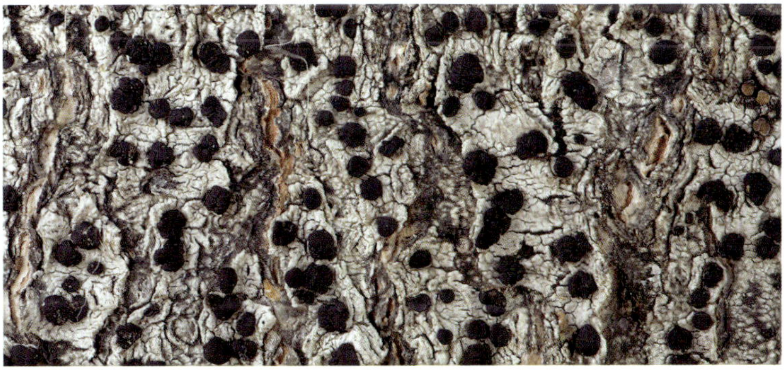

Lecidella elaeochroma (1,1 cm/2,2 cm)

Lecanora chlarotera (Helle Kuchenflechte)

Hauptmerkmale: Krustenflechte mit grauweißem bis (grünlich-)grauem Lager. Apothecien (0,5–1,5 mm) dicht gedrängt, Scheiben sehr variabel gefärbt (hell- bis schmutzig- oder mittelbraun, auch grünlichbraun, feucht mitunter vergrünend), Epihymenium im Mikroskop farblos bis missfarben braun und mit kleinen Körnchen durchsetzt (diese Pol+); Färbung und Körnchen verschwinden bei Zugabe von K. Rand lagerfarben, mit großen grauen Kristallhaufen, die nach Zugabe von K bleiben (Pol+). Lager K+ gelb.

Unterscheidungsmerkmale: Mit *Lecanora allophana* und *Lecanora argentata* (S. 143) zu verwechseln, die aber meist rein dunkelbraune bis rotbraune Apothecienscheiben haben. Außerdem ist das Epihymenium ohne Kristalle (Pol–; Färbung bleibt nach Zugabe von K). *L. allophana* besitzt im Apothecienrand kleine Kristalle (Pol+). Bei *Lecanora pulicaris* (S. 110) reagiert der Apothecienrand gewöhnlich mit P+ rot. Arten der *Polyozosia (Lecanora) hagenii*-Gruppe (S. 108) sind K– und haben wesentlich kleinere Apothecien (bis 0,6 mm).

Ökologie und Verbreitung: Sehr variabel. Häufigste Art der Lecanoren mit bräunlicher Scheibe; an freistehenden Bäumen, auch in Wäldern, stickstofftolerant.

Lecanora chlarotera (4,6 cm)

Lecanora saligna (Weiden-Kuchenflechte)

Hauptmerkmale: Krustenflechte mit gelbgrauem bis (jung) auch grauem, dünnem Lager. Apothecien zahlreich, klein (0,2–0,8 mm), mit gelblichem bis grünlichem Lagerrand. Scheibe lange flach, gelbbraun bis braunrot. Keine Farbreaktionen, UV–.

Unterscheidungsmerkmale: *Lecanora conizaeoides* (S. 112) besitzt ebenfalls einen Apothecienrand mit gelbgrünem Ton, ist aber durch die rote P-Reaktion sicher zu unterscheiden. *Lecanora varia* (S. 192) hat deutlich größere Apothecien (0,5–1,5 mm) und ist P+ intensiv gelb, *L. symmicta* (S. 60) hat frühzeitig gewölbte, randlose Scheiben (was bei *L. saligna* selten vorkommt). Mitglieder der *Polyozosia hagenii*-Gruppe (S. 108) besitzen ebenfalls kleine Apothecien, die aber einen weißlichen Rand aufweisen. Vorsicht: Junge Exemplare von *Lecanora saligna* haben oft noch keinen deutlichen Gelbstich des Apothecienrandes; daher mehrere Apothecien und benachbarte Lager untersuchen!

Ökologie und Verbreitung: Auf Laubbäumen (v.a. auf Pappel und Birnbaum); häufige Art. Europaweit verbreitet.

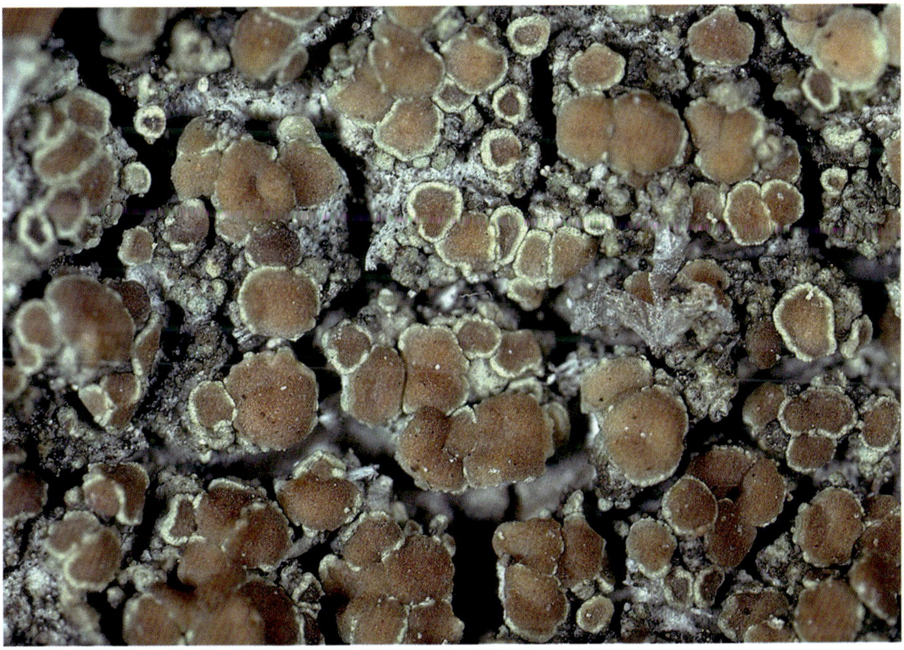

Lecanora saligna (5,4 mm)

Lecanora symmicta (Randlose Kuchenflechte)

Hauptmerkmale: Krustenflechte mit hellem Lager. Apothecien zahlreich, oft verschmelzend. Scheiben beigefarben, hellbraun oder leicht rosa, klein (bis ca. 0,6 mm), bald deutlich gewölbt; Rand oft etwas heller, schwach entwickelt und bald verschwindend. Manche Lager färben sich mit C+ orange bis rot. UV+ orange.
Unterscheidungsmerkmale: Lager besteht aus zerstreuten Körnchen oder ist unregelmäßig rissig oder kaum entwickelt. Sporen einzellig und elliptisch. Bei anderen *Lecanora*-Arten mit kleinen Apothecien (*Polyozosia persimilis, P. hagenii* (S. 108) und *P. sambuci* sowie *Lecanora saligna*) bleibt die Scheibe flach und berandet.
Ökologie und Verbreitung: *Lecanora symmicta* ist mäßig häufig und findet sich gewöhnlich auf glatter Rinde von Zweigen bzw. (häufig) in Astgabeln.

Lecanora symmicta (1,2 cm)

Lecania cyrtella (Holunder-Lecanie)

Hauptmerkmale: Krustenflechte mit hellem Lager. Apothecien zahlreich. Scheiben beigefarben, hellbraun oder rosa, klein (bis ca. 0,6 mm), bald deutlich gewölbt. Der lagerfarbene Rand ist schwach entwickelt und schwindet bald ganz. Keine Farbreaktionen.

Unterscheidungsmerkmale: Lager glatt bis höchstens feinkörnig, oft undeutlich. Die Apothecien wirken im nassen Zustand durchscheinend. Sporen 2-zellig und im Alter bohnenartig gekrümmt. *Lecania naegelii* (S. 110) hat 4(–6)-zellige Sporen, größere, dickere, stärker vorstehende Apothecien mit oft etwas missfarbener Scheibe und relativ dickem weißem Rand.

Ökologie und Verbreitung: Die Art bevorzugt nährstoffreiche Rinde von Laubbäumen (v. a. Holunder, Ahorn, Esche). Wegen ihrer Eutrophierungstoleranz zunehmend. Weit verbreitet, bis ins nördliche Skandinavien.

Lecania cyrtella (5,8 mm)

9.2 Flechten auf Bäumen im Freiland

(Hierhin gehören auch Flechten, die in Kap. 8.1 vorgestellt worden sind; ebenso können Arten, die gewöhnlich im Wald vorkommen, auf Bäumen im Freiland zu finden sein und umgekehrt; s. Kap. 8.3).

1 Flechten von bartartigem oder strauchigem Wuchs (Bart- und Strauchflechten) 2
1* Flechten von blattartigem bzw. krustigem Wuchs 3

2 Flechten aus fädigen (im Querschnitt rundlichen) Abschnitten bestehend
.... *Bryoria fuscescens, Usnea dasopoga, U. hirta, U. subfloridana* (S. 65-67)
2* Flechten aus abgeflachten (bandartigen) Abschnitten bestehend
.... *Anaptychia ciliaris, Ramalina fastigiata, R. fraxinea, R. pollinaria* (S. 69-71)

3 Lager blättrig-lappig, nicht völlig mit dem Substrat verwachsen 4
3* Lager krustig, völlig mit dem Substrat verwachsen 13

4 Lager gelb, orange .... *Candelaria concolor, C. pacifica, Xanthomendoza huculica, X. fulva* (S. 72)
4* Lager von anderer Farbe 5

5 Lager braun, rotbraun, grünbraun, braungrün 6
5* Lager grau, graugrün, weißlich, gelbgrünlich, grüngelb, allenfalls stellenweise gebräunt 11

6 Lager ohne Sorale und Isidien 7
6* Lager mit Soralen oder Isidien 8

7 Lappen gerundet und relativ breit (*Parmelia*-Typ) oder Lager in kleine Läppchen aufgeteilt. Unterseite hell bis schwarz, mit unverzweigten Rhizinen. Apothecien unbereift ....
.... *Melanelixia glabra, Melanohalea exasperata, M. laciniatula* (S. 76-78)
7* Lappen schmal, ± linear (*Physcia*-Typ), Unterseite schwarz, mit schwarzen auffasernden Rhizinen. Apothecien bereift .... *Physconia distorta* (S. 90)

8 Mit zahlreichen, flächenständigen Isidien, ohne Sorale ....
.... *Melanohalea elegantula, Melanelixia fuliginosa* (S. 74)
(wenn mit zerstreuten niedrigen, nicht abbrechenden Wärzchen, oft mit Apothecien, siehe *Melanohalea exasperata*, S. 76)
8* Mit überwiegend randständigen Isidien oder mit Soralen 9

9 Unterseite hellbraun bis weißlich, Lappen deutlich aufsteigend und abgehoben, wellig-kraus, braun bis oliv, an den Rändern von dichtstehenden Isidien oder Soralen gesäumt ....
.... *Nephromopsis chlorophylla* (S. 68)
(wenn Lappen anliegend vgl. *Physconia grisea*, S. 49)

9* Unterseite schwarz (Randbereich aber evtl. hell), Lappen anliegend oder randlich aufgebogen 10

10 Mit flächenständigen Soralen. Rhizinen unverzweigt. Lappen breit gerundet, rel. breit (*Parmelia*-Typp), braun, gelbbraun, rotbraun, mitunter stellenweise weiß bereift .... *Melanelixia subargentifera* (S. 79)

10* Ohne flächenständige Sorale. Rhizinen verzweigt. Lappen schmal und gestreckt (*Physcia*-Typ) oder kurz, braun bis braungrau oder mit leicht violettem Stich, oft fleckig bereift .... *Physconia enteroxantha, Ph. perisidiosa* (S. 90)

11 Lager gelblichgrün, grüngelblich, breitlappig (*Parmelia*-Typ) .... *Flavoparmelia soredians, Flavopunctelia flaventior* (S. 80)

11* Lager weiß, grau, graugrün, bläulichgrau, bräunlichgrau 12

12 Lager breitlappig (*Parmelia*-Typ) .... *Hypotrachyna afrorevoluta, Parmelia submontana, Parmelina tiliacea, Punctelia borreri* (S. 82-85)

12* Lager schmallappig (*Physcia*-Typ) .... *Hyperphyscia adglutinata, Physcia aipolia, Ph. stellaris, Physciella chloantha, Physconia*-Arten (S. 86-91)

13 Apothecien gelb bis orange, K+ rot .... *Caloplaca cerina, Athallia cerinella, A. pyracea, Piccolia ochrophora* (S. 92)

13* Apothecien nicht gelb bis orange, mit K nicht rot; oder ohne Apothecien 14

14 Lager sorediös, isidiös oder körnig, meist ohne Apothecien 15

14* Lager nicht sorediös (außer *Lecanora conizaeoides*) oder isidiös, meist mit Apothecien 18

15 Lager isidiös oder körnig .... *Pertusaria coccodes, Rinodina pityrea* (S. 94-95)

15* Lager sorediös bis ganz pulverig aufgelöst 16

16 Lager gänzlich pulverig aufgelöst .... *Lepraria* (S. 55, S. 146), *L. vouauxii* (S. 100)

16* Lager nicht völlig pulverig, mit zumindest anfangs begrenzten, später auch zusammenfließenden Soralen 17

17 Sorale rundlich, (zumindest anfangs) ± begrenzt .... *Buellia griseovirens, Caloplaca obscurella, Ochrolechia arborea, O. turneri, Lepra albescens* (S. 96-99)

17* Sorale undeutlich begrenzt, ± zusammenfließend .... *Halecania viridescens, Phlyctis argena* (S. 96; 101)

18 Apothecienrand anders als das Lager gefärbt oder Apothecien randlos 19

18* Apothecien mit Lagerrand 22

19 Apothecien von Anfang an gewölbt und randlos, dunkelbraun, braunrot, schwarzbraun .... *Scoliciosporum chlorococcum, Strangospora pinicola* (S. 102)

19* Apothecienrand zumindest anfangs vorhanden, mitunter im Alter schwindend, Scheibe flach bis bald gewölbt 20

20 Apothecien schwarz .... *Catillaria nigroclavata* (S. 104)
20*Apothecien nicht schwarz 21

21 Farbe der Apothecienscheiben variiert oft innerhalb eines Lagers, mitunter auch beim selben Apothecium. Sporen 2- bis 4-zellig, länglich .. *Cliostomum griffithii, Lecania naegelii* (S. 105; 110)
21*Farbe der Apothecienscheiben innerhalb eines Lagers einheitlich. Sporen mehrzellig und nadelförmig .... *Bacidia arceutina, B. rubella, Bacidina delicata* (S. 106)

22 Apothecien oft bereift .... *Lecanora carpinea, L. subcarpinea, Polyozosia hagenii* (S. 108)
22*Apothecien immer unbereift 23

23 Lager grünlich, graugrünlich, mitunter sorediös aufbrechend. Apothecien mit grünlicher Scheibe; alle Teile P+ rot .... *Lecanora conizaeoides* (S. 112)
23* Lager anders. Apothecien nicht grünlich 24

24 Lager/Apothecienrand grauweiß, P+ rot, Scheibe rotbraun, braun, braunschwarz. Sporen farblos, 1-zellig .... *Lecanora pulicaris* (S. 110)
24* Lager/Apothecienrand grauweiß bis graubraun, P–, Scheibe grau oder braun, dunkelbraun bis fast schwarz. Sporen braun, 2-zellig oder farblos, 4-zellig .... *Lecania naegelii, Rinodina pyrina* (S. 110; 113)

Bryoria fuscescens (Brauner Moosbart) (inkl. *Bryoria capillaris*)

Hauptmerkmale: Flechte aus bräunlichen bis hellgrauen, fädigen (stielrunden) Abschnitten, bartförmig hängend oder buschartig abstehend, oft mit hellen warzen- bis spaltenförmigen Soralen. Lager P± rot, K–, C–, Sorale P+ rot.

Unterscheidungsmerkmale: *Bryoria fuscescens* unterscheidet sich von anderen Flechten mit fädigem Lager durch die braune (bis braungraue) Färbung und die positive Reaktion mit P und die negative mit C. Innerhalb der Gattung *Bryoria* ist lediglich im Gebirge eine Verwechslung mit anderen Arten wahrscheinlich; diese sind jedoch sehr selten. Durch molekularphylogenetische Untersuchungen erwies sich die früher als *B. capillaris* unterschiedene Art (S. 158) mit hellgrauem, mit K+/P+ gelb und C+ (flüchtig) rosa reagierendem Lager als zu *B. fuscescens* gehörig. Die ebenfalls fädigen Lager der *Usnea*-Arten bestehen auch aus stielrunden Fäden, sind aber graugrünlich bis gelbgrünlich gefärbt und oft mit kleinen Warzen und kurzen, senkrecht abgehenden Zweigen besetzt; außerdem besitzen die Usneen in den Fäden einen weißen Zentralstrang, der beim vorsichtigen Zerreißen eines Fadens sichtbar wird.

Ökologie und Verbreitung: In Wäldern und an freistehenden Bäumen, v.a. in niederschlags- und nebelreichen Lagen; an Nadelbäumen und Laubbäumen mit saurer Rinde (z.B. Birke, Eiche). Von Südeuropa bis zur polaren Waldgrenze weit verbreitet.

Bryoria fuscescens; mit *Parmelia saxatilis* (6,0 cm)

Usnea dasopoga (Gewöhnliche Bartflechte)
Usnea hirta (Struppige Bartflechte)
Usnea subfloridana (Buschige Bartflechte)

Hauptmerkmale: Gelblichgrüne bis graugrüne Strauchflechten aus fädigen (stielrunden) Abschnitten, bartförmig hängend oder buschartig abstehend. Apothecien sehr selten. Die Usneen haben als Gattungsmerkmal einen weißen Zentralstrang, der beim (vorsichtigen) Zerreißen eines Fadens sichtbar wird.

Unterscheidungsmerkmale: *Usnea dasopoga* (häufigste Art): Besteht in typischer Ausprägung aus langen (bis 15, selten 30 cm), hängenden, ± parallel zueinander verlaufenden Ästen, die mit zahlreichen, deutlich dünneren, ± senkrecht abstehenden Kurzzweigen (Fibrillen) besetzt sind (erinnert an ein Fischgrätenmuster). Die Ansatzstelle ist geschwärzt. Auf den Ästen sitzen halbkugelige bis kurz zylindrische Papillen und Isidiengruppen oder auch kleinere Sorale, Mark K+ rot, P+ orange.

Usnea hirta: Lager nur 1–4 cm lang, buschig. Hauptäste nicht zylindrisch, sondern leicht kantig-grubig verformt. Basis nicht geschwärzt. Papillen fehlen, Isidien dicht stehend, dornartig. Mark K– oder K+ rot, P– oder P+ orange.

Usnea subfloridana: Lager bis zu 15 cm, aufrecht oder abstehend (später leicht hängend). Basis geschwärzt, mit quer laufenden Ringen (50x vergrößern). Papillen selten bis häufig, warzig. Fibrillen spärlich bis zahlreich. Sorale häufig, punktförmig, isidiös. Mark K–, P– oder K+ gelb, P+ gelb.

Die *Usnea*-Arten (besonders junge oder kümmerlich entwickelte Exemplare) sind oft schwer zu bestimmen. Von anderen bartartigen Flechten (aus den Gattungen *Alectoria*, *Bryoria*, *Evernia*, *Ramalina*) durch den zähen, weißen Zentralstrang zu unterscheiden.

Ökologie und Verbreitung: In Wäldern und im Freiland, besonders in niederschlagsreichen und nebelreichen Lagen; v. a. an Nadelbäumen und an Laubbäumen mit saurer Rinde (z. B. Birke, Eiche). *U. hirta* verträgt am ehesten etwas trockenere Habitate; kommt auch auf Holz vor. Von Südeuropa bis zur polaren Waldgrenze, *U. subfloridana* im hohen Norden fehlend.

Usnea dasopoga; rechts Faden mit weißem Zentralstrang (12 cm/2,6 mm)

Verschiedenes: Die grünlichgelbe Färbung der Bartflechten und vieler anderer Arten (Gattungen *Evernia, Ramalina*) rührt vom Gehalt an Usninsäure her, ein antibiotisch wirkender Flechtenstoff. Usninsäurehaltige Präparate spielen noch heute in der Heilkunde eine Rolle. Usninsäure kann auch eine Kontaktdermatitis hervorrufen und zudem eine Erhöhung der Lichtempfindlichkeit der Haut bewirken. Bei kanadischen Holzfällern, die mit Bartflechten in Berührung kommen, sind entsprechende Krankheitssymptome aufgetreten.

Usnea hirta (1,7 cm)

Usnea subfloridana (2,2 cm)

Nephromopsis chlorophylla (Olivgrüne Tartschenflechte) (*Tuckermannopsis chlorophylla, Cetraria chl.*)

Hauptmerkmale: Blattflechte mit breiten, aufsteigenden Lappen, oliv bis bräunlich, feucht grün. Lappen runzelig, wellig-kraus, (fast strauchartig) aufsteigend, tief eingeschnitten, bis 3 cm lang und 1 cm breit, an den Rändern mit weißgrauen Bortensoralen. Unterseite blassbraun bis weißlich, mit wenigen Rhizinen. R–. Apothecien selten.

Unterscheidungsmerkmale: *Nephromopsis chlorophylla* ist eventuell mit bräunlichen Exemplaren von *Platismatia glauca* (S. 118) zu verwechseln. Letztere verändert aber ihre Farbe nach Befeuchtung nicht und ist auf der Unterseite am Rand braun, zum Zentrum hin oft schwarz, selten (und dann nicht überall) weiß. *Pleurosticta acetabulum* (S. 39) besitzt regelmäßig gerundete, nur randlich aufgebogene Lappen, hat keine Sorale, aber oft Apothecien und das Mark reagiert K+ rot.

Ökologie und Verbreitung: Auf saurer Rinde von Nadel-/Laubbäumen an kühlen Standorten. Weit verbreitet in Europa mit Schwerpunkt in der borealen Nadelwaldzone, im Süden in den Gebirgen.

Name: Schon Mitte des 19. Jahrhunderts gebrauchter Name für die Gattung *Cetraria*, zu der früher auch *Nephromopsis* gehörte; Tartsche (meist rundlicher Schild im Mittelalter) wegen der Form der Apothecien.

Nephromopsis chlorophylla (3,7 cm)

Anaptychia ciliaris (Gefranste Wimpernflechte)

Hauptmerkmale: Locker aufliegende, unregelmäßig verzweigte, graue Strauchflechte mit lang gestreckten, bandförmigen Lagerabschnitten, bis über 10 cm groß. Lappen oberseits graubraun bis grau, feinfilzig behaart, randlich mit langen Borsten. Unterseite rinnig, hell, runzelig, rhizinenlos. Sorale und Isidien fehlen. Apothecien fast gestielt, mit Lagerrand, Scheibe schwarz, bereift. R–.

Unterscheidungsmerkmale: Charakteristisch sind die langen randlichen Borsten und die feine Behaarung. *Pseudevernia furfuracea* (S. 117) besitzt Isidien, *Evernia prunastri* (S. 32) ist meist sorediös und hell graugrünlich bis grüngelblich gefärbt. Die *Ramalina*-Arten sind auf der Ober- bzw. Unterseite gleich gebaut und ringsum blassgrünlich bis gelbgrün gefärbt.

Ökologie und Verbreitung: An lichtreichen Standorten an Laubbäumen mit nährstoffreicher oder subneutraler Rinde, besonders an Alleebäumen, wie Ahorn und Esche. Wegen geringer Toxitoleranz in Nord- und Mitteldeutschland sehr selten. Von Südeuropa bis ins mittlere Skandinavien.

Anaptychia ciliaris (4,3 cm)

Ramalina fastigiata (Buschige Astflechte) ***Ramalina fraxinea*** (Eschen-Astflechte, Eschenflechte) ***Ramalina pollinaria*** (Staubige Astflechte)

Hauptmerkmale: Grau- bis gelblichgrüne Strauchflechten mit bandförmigen Lagerabschnitten; Ober- und Unterseite gleich gebaut und gefärbt. R–.

Unterscheidungsmerkmale: Bei *Ramalina fastigiata* sind alle Lappen schmal und fast gleich lang; sie ist weder sorediös noch isidiös, hat keine Pseudocyphellen, besitzt aber Apothecien an aufgeblähten Lappen-/Astenden. *Ramalina fraxinea* bildet ebenfalls Apothecien, diese sitzen aber rand- bzw. flächenständig, die Lappen sind breiter als bei *R. fastigiata* und ungleich lang. Die Oberseite ist stark runzelig und mit hellen, ovalen bis strichförmigen Pseudocyphellen versehen. Bei *Ramalina pollinaria* fehlen Apothecien; sie ist an den Rändern, an den Enden und auf der Fläche sorediös. Sie wird oft mit der wesentlich häufigeren *Ramalina farinacea* (S. 33) verwechselt. Im Gegensatz zu dieser sind bei ihr (bei guter Entwicklung) die Lager relativ weich und schlaff, die Enden verbreitert und zerschlitzt, die Sorale häufig auch flächenständig (bei *Ramalina farinacea* randständig, selten flächenständig); außerdem färben sich bei letzterer Sorale und Mark nach P-Zugabe zuweilen orange. Durch die gleichartig gebaute Ober- und Unterseite unterscheiden sich die Ramalinen von anderen bandartigen Strauchflechten (z. B. *Anaptychia ciliaris*, *Evernia prunastri* (S. 32), *Pseudevernia furfuracea* (S. 117)).

Ökologie und Verbreitung: An licht-, oft auch windexponierten Laubbäumen mit subneutraler Rinde. Wegen geringer Toxitoleranz selten geworden. Vom Mediterrangebiet durch das gemäßigte Europa, *R. pollinaria* bis zur polaren Waldgrenze (auch auf Gestein).

Ramalina fastigiata (4,3 cm)

Ramalina fraxinea; mit *Pleurosticta acetabulum* (7,1 cm)

Ramalina pollinaria (ca. 2,3 cm)

Candelaria concolor (Gewöhnliche Leuchterflechte) ***Candelaria pacifica*** (Pazifische Leuchterflechte) ***Xanthomendoza huculica*** (Huzulen-Gelbflechte) (*Oxneria huculica*) ***Xanthomendoza fulva*** (Kleine Gelbflechte) (*Gallowayella fulva*)

Hauptmerkmale: Gelbe bis orange Blattflechten vom *Physcia*-Typ, mit weißlicher berindeter Unterseite und hellen Rhizinen. Apothecien sehr selten.

Unterscheidungsmerkmale: *Candelaria concolor* ist eine sehr zierliche, nur bis ca. 1 cm große Flechte mit sehr schmalen (nur bis 0,5 mm breit), hell- bis zitronengelben, reich zerteilten, ± parallel ausgerichteten Läppchen, die an den Rändern oft körnig-sorediös sind.

Candelaria pacifica besitzt etwas aufgerichtete Schüppchen, deren unberindete Unterseite oft grünlich ist. Die *Candelaria*-Arten sind K–, während *Xanthomendoza*-Arten (früher *Xanthoria*) K+ blutrot reagieren. Reduzierte Exemplare mit kaum entwickelten Läppchen können *Candelariella reflexa* (S. 52) ähneln, die aber keine Rhizinen hat.

Xanthomendoza huculica hat gelbe bis orangegelbe, rosettig wachsende, 1–2,5 cm große Lager mit gestreckten, etwas gewölbten, bis 7 mm langen und 1,5 mm breiten Lappen, an den Enden kurzer, aufgebogener Seitenlappen befinden sich hellere (schwefel- bis grünlichgelbe) Lippensorale. K+ rot.

Xanthomendoza fulva ist durch ein orangerotes bis fast braunoranges Lager charakterisiert; es besteht aus kurzen, aufsteigenden bis fast vertikalen Läppchen, Oberfläche der Unterseite (und manchmal auch die Ränder) sorediös. K+ rot. *Polycauliona candelaria* ist kleinstrauchig-polsterig und hat zylindrische Äste.

Candelaria concolor (9 mm)

Candelaria pacifica (3,5 mm)

Ökologie und Verbreitung: Auf mäßig bis ziemlich nährstoffreicher Rinde freistehender Laubbäume, *Candelaria concolor* und *C. pacifica* mäßig häufig, oft auf Obstbäumen, *Xanthomendoza fulva* vorwiegend im Bergland auf älteren Laubbäumen, v. a. Bergahorn, selten; *X. huculica* in milden Lagen, v. a. auf Nussbaum, Esche, Ahorn, selten; die ähnliche *X. fallax* auf Gestein (z. B. Basalt). Die *Xanthomendoza*-Arten sind in Süd- und im mittleren Europa (bis Südskandinavien) verbreitet, *Candelaria concolor* dringt weiter nach Norden vor.

Xanthomendoza huculica (ca. 1,6 cm)

Xanthomendoza fulva (2,0 cm)

Melanelixia fuliginosa s. lat. (Samtige Braunflechte) (inkl. *Melanelixia glabratula*) ***Melanohalea elegantula*** (Zierliche Braunflechte)

Hauptmerkmale: Oliv-, gelb-, rot- bis dunkelbraune Blattflechten vom *Parmelia*-Typ; mit dicht stehenden zarten, zylindrischen bis koralloiden Isidien, ohne Sorale. Lappen ± anliegend; Apothecien sehr selten.

Unterscheidungsmerkmale: *Melanelixia fuliginosa*: Unterseite schwarz. Das Mark reagiert mit C+ rot. Lappenränder meist glänzend. Isidien oft sehr dicht, dann Oberfläche samtig wirkend; wenn Isidien abgeschabt sind, wirken die dann weißen Stellen sorediös. Die ähnliche *Melanelixia subaurifera* (S. 37) entwickelt kleine, weißliche bis gelbliche, isidiös werdende Sorale. *Melanohalea exasperatula* ist C− und hat viel gröbere Isidien (S. 38).

Melanohalea elegantula: Unterseite blassbraun. Im Mark keine C-Reaktion. Lappenränder matt bis glänzend. Isidien sowohl flächen- als auch randständig, solid. Die ähnliche *Melanohalea exasperatula* (S. 38) besitzt hohle Isidien, die nach oben hin keulig verdickt und z. T. spatelförmig abgeflacht sind.

Während sich bei allen Arten der Gattung *Melanelixia* das Mark mit C+ rot färbt, tritt diese Reaktion bei der Gattung *Melanohalea* nicht ein.

Melanelixia fuliginosa; mit *Parmelia sulcata* (3,7 cm)

Ökologie und Verbreitung: Bevorzugen nährstoffreiche, saure bis subneutrale Rinden, mäßig häufig, *M. fuliginosa* s. lat. (sensu latiore = im weiteren Sinn) ziemlich häufig. *M. fuliginosa* von Südeuropa bis in den borealen Nadelwaldgürtel, *M. elegantula* nur bis in das südlichste Skandinavien verbreitet.

Melanelixia fuliginosa; Detailbild der Isidien (2,9 mm)

Melanohalea elegantula (6 mm)

Melanelixia glabra (Glatte Braunflechte)
Melanohalea exasperata (Raue Braunflechte)

Hauptmerkmale: Oliv-, gelb-, rot- bis dunkelbraune Blattflechten vom *Parmelia*-Typ; gewöhnlich mit Apothecien; Unterseite schwarz, am Rand braun.

Unterscheidungsmerkmale: *Melanelixia glabra*: Lappen runzelig, am Rand aufsteigend (dort mit feinen, hellen Härchen → Lupe), weder isidiös noch sorediös. Apothecien schüsselförmig. Mark C+ rot.

Melanohalea exasperata hat regelmäßig verteilte, niedrige und breite, an der Spitze vertiefte Wärzchen. Apothecien flach bis konkav, Ränder warzig.

Während sich bei allen Arten der Gattung *Melanelixia* das Mark mit C+ rot färbt, tritt diese Reaktion bei Vertretern der Gattung *Melanohalea* nicht ein. *Pleurosticta acetabulum* (S. 39) hat Ähnlichkeit mit *M. glabra* und bildet gewöhnlich ebenfalls (schüsselförmige) Apothecien aus, ist aber düster oliv- bis blaugrün, und das Mark reagiert C−, K+ rot, P+ orange.

Ökologie und Verbreitung: Bevorzugen nährstoffreiche, subneutrale bis schwach saure Rinde (v. a. Esche, Ahorn, Linde). *M. exasperata* findet sich vorwiegend auf Ästen, selten am Stamm. Beide sind selten, *M. glabra* kommt nur im Alpenbereich und Alpenvorland vor (bis ins Mittelmeergebiet), *M. exasperata* in ganz Europa.

Melanelixia glabra (4 cm)

Melanelixia glabra; feine, weiße Härchen (3,3 cm)

Melanohalea exasperata (2,1 cm)

Melanohalea laciniatula (Zerschlitzte Braunflechte)

Hauptmerkmale: Olivbraune bis braune, glänzende, in zahlreiche kleine, dicht stehende, einander überlappende Läppchen gegliederte Blattflechte, ohne Apothecien, Sorale oder Isidien. Nur am Rand mit größeren Lappen vom *Parmelia*-Typus. Unterseite beige bis blassbraun. R–.

Unterscheidungsmerkmale: *Melanohalea laciniatula* ist durch die kleinen flachen, dachziegelig stehenden braunen Läppchen charakterisiert. Ihr ähnlich erscheint manchmal *Melanohalea exasperatula* (S. 38), die verdickte, keulige, hohle Isidien besitzt, die oberflächlich betrachtet auch für kleine Läppchen gehalten werden können. Von *Melanelixia*-Arten sind die *Melanohalea*-Arten durch die fehlende C-Reaktion des Markes und die helle Unterseite zu unterscheiden.

Ökologie und Verbreitung: Auf nährstoffreicher Rinde freistehender Laubbäume (v. a. Esche, Ahorn, Linde); bevorzugt klimatisch milde Standorte und niedere Lagen. Selten. West-, Zentral- und Südeuropa.

Melanohalea laciniatula; mit *Physcia adscendens* (3,2 cm)

Melanohalea exasperatula, zum Vergleich (6,7 mm)

Melanelixia subargentifera (Bereifte Braunflechte)

Hauptmerkmale: Oliv-, gelb-, rot-, selten dunkelbraune Blattflechte vom *Parmelia*-Typ. Lappen mit rand- und/oder flächenständigen, oft körnig-warzigen Soralen, ohne Isidien, Ränder aufsteigend, jung weißlich bereift und mit feinen hellen Härchen besetzt (Lupe; oft nur wenige Härchen). Oberseite runzelig, Unterseite schwarz. Gewöhnlich ohne Apothecien. Mark C+ rot.

Unterscheidungsmerkmale: Gut kenntlich an der Bereifung, der schwachen Behaarung der Lappenränder und dem Besitz von Soralen (mit meist relativ groben Soredien), die zum Zentrum hin zusammenfließen können. Die ebenfalls stellenweise weiß behaarte *Melanelixia glabra* ist nicht sorediös und besitzt meist Apothecien. *Melanelixia fuliginosa* und *Melanelixia subaurifera* sind isidiös. Von den gleichfalls braunen Arten der Gattung *Melanohalea* sind die *Melanelixia*-Arten durch die positive C-Reaktion des Markes und die schwarze Unterseite zu unterscheiden.

Ökologie und Verbreitung: Bevorzugt nährstoffreiche Rinde mit schwach saurem bis subneutralem pH-Wert, ziemlich selten. In Europa weit verbreitet.

Melanelixia subargentifera (1,3 cm); unten: Reif und Härchen (2,7 mm)

Flavoparmelia soredians (Mehlige Schüsselflechte)
Flavopunctelia flaventior (Gelbliche Schüsselflechte)

Hauptmerkmale: Hell grüngelbliche bis grüngraue, großlappige Blattflechten vom *Parmelia*-Typ; mit Soralen, unterseits mit Ausnahme einer braunen Randzone schwarz. Apothecien sehr selten.

Unterscheidungsmerkmale: Unterschiede liegen v. a. in der Reaktion mit K und C und im Besitz von Pseudocyphellen. *Flavoparmelia soredians*: Lappen ohne Pseudocyphellen, breit (bis 7 mm), abgerundet, gekerbt, am Rand nicht aufsteigend, in der Lagermitte oft deutlich runzelig, mit feinkörnig-mehligen, unregelmäßigen flächenständigen Flecksoralen, die zuerst punktförmig sind, in älteren Lagerpartien aber auch größere Flächen bedecken können. Mark und Sorale K+ gelb, dann rot (siehe Bild), C–, KC+ rot, P+ orange.

Flavopunctelia flaventior besitzt breitere Lappen (bis 10 mm) mit weißlichen, strichförmigen Pseudocyphellen und mit Flächen- und Randsoralen. Oberfläche netzig-runzelig. Mark/Sorale K–, C+ rot, KC+ rot, P+ orangerot. Beiden Arten ähnlich ist *Flavoparmelia caperata* (S. 43), bei der aber Mark und Sorale K– und C– reagieren und Pseudocyphellen fehlen (kleine diffuse helle Fleckchen können vorhanden sein). Beide Arten durch die gelblichgrüne Farbe von anderen *Parmelia*-artigen Blattflechten zu unterscheiden. *Parmeliopsis ambigua* (S. 170) hat wesentlich schmalere, fast lineare Läppchen, die dicht angedrückt und gegen das Zentrum des Lagers stark sorediös sind.

Ökologie und Verbreitung: Auf mäßig saurer und mäßig nährstoffreicher Rinde freistehender Laubbäume, an warmen Standorten, *F. flaventior* selten, *F. soredians* fast nur im Westen. Süd- und Mitteleuropa.

Flavoparmelia soredians; Mark K+ rot (rechts unten) (6 cm)

Flavopunctelia flaventior (ca. 2 cm)

Flavoparmelia caperata, zum Vergleich (9,5 cm)

Hypotrachyna afrorevoluta (Afrikanische Schüsselflechte) ***Hypotrachyna revoluta*** (Eingerollte Schüsselflechte) ***Parmelia submontana*** (Verdrehte Schüsselflechte)

Hauptmerkmale: Blattflechten mit großlappigem, hellgrauem bis bläulichgrauem, unterseits schwarzem Lager vom *Parmelia*-Typ, mit Soralen oder Isidien. Unterseite bis zum Rand mit Rhizinen besetzt, schwarz oder randlich auch braun. Apothecien sehr selten.

Unterscheidungsmerkmale: *Hypotrachyna afrorevoluta* besitzt ein Lager mit glatter Oberfläche, das Mark reagiert C+ rot, K–, die Rinde K+ gelb. Lappen locker anliegend, an den Enden etwas nach unten eingebogen, mit gerundeten Achseln. Sorale v. a. auf der Oberseite der Lappenenden, unregelmäßig aufbrechend, oft schwärzliche Rindenpartien hinterlassend. Die Art kann leicht mit der sehr ähnlichen *Hypotrachyna revoluta* verwechselt werden. Die Unterscheidung ist nicht leicht und wird nicht immer gelingen. Recht zuverlässig sind die Merkmale auf der Unterseite. Bei *H. afrorevoluta* glänzt die Unterseite stark und ist bis auf eine schmale Randzone schwarz. Bei *H. revoluta* glänzt sie nicht oder schwach und ist teilweise braun, besonders unter großen Soralen. Die Oberseite von *H. afrorevoluta* weist mehr oder weniger grobe Pusteln auf der Fläche auf, die zu groben Soralen aufbrechen; die Rinde erodiert mitunter, so dass die schwärzliche Unterseite sichtbar wird. Bei *H. revoluta* werden Sorale mit feinen Soredien an den Lappenenden vor allem von Seitenlappen gebildet; bei alten Exemplaren kann die Rinde auch bei ihr pustelartig aufbrechen, ihr fehlen aber die schwärzlich erodierten Soralstellen. In Norddeutschland findet man heute wohl hauptsächlich *H. revoluta*.

Parmelia submontana: Lappen leicht bis deutlich abgehoben, oft etwas verdreht und röhrenartig eingerollt. Sorale rundlich oder zusammenfließend, isidiös, Isidien eiförmig. Das Lager ist

Hypotrachyna afrorevoluta (6 cm)

durch helle strich- bis punktförmige Pseudocyphellen gefleckt, das Mark/Lager reagiert K+ gelb, dann rot, C−. Ähnelt der (viel häufigeren) *Parmelia sulcata* (S. 45), deren Lappen aber nicht auffallend abgehoben und verdreht und deren Sorale länglich und nicht grobkörnig oder isidiös sind. *Parmelia saxatilis* (S. 44) besitzt ebenfalls ein ausgeprägtes Pseudocyphellennetz, ist aber nur isidiös, nie sorediös.

Ökologie und Verbreitung: An lichtreichen Standorten an Laubbäumen mit basen- bzw. nährstoffreicher Rinde; *H. afrorevoluta* bevorzugt klimatisch begünstigte Standorte. Ziemlich selten. Süd-, West- und Mitteleuropa.

Parmelia submontana (2,5 cm)

Parmelia sulcata, zum Vergleich (5,9 cm)

Parmelina tiliacea (Linden-Schüsselflechte, Lindenflechte)

Hauptmerkmale: Hellgraue Blattflechte vom *Parmelia*-Typ mit glatten, ± anliegenden, an den Enden gerundeten (jedoch eingekerbten), 3–6 mm breiten Lappen. Mit Isidien. Unterseite schwarzbraun, am Rand heller. Rinde K+ gelb; Mark C+ rot, KC+ rot. Apothecien selten, braun.
Unterscheidungsmerkmale: Kennzeichnend sind die glatten anliegenden Lappen mit zylindrischen, an der Basis grauen, an der sich abrupt verjüngenden Spitze braunen Isidien. *Parmelina pastillifera* (S. 172) ist sehr ähnlich, hat aber schwarze Isidien, die auf der knopfartig verbreiterten Kuppe etwas eingedellt sind; brechen die Isidien ab, hinterlassen sie deutlich erkennbare, weißliche Gruben (siehe Isidienbild). Die Achseln der Lappen sind oft auffallend gerundet. *Parmelia saxatilis* (S. 44) unterscheidet sich durch eine netzrunzelige Oberfläche.
Ökologie und Verbreitung: An lichtreichen Standorten an Laubbäumen mit nährstoffreicher Rinde. Mediterranes bis gemäßigtes Europa.

Parmelina tiliacea (6,8 cm)

Parmelina tiliacea; Isidien (3,2 mm)

Parmelina pastillifera; Isidien (3 mm)

Punctelia borreri (Borrers Punktflechte)

Hauptmerkmale: Hellgraue Blattflechte vom *Parmelia*-Typ mit anliegenden, glatten, an den Enden auffallend breit gerundeten Lappen, mit punktförmigen weißen Pseudocyphellen, mit/ohne (aus Pseudocyphellen hervorgehenden) Flecksoralen, selten mit Bortensoralen. Unterseite schwarz, Rand heller und rhizinenfrei. Apothecien sehr selten. Rinde K+ gelb; Mark C+ rosa, KC+ rosa.

Unterscheidungsmerkmale: *Punctelia subrudecta* und *Punctelia jeckeri* (S. 50–51) sind ähnlich, haben jedoch eine helle Unterseite und der Soralanteil wirkt auf der Fläche größer als bei *P. borreri*. Ihre Markreaktion mit C/KC weist eine mehr rote als rosa Reaktion auf.

Ökologie und Verbreitung: An lichtreichen Standorten an Laubbäumen mit basen- bzw. nährstoffreicher Rinde; bevorzugt klimatisch begünstigte Standorte. Selten, fast nur im Westen Zentraleuropas. Süd- und Westeuropa. Deutlich seltener als die beiden anderen Punctelien.

Punctelia borreri (ca. 4,5 cm)

Punctelia subrudecta, zum Vergleich (2,3 cm)

Hyperphyscia adglutinata (Anliegende Schwielenflechte)

Hauptmerkmale: Kleine, sehr dicht anliegende graue bis braungraue (feucht grüngraue) Blattflechte vom *Physcia*-Typ mit flächenständigen kleinen, meist flachen Soralen. Lappen sehr schmal (0,2–0,5 mm breit), unbereift. Unterseite hell, mit wenigen Rhizinen. Apothecien fehlen. R–.

Unterscheidungsmerkmale: Eine der kleinsten Blattflechten, Einzellager nur bis 1,5(–2) cm, aber oft zu größeren Flächen zusammenfließend, fast krustenartig dicht anliegend, dadurch und durch die kleinen Lager von der ähnlichen *Phaeophyscia orbicularis* (S. 42) zu unterscheiden, die oft dunkler gefärbt ist und zahlreiche Rhizinen besitzt, die oft unter dem Lappenrand hervorragen.

Ökologie und Verbreitung: V.a. auf staubimprägnierter, nährstoffreicher Rinde von Laubbäumen; bevorzugt nahe der Stammbasis, an trocken-warmen, lichtreichen Standorten. Ziemlich selten. Süd- und Mitteleuropa.

Hyperphyscia adglutinata (6 mm)

Phaeophyscia orbicularis, zum Vergleich (4 cm)

Physciella chloantha (Grünliche Schwielenflechte)

Hauptmerkmale: Hell grünlichgraue, kleine, schmallappige Blattflechte vom *Physcia*-Typ, mit herabgebogenen Lappenrändern, ohne Wimpern an den Lappenrändern, mit Lippensoralen. Lager rosettenförmig. Unterseite hell, mit hellen Rhizinen besetzt. Lager R–.

Unterscheidungsmerkmale: Ähnelt am meisten *Physcia adscendens* und *Ph. tenella*, es fehlen jedoch die langen, randlichen Zilien und die gelbe K-Reaktion. Die Lappen besitzen an den Enden Lippensorale, die Achseln zwischen den Lappen sind oft etwas gerundet. Andere grüngraue Flechten vom *Physcia*-Typ sind bereift oder liegen dem Substrat fast krustig an.

Ökologie und Verbreitung: *Physciella chloantha* bevorzugt nährstoffreiche, oft staubimprägnierte Rinde von Laubbäumen, geht selten auf Gestein über. In wärmebegünstigten Lagen, mit Ausbreitungstendenz, aber viel seltener als die beiden oben genannten *Physcia*-Arten.

Physciella chloantha (1,7 cm)

Physcia aipolia (Punktierte Schwielenflechte) ***Physcia stellaris*** (Stern-Schwielenflechte)

Hauptmerkmale: Graue bis grauweiße, anliegende Blattflechten vom *Physcia*-Typ mit rosettigem Lager und schmalen (bis 1,5 mm breiten), strahlig ausgerichteten Lappen, meist mit lecanorinen Apothecien mit schwarzer, auch bereifter Scheibe, ohne Isidien und Sorale. Unterseite weißlich bis hellbräunlich. Lager bis 4 cm breit. Rinde K+ gelb.

Unterscheidungsmerkmale: *Physcia aipolia*: Oberseite weißgrau, mit kleinen weißen Flecken (feucht besser zu sehen). Lappen meist flach. Mark K+ gelb. *Physcia stellaris*: der vorigen sehr ähnlich, aber Mark K– (!), Lappen oft gewölbt, ohne oder mit undeutlichen weißen Flecken, Apothecien wohl seltener bereift.

Physcia aipolia und Ph. stellaris unterscheiden sich von anderen behandelten grauen Physcien – z. B. *Ph. adscendens, Ph. tenella* (S. 46–47) und *Ph. dubia* (S. 210) – durch das Fehlen von Soralen und von den Physconien durch die im Allgemeinen fehlende, nie fleckige Bereifung der Lappen (s. u.).

Ökologie und Verbreitung: An lichtreichen Standorten, v. a. auf nährstoffreicher, subneutraler Rinde von Laubbäumen; oft auf Ästen. *Physcia stellaris* ziemlich selten bis mäßig häufig, *Ph. aipolia* seltener. In Europa weit verbreitet.

Physcia aipolia (2,6 cm)

Physcia aipolia (1,7 cm)

Physcia stellaris; mit *Caloplaca* sp. (2,4 cm)

Physconia distorta (Bereifte Schwielenflechte)
Physconia enteroxantha (Gelbmark-Schwielenflechte)
Physconia perisidiosa (Violette Schwielenflechte)

Hauptmerkmale: Blattflechten vom *Physcia*-Typ; Lager grau, braungrau, braun, Lappen ± (meist fleckig) weiß bereift (zumindest die Lappenränder), Unterseite mit rechtwinklig auffasernden – flaschenbürstenartigen – Rhizinen (viele Rhizinen mit Lupe untersuchen).

Unterscheidungsmerkmale: *Physconia distorta*: Lager ± rosettig (bis ca. 8 cm breit). Oberseite mit grobem, weißgrauem Reif, feucht grünlich; nicht sorediös. Apothecien häufig, mit schwarzer Scheibe. R–.

Physconia enteroxantha: Lager ± rosettig (bis 5 cm). Oberseite mit grobem, weißgrauem Reif; mit gelblichen bis (braun-)grauen Randsoralen besetzt (eher an den seitlichen, gewellten und aufgebogenen Rändern, die Lappenenden sind meist flach und frei von Soralen). Mark gelblich, aber auch fast weiß. Unterseite der Lappenenden berindet (glatt, dicht → starke Lupe; bestes Unterscheidungsmerkmal). Apothecien sehr selten. Mark und Sorale K+ gelb.

Physconia perisidiosa: Der vorigen mitunter ähnlich, aber selten rosettig wachsend. Sorale eher an den Lappenenden (Lippensorale). Das Mark ist immer weiß. Die Unterseite ist an den Lappenenden unberindet (rau, faserig → starke Lupe; siehe oben). Sie besitzt die kürzesten Läppchen und hat nicht selten einen leichten Stich ins Violette. Mark und Sorale K–. *Physconia grisea* (S. 49) ähnelt *Ph. enteroxantha*, besitzt aber einfache, nicht rechtwinklig auffasernde Rhizinen. Von den grauen Physcien durch den stets vorhandenen, groben weißen Reif und die rechtwinklig auffasernden Rhizinen zu unterscheiden.

Ökologie und Verbreitung: Besonders an nährstoffreicher, staubimprägnierter Rinde von Laubbäumen (*Ph. perisidiosa* an etwas weniger eutrophierten Standorten als die übrigen Physconien). In niederen Lagen selten, in Berglagen ziemlich selten. In Europa weit verbreitet.

Physconia distorta (2 cm)

Physconia enteroxantha (1,1 cm)

Physconia perisidiosa (1,8 cm)

Caloplaca cerina (Wachs-Schönfleck)
Athallia cerinella (Kleiner Wachs-Schönfleck)
Athallia pyracea (Feuer-Schönfleck)
(*Caloplaca cerinella, Caloplaca pyracea*)
Piccolia ochrophora (Zimtflechte)

Hauptmerkmale: Krustenflechten, Apothecienscheibe gelb bis orange oder zimtfarben, K+ rot, Rand bleibend.

Unterscheidungsmerkmale: *Caloplaca cerina* hat ein graues Lager und (bis 2 mm) große Apothecien mit (blei)grauem Lagerrand und gelber bis orangefarbener Scheibe. Rand und Lager K–. Durch die Apotheciengröße und den grauen Rand von anderen epiphytischen Arten der Gattung zu unterscheiden. *Athallia cerinella*: Lager unauffällig, weißlich. Apothecien klein (bis 0,4 mm). Scheibe hellgelb bis gelb, flach, Rand wie die Scheibe oder etwas heller gefärbt. Sporen gewöhnlich zu 12–16 im Ascus. Die sehr ähnliche *A. cerinelloides* hat 8 Sporen/Ascus, ist also nur mikroskopisch zu unterscheiden.

Athallia pyracea: Lager unauffällig, hellgrau, scheinbar fleckweise auch gelborange (dies sind Apothecieninitialen). Apothecien 0,4–1,0 mm breit. Scheibe orange, selten gelborange, Rand von gleicher Farbe (Außenseite mitunter grau). Alle gelblichen bis orangefarbenen Teile K+ rot. Verwechslung mit anderen *Athallia*-Arten (und Arten von *Caloplaca* im weiten Sinn) möglich. *Flavoplaca oasis* (S. 204) hat orangefarbene Apothecien und kommt vor allem auf Kunststein vor. *Candelariella aurella* (S. 208) findet sich nur an stark eutrophierter Borke (meist aber auf Kunststein), ist rein gelb und K–.

Caloplaca cerina (8 mm)

Piccolia ochrophora: Lager undeutlich, grau, z. T. im Substrat. Apothecien bis 0,5 mm. Scheibe gewölbt, blassocker bis zimtfarben, ± dicht orange bereift. Rand biatorin (nicht lagerfarben), sehr dünn. Reif K+ rot. Durch die zimtfarben bereiften Apothecien unverwechselbar.

Ökologie und Verbreitung: *Caloplaca cerina* auf subneutraler Rinde von Laubbäumen. *Athallia cerinella* v. a. auf nährstoffreichen Zweigen und Ästen. *Athallia pyracea* v. a. an Pappel-Arten, Esche, Spitz- und Feld-Ahorn. *Piccolia ochrophora* auf subneutraler Rinde (v. a. unterer Stammbereich von Holunder, Pappel, Weide), in lichten Wäldern und Gebüschen. Weit verbreitet, *Athallia cerinella* und *Piccolia* im hohen Norden Europas fehlend oder selten.

Athallia cerinella (4 mm)

Athallia pyracea (6 mm)

Piccolia ochrophora (1,1 mm)

Pertusaria coccodes (Kugelkopf-Porenflechte)

Hauptmerkmale: Hellgraue bis bräunlichgraue Krustenflechte mit Isidien. Lager zusammenhängend bis leicht rissig, knorpelig, K+ gelb, dann rot. Isidien halbkugelig bis kurz zylindrisch, oben oft leicht verdickt.

Unterscheidungsmerkmale: Kann leicht mit *Pertusaria coronata* verwechselt werden; deren Isidien sind aber nicht kopfig verdickt und das Lager wird mit K lediglich gelb, nach längerer Zeit auch schmutzig rotbräunlich. *Ochrolechia microstictoides* (S. 150) und *Ochrolechia turneri* (S. 98) sind K– und haben keine Isidien.

Ökologie und Verbreitung: Kommt an freistehenden Laubbäumen und auch in Wäldern vor. Ziemlich selten. In Europa verbreitet, im hohen Norden selten.

Pertusaria coccodes (11,5 mm; unten Isidien, ca. 5 mm)

Rinodina pityrea (Kleiige Braunsporenflechte)

Hauptmerkmale: Krustenflechte. Lager dunkelgrau, düster grau, gleichmäßig feinkörnig, zusammenhängend bis ± aufgelöst, auch rissig, gelegentlich mit lecanorinen Apothecien (0,4–0,5 mm) mit schwarzer Scheibe. R–.

Unterscheidungsmerkmale: Es gibt ähnliche Arten aus der unmittelbaren Verwandtschaft, die jedoch extrem selten sind. *Rinodina pityrea* könnte auch mit der ebenfalls düster grauen *Caloplaca obscurella* verwechselt werden; diese besitzt aber kleine, scharf begrenzte kraterförmige Sorale (Lupe!).

Ökologie und Verbreitung: Bevorzugt nährstoffreiche, staubimprägnierte Rinde von Laubbäumen an lichtreichen Habitaten, auch auf Kunststein, v.a. Beton. Sich ausbreitend. Süd- und Mitteleuropa.

Rinodina pityrea (4,2 mm)

Caloplaca obscurella (kraterförmige Sorale), zum Vergleich (3,3 mm)

Buellia griseovirens (Graugrüne Buelliflechte) *Caloplaca obscurella* (Dunkler Schönfleck) *Halecania viridescens* (Grünliche Halecanie)

Hauptmerkmale: Krustenflechten. Lager grau, mit rundlichen, (zumindest anfangs) ± begrenzten Soralen; meist ohne Apothecien, diese schwarz, flach, berandet.

Unterscheidungsmerkmale: *Buellia griseovirens*: Mit hellgrauem, dünnem Lager (auf glatter Rinde oft mit schwarzem Vorlager). Sorale grau, grün-, bläulich-, gelblichgrau, ± gut begrenzt und rundlich bis oval, später auch zusammenfließend und das ganze Lager bedeckend. Lager K+ gelb, Sorale K+ rotgelblich, P+ gelb bis orange. Die Art ähnelt *Violella fucata* (S. 152), deren Sorale aber P+ rot reagieren, unregelmäßig begrenzt sind und bald zusammenfließen. *Phlyctis argena* (S. 101) reagiert mit K+ rot, ihre Sorale sind weißlich bis grauweiß und unregelmäßig begrenzt. Arten der Gattung *Ochrolechia* und *Pertusaria* haben grauweiße Sorale.

Caloplaca obscurella: Lager hell- bis dunkelgrau. Sorale sehr klein (Lupe) und charakteristisch geformt: rundlich, konkav, mit kraterartig hochgezogenem Rand, aus blasenförmigen Erhebun-

Buellia griseovirens (9 mm/7 mm)

gen entstehend. Keine Farbreaktionen. Die Art ist durch kraterartige Sorale charakterisiert.

Halecania viridescens: Lager grün bis graugrün, mit feinen, punktförmigen Soralen bedeckt, die später oft zusammenfließen. Sie geben dem Lager ein lepröses Aussehen, leicht mit dem Fingernagel abzukratzen. Apothecien selten (0,2–0,4 mm), durchscheinend, beige, später braun. Rand lagerfarben, sorediös, bald gewölbt-randlos. Sorale P+ rostrot. Steril im Gelände schwer, mit P recht sicher zu bestimmen. Sorediöse *Lecanora conizaeoides* (S. 112) kann recht ähnlich aussehen, ist auch P+ rot, hat aber meist grünliche Apothecien und hat eine ganz andere Ökologie; sie meidet die basenreichen Habitate von *Halecania* und ist auf saure Substrate beschränkt, kommt heute fast nur noch auf Nadelbäumen und Holz vor (vgl. S. 112).

Ökologie und Verbreitung: Vorwiegend auf freistehenden Laubbäumen, *Buellia griseovirens* auch im Wald verbreitet, *Caloplaca obscurella* und *Halecania viridescens* auf nährstoffreicher Rinde. In Europa verbreitet, im hohen Norden fehlend.

Name: Namensgebung zu Ehren von E. Buelli, ital. Winzer (19. Jh.), Freund des Beschreibers der Gattung *Buellia*, des italienischen Lichenologen De Notaris.

Caloplaca obscurella (3,2 mm)

Halecania viridescens (3,1 mm)

Ochrolechia arborea (Baum-Bleiflechte) *Ochrolechia turneri* (Turners Bleiflechte) *Lepra albescens* (Zonierte Porenflechte) (*Pertusaria albescens*)

Hauptmerkmale: Krustenflechten. Lager grauweiß bis grau, mit rundlichen, (zumindest anfangs) ± begrenzten Soralen, ohne Apothecien.

Unterscheidungsmerkmale: *Ochrolechia arborea*: Sorale C+ rot, KC+ rot, rundlich (bis 0,4 mm), konkav, zunächst etwas berandet, später vortretend und teilweise zusammenfließend, gelblichweiß bis blass grünlichgrau. Lager weißgrau, relativ dünn, unregelmäßig warzig-rissig, zusammenhängend. Die ähnliche *O. androgyna* (S. 148) hat größere Sorale und ein dickeres Lager. Eine zweifelsfreie Bestimmung von *O. arborea* gelingt mit UV-Licht: Sorale leuchten orange.

Ochrolechia turneri: Sorale C+ gelblich, KC+ gelblich, bis 0,5 mm, lange Zeit gut begrenzt, aber in der Lagermitte (wenn älter) zusammenfließend. Lager weißlichgrau bis grau, zusammenhängend, glatt bis rissig und/oder warzig-knollig. Kann mit *O. microstictoides* (S. 150) verwechselt werden; diese ist aber stärker flächig feinkörnig-mehlig sorediös aufgelöst und kommt meist im Wald vor. Die ähnliche (und häufige) *Phlyctis argena* reagiert mit K+ rot.

Lepra albescens: Sorale ohne Farbreaktionen, heller als das Lager, scharf begrenzt, rund (apothecienähnlich), konkav bis nur leicht gewölbt, sehr groß (1–5 mm). Lager grau bis graugrünlich, knorpelig, schwach rissig, oft leicht glänzend, gelegentlich mit gezontem Vorlager (abwechselnd helle und dunklere Streifen). Geschmack nicht bitter. Die Art ist durch die großen, weißen, an Apothecien erinnernden Sorale charakterisiert. Bei der ähnlichen *Lepra amara* (S. 148) schmecken die meist gewölbten Sorale bitter und reagieren mit KC violett. Bei *Lepra albescens* var. *corallina* ist das Lager dicht mit groben, warzig-knolligen Auswüchsen bedeckt, die sorediös aufbrechen.

Ochrolechia arborea (7,6 mm)

Ökologie und Verbreitung: Vorwiegend auf freistehenden Laubbäumen, aber auch im Wald. *Ochrolechia turneri* bevorzugt leicht eutrophierte Rinde. *O. arborea*: Auf saurer Rinde von freistehenden Laubbäumen (oft auch Obstbäumen), an lichtreichen Orten, meist in Berglagen. In Europa weit verbreitet, die beiden Ochrolechien im mittleren/nördlichen Skandinavien fehlend.

Ochrolechia turneri (2,2 cm)

Lepra albescens (5,2 cm)

Lepraria vouauxii (Gelblichweiße Lepraflechte)

Hauptmerkmale: Krustenflechte. Lager völlig servdiös aufgelöst; ohne Apothecien.

Unterscheidungsmerkmale: Lager gelblichweiß, fahl blaugrau, grünlichgrau, bläulich weiß, manchmal mit angedeutetem Rand. Soredien um 80–180 µm. K+ gelb-orange, C+ schmutzig gelb, P+ orange, UV−. *Lepraria vouauxii* ist von anderen Leprarien nur mit Hilfe von Dünnschichtchromatographie sicher zu unterscheiden. Der häufigen *Lepraria incana* (S. 55) fehlen die Farbreaktionen, sie ist UV+ blauweiß; Soredien kompakt, meist nur bis 120 µm dick. *Lepraria finkii* (S. 146) hat blassgrüne, große wattige Soredien (120–350 µm).

Ökologie und Verbreitung: An Laubbäumen mit rauer, basen- und mäßig nährstoffreicher Rinde an lichtreichen Standorten (auch auf nicht direkt beregnetem, meist kalkhaltigem Gestein).

Lepraria vouauxii (1,2 cm)

Phlyctis argena (Weiße Blatternflechte)

Hauptmerkmale: Weißliche bis weißgraue (feucht leicht grünliche), dünne, schließlich großflächig sorediös aufgelöste Krustenflechte. Sorale undeutlich begrenzt, ± zusammenfließend, Soredien weißlich bis cremefarben, wattig aussehend (Lupe). Rand oft silbrig glänzend (Name). Lager/Sorale K+ gelb, dann blutrot, P+ gelb (Sorale orange). Fast stets ohne Apothecien, wenn fertil (meist in niederschlagsreichen Lagen), ähnlich aussehend wie *Phlyctis agelaea* (siehe unten).

Unterscheidungsmerkmale: Die ebenfalls weißgraue *Phlyctis agelaea* besitzt bereifte Apothecien (unauffällig und leicht mit Soralen zu verwechseln) und ist nicht sorediös; Unterscheidungsmerkmal gegenüber fruchtender *Ph. argena:* die ellipsoiden Sporen haben an den beiden Enden ein „aufgesetztes" Spitzchen, bei *Ph. argena* nicht. *Buellia griseovirens* (S. 96) reagiert mit K nicht blutrot und hat meist (dunkel) grünliche Sorale. Sorediöse Vertreter der Gattungen *Ochrolechia* und *Pertusaria* sind K– (nur *Pertusaria coccodes* reagiert K+ rot, hat aber Isidien).

Ökologie und Verbreitung: An Laubbäumen an lichtreichen bis schattigen Standorten, häufig. Von Südeuropa bis ins mittlere Skandinavien verbreitet.

Phlyctis argena (3,6 cm)

Scoliciosporum chlorococcum (Algenartige Krummsporenflechte) ***Strangospora pinicola*** (Kiefern-Rundsporenflechte)

Hauptmerkmale: Krustenflechten mit körnigem oder warzigem bis kleinscholligem Lager, nicht sorediös. Apothecien rotbraun, schwarzbraun, dunkelbraun, sehr bald randlos und gewölbt. R–.

Unterscheidungsmerkmale: *Scoliciosporum chlorococcum*: Lager an krustige Algenbeläge auf Baumrinde erinnernd, graugrün bis tiefgrün, körnig. Apothecien oft spärlich, rotbraun bis braunschwarz, gewölbt, randlos, etwas

Scoliciosporum chlorococcum; mit *Physcia adscendens* (5 mm)

Strangospora pinicola (3,9 mm)

glänzend (bis 0,4 mm). Sporen farblos, länglich-spindelförmig, 4–8-zellig. Steril kaum von freilebenden Algen zu unterscheiden; gründliche Suche lässt oft noch einzelne Apothecien entdecken. Die sehr ähnliche *Scoliciosporum sarothamni* besitzt ein sorediöses, C+ rotes Lager. *Strangospora pinicola*: Lager (falls vorhanden) warzig bis fast kleinschollig, hell- bis dunkelgrau oder graubräunlich. Apothecien klein (0,2–0,5 mm), jung rotbraun, im Alter auch schwarzbraun, in feuchtem Zustand mehr oder weniger blass und durchscheinend. Scheibe sehr bald halbkugelig hochgewölbt. Mit *Scoliciosporum umbrinum* zu verwechseln, die aber S-förmig verbogene (wurmförmige) Sporen hat. *Strangospora pinicola* unterscheidet sich von *Amandinea punctata* (S. 56) durch die stärker (und frühzeitiger) konvexen und randlosen Apothecien.

Ökologie und Verbreitung: Auf saurer Rinde. *Scoliciosporum chlorococcum* auf Laub- und Nadelbäumen, zurückgehend. *Strangospora pinicola* v.a. auf Laubbäumen (u.a. Eiche, Kirsche, Linde, Weide), sehr häufig auch auf Holz (v.a. Weidepfosten). In Europa bis ins mittlere Skandinavien verbreitet.

Amandinea punctata, zum Vergleich (6,8 mm)

Catillaria nigroclavata (Schwarzkopf-Catillarie)

Hauptmerkmale: Krustenflechte mit unscheinbarem, grauem bis graubraunem Lager. Apothecien braunschwarz bis schwarz, klein (0,2–0,3 mm), rund, meist bleibend flach und berandet (Rand mitunter etwas heller), angedrückt sitzend. Sporen 2-zellig, länglich, farblos. R–.

Unterscheidungsmerkmale: An den sehr kleinen flachen, mitunter eine Spur heller berandeten braunschwarzen bis schwarzen Apothecien zu erkennen (sicher erst nach Auffinden der Sporen). *Amandinea punctata* (S. 56) besitzt größere, bald gewölbte Apothecien und braune 2-zellige Sporen. *Lecidella elaeochroma* hat ebenfalls größere Apothecien und farblose, aber einzellige Sporen (S. 57). Beide sind wesentlich häufiger.

Ökologie und Verbreitung: Auf glatter, nicht zu saurer Rinde und auf Zweigen. Ziemlich selten. In Europa weit verbreitet.

Amandinea punctata, zum Vergleich (4,1 mm)

Catillaria nigroclavata (2,8 mm)

Cliostomum griffithii (Dunkler Musenmund)

Hauptmerkmale: Krustenflechte mit weißlichem bis hellgrauem, glattem bis warzig-areoliertem Lager, nicht sorediös. Apothecien grau, bräunlich, schwärzlich, manchmal scheckig, oft leicht bereift (0,2–0,8 mm), Farbe oft innerhalb eines Lagers oder Apotheciums variierend; Rand im Alter schwindend, Scheibe flach bis gewölbt. Sporen meist 2-zellig, schmal (8–15 × 2–4 µm). Gewöhnlich mit schwarzen Pyknidien (0,1–0,2 mm, deren Wand im Quetschpräparat K+ purpurn). Lager K+ gelb.

Unterscheidungsmerkmale: Charakteristisch für die Art ist die wechselnde Farbe der Apothecien und die häufige Anwesenheit von auffallenden schwarzen Pyknidien. Kaum zu verwechseln. Bei *Lecania naegelii* ist das Lager unauffällig, dünn, glatt, weißlich bis grünlich, die Apothecienscheiben sind grau, bläulich- oder bräunlichgrau, braun bis schwärzlich (Farbe von Lager zu Lager recht unterschiedlich), mit hellerem, meist weißlichem, anfangs oft dickem Rand, flach bis gewölbt, 0,3–0,8 mm

Ökologie und Verbreitung: *Cliostomum griffithii* bevorzugt helle, trockene Standorte (aber oft auch im Wald), wächst an alten Laub- und Nadelbäumen, auch auf Holz, in Westeuropa verbreitet, aber in Süddeutschland, in der Schweiz und Österreich weitgehend fehlend. bzw. sehr selten.

Cliostomum griffithii (10,5 mm)

Bacidia arceutina (Wacholder-Stäbchenflechte) ***Bacidia rubella*** (Rötliche Stäbchenflechte) ***Bacidina delicata*** (Zarte Stäbchenflechte)

Hauptmerkmale: Krustenflechten. Apothecien beige, rosa, braun, rotbraun, orangebraun, mit biatorinem (nicht lagerfarbenem) Rand und flacher bis gewölbter Scheibe. Öfter steril (und dann schwer bestimmbar). R–.

Unterscheidungsmerkmale: *Bacidia arceutina*: Lager undeutlich bis weißlich- bis grünlichgrau, dünn, rissig bis flachwarzig. Apothecien 0,2–0,7 mm. Scheibe hell- bis schwarzbraun, flach, später gewölbt. Rand bleibend oder verschwindend, dunkler als Scheibe.

Bacidia rubella: Lager blassgrünlich bis grünlichgrau, deutlich entwickelt, grobkörnig, Körner rundlich bis länglich. Apothecien mit deutlich verengter Basis (0,7–1,2 mm). Scheibe blass bis dunkel rotbraun oder orangebraun. Rand erhaben, glatt. Die Art ist mit *Blastenia (Caloplaca) herbidella* zu verwechseln; letztere ist auf höhere Lagen beschränkt, die Apothecien (und gelbliche Lagerstellen) reagieren mit K+ rot. *Bacidia biatorina* besitzt feinere Körnchen.

Bacidina delicata: Lager blassgrün bis beige, sehr feinkörnig bis sorediös aufbrechend. Apothecien 0,3–0,6 mm. Scheibe jung konkav, später flach, beige bis blassrosa. Rand erhaben, glatt, bleibend. Kann von *Bacidina sulphurella* (S. 140) nur mikroskopisch unterschieden werden.

Ökologie und Verbreitung: Am Stamm und auf Ästen von Bäumen mit subneutraler und nährstoffreicher Rinde (*B. arceutina* an luftfeuchten Standorten). Selten, *B. delicata* ziemlich häufig. Mediterranes und gemäßigtes Europa.

Name: wegen der stäbchenförmigen Sporen mancher Arten der Gattung *Bacidia* im weiten Sinn; ein Großteil der Arten hat jedoch nadelförmige Sporen.

Bacidia arceutina (5,5 mm)

Bacidia rubella (6,5 mm)

Caloplaca herbidella, zum Vergleich (7,2 mm)

Bacidina delicata (3,7 mm)

***Lecanora carpinea*-Aggregat (Hainbuchen-Kuchenflechte) (inkl. *L. leptyrodes*)**
***Lecanora subcarpinea* (Hain-Kuchenflechte)**
***Polyozosia hagenii* (Hagens Kuchenflechte) (*Lecanora hagenii, Myriolecis hagenii*)**

Hauptmerkmale: Krustenflechten mit kaum entwickeltem oder weißgrauem, nicht sorediösem Lager. Apothecien beige, ocker bis braun, meist ± bereift, mit bleibendem lecanorinem (lagerfarbenem) Rand und flacher Scheibe.

Unterscheidungsmerkmale: *Lecanora carpinea*-Aggr.: Lager weißgrau, dünn. Apothecien oft gedrängt und durch gegenseitigen Druck kantig, 0,2–1,1 mm. Scheibe dicht weiß bereift, unter dem Reif ocker bis braun, ±

Lecanora carpinea (1,1 cm)

Lecanora subcarpinea; C+ gelb; Reaktion (Mitte, unten) (8 mm)

flach. Rand deutlich, glatt, später manchmal zurücktretend. Lager (v. a. Apothecienrand) K+ gelb, P± leicht gelblich, UV–. Scheibe: C+ gelborange, UV+ blassorange. Innerhalb des Aggregates können unterschieden werden: *L. carpinea* s.str.: Ap. 0,2–0,4 mm, mit dünnem, verschwindendem Lagerrand, dieser mit in K löslichen Kristallen gefüllt (Polarisationsmikroskop); *L. leptyrodes*: Ap. 0,2–1,1 mm, Lagerrand dick, bleibend, mit in K nicht löslichen Kristallen. *Lecanora subcarpinea*: Wie *L. carpinea*, aber Apothecien größer (bis 2 mm), Rand intensiv P+ gelborange. *L. carpinea / subcarpinea*: Durch die C+ gelbe Reaktion der Scheibe, deren starke Bereifung und die oft verformten Apothecien von anderen Lecanoren zu unterscheiden. *Lecanora albella* sieht ähnlich aus, kommt aber fast nur in Wäldern vor (S. 142) und die Apothecienscheibe reagiert C– und P+ rot.

Polyozosia hagenii: Lager dünn, oft kaum entwickelt. Apothecien sehr klein (0,3–0,6 mm), oft gedrängt stehend und sich gegenseitig berührend und dann kantig. Scheibe braun, oft ± bereift, flach bis konkav, Rand glatt bis gekerbt, jung fleckweise weiß bereift. Keine Farbreaktionen. *Polyozosia hagenii* unterscheidet sich von ähnlichen Lecanoren mit braunen Apothecien – z. B. *L. argentata* (S. 143), *L. chlarotera* (S. 58), *L. pulicaris* – durch die geringe Apotheciengröße und die häufige Bereifung; außerdem reagiert bei letzteren das Lager K+ gelb. Die Unterscheidung gegenüber *Polyozosia sambuci* (Asci 12-16-sporig), *P. dispersa* (S. 221) und junger *Lecanora saligna* (S. 59) ist im Gelände schwierig.

Ökologie und Verbreitung: Mit breiter ökologischer Amplitude. *Polyozosia hagenii* v. a. auf basen- und nährstoffreicher, staubiger Rinde. *Lecanora carpinea* und *L. subcarpinea* oft auf glatter Rinde. *Polyozosia hagenii* und *Lecanora carpinea*-Aggregat sind ziemlich häufig, erstere ist europaweit verbreitet, letzteres fehlt im hohen Norden. *Lecanora subcarpinea* ist recht selten und vor allem im gemäßigten Europa verbreitet.

Polyozosia hagenii (2,9 mm)

Lecanora pulicaris (Floh-Kuchenflechte) *Lecania naegelii* (Nägelis Lecanie)

Hauptmerkmale: Krustenflechten mit weißlichem bis grauem, nicht sorediösem Lager. Apothecien mit grauer, bläulichgrauer oder brauner, dunkel rotbrauner bis fast schwarzer Scheibe und lagerfarbenem, glattem und regelmäßigem, nicht welligem Rand, flach, unbereift, regelmäßig rundlich.

Lecanora pulicaris: Apothecien 0,4–1,1 mm, Scheibe braun bis dunkel rotbraun bis schwarz, unbereift, Lagerrand P+ rot, K+ gelb, bleibend. Sporen einzellig, farblos.

Lecania naegelii: Apothecien 0,3–0,8 mm, Scheibe ziemlich variabel gefärbt, nicht selten auch innerhalb eines Lagers, weißlich, grau, bläulichgrau, braun, schwarz, manchmal gescheckt. Lagerfarbener Rand P–, oft später undeutlich. Sporen überwiegend 4-zellig, oft gebogen.

Unterscheidungsmerkmale: Die P+ orangerote Färbung des Apothecienrandes unterschei-

Lecanora pulicaris; Apothecien sehr dunkel (6,0 mm)

Lecanora argentata, zum Vergleich (6,2 mm)

det *Lecanora pulicaris* sicher von *L. argentata* und *L. chlarotera* (S. 143 bzw. S. 58) und anderen braunscheibigen Lecanoren. Arten der *Polyozosia hagenii*-Gruppe (*P. hagenii, P. persimilis, P. sambuci*) haben viel kleinere Apothecien und sind K–, P–. *Lecania naegelii* kann sehr unterschiedlich aussehen, hat mitunter gescheckte Scheiben (besonders feucht), die weißlich, grau braun bis schwarz gefärbt sein können. Die verwandte, oft mit *L. naegelii* vergesellschaftete *Lecania cyrtella* hat Apothecien mit beige, rosa bis rotbraun gefärbter Scheibe und einem sehr dünnen Rand. Sie werden nur bis 0,5 mm breit, die Sporen sind überwiegend 2-zellig.

Ökologie und Verbreitung: *Lecanora pulicaris* auf sehr bis mäßig saurer, nährstoffarmer bis eutrophierter Rinde von Laub- und Nadelbäumen und auf Holz, oft auch im Wald. In ganz Europa. Die *Lecania*-Arten auf basenreicher, nicht saurer Rinde, vor allem auf Ästen von Esche, Ahorn, Pappeln, Nussbaum, Holunder. Ziemlich häufig, weit verbreitet, im hohen Norden Europas selten bis fehlend.

Lecania naegelii (4,1 mm)

Lecanora conizaeoides (Staubige Kuchenflechte)

Hauptmerkmale: Krustenflechte mit gelblich graugrünem, körnig-warzigem, oft sorediös werdendem Lager. Apothecien 0,4–1,2 mm, Scheibe blass graugrün bis hellbraun, unbereift, flach, mit bleibendem, glattem, gekerbtem oder körnig-sorediösem Lagerrand. Alle Teile P+ deutlich orange-rot. UV+ orange.

Unterscheidungsmerkmale: Durch die Rotfärbung von Lager, Soralen und Apothecienrand mit P leicht von den anderen Lecanoren zu unterscheiden. Mit *Lecanora varia* (S. 192) zu verwechseln; diese hat aber dicke, etwas glänzende, wellige Apothecienränder und ein grüngelbes, ± warziges (nicht sorediöses), etwas glänzendes Lager und reagiert mit P nur gelb. Steril mit anderen grau- bis gelblichgrünen Krustenflechten, z. B. *Lecanora expallens* (S. 54), zu verwechseln, die aber mit P nicht rot reagieren.

Ökologie und Verbreitung: Früher häufigste Flechte in Gebieten mit hoher Schwefeldioxidbelastung, heute wegen SO_2-Reduktion stark zurückgegangen und größtenteils sehr selten geworden. Auf allen Baumarten mit saurer Rinde (natürlich oder immissionsbedingt); oft nur noch auf saurer Koniferenrinde zu finden. Europaweit bis ins mittlere Skandinavien.

Lecanora conizaeoides; unten: P+ orangerot (5,5 mm/7,7 mm)

Rinodina pyrina (Birnen-Braunsporenflechte)

Hauptmerkmale: Krustenflechte mit hellgrauem bis braunem, warzigem bis rissigem, auch undeutlichem Lager. Apothecien braunschwarz, klein (0,2–0,5 mm), oft zahlreich, rund, flach, mit Lagerrand, später oft gewölbt. Sporen 2-zellig, grünlich bis braun, oft teilweise leicht gekrümmt. R–.

Unterscheidungsmerkmale: Mikroskopisch ist die Gattung *Rinodina* durch 2-zellige, bräunliche Sporen (oft mit Wandverdickungen) charakterisiert, während die Großgattung *Lecanora* farblose einzellige Sporen besitzt (mikroskopisch leicht durch Quetschpräparat festzustellen). Im Gelände gegenüber den meisten *Lecanora*-Arten durch die braunschwarze Scheibe der Apothecien unterschieden. Unter den häufigeren Arten kann nur *Lecanora pulicaris* fast schwarze oder schwarzbraune Apothecienscheiben haben, der Apothecienrand ist aber gewöhnlich P+ rot und die Apothecien werden deutlich größer (0,4–1,2 mm). Schwierig ist die Unterscheidung gegenüber einigen anderen *Rinodina*-Arten, die jedoch sehr selten sind.

Ökologie und Verbreitung: An lichtreichen Habitaten vor allem auf Ästen von Bäumen und Sträuchern mit basenreicher Rinde, besonders auf Esche und Ahorn-Arten, Pappeln, Nussbaum und Holunder. Mediterranes und temperates Europa bis ins mittlere Skandinavien.

Rinodina pyrina (4,5 mm)

9.3 Flechten auf Waldbäumen in niederen Lagen

(Hierhin gehören auch Flechten, die in 9.1, 9.2 und 9.4 vorgestellt worden sind; umgekehrt können auch die Laubwaldflechten in den genannten Lebensräumen vorkommen).

1 Flechten von strauchigem Wuchs .... *Pseudevernia furfuracea* (S. 117)
1* Flechten von blattartigem bzw. krustigem Wuchs 2

2 Lager blättrig oder schuppig; nicht völlig mit dem Substrat verwachsen 3
2* Lager krustig; völlig mit dem Substrat verwachsen 4

3 Lager schuppig .... *Hypocenomyce scalaris, Normandina pulchella* (S. 116)
3* Lager blattartig .... *Cetrelia cetrarioides, Parmotrema perlatum, Platismatia glauca* (S. 118)

4 Lager mit stecknadelartig gestielten Fruchtkörpern 5
4* Lager ohne stecknadelartig gestielte Fruchtkörper 7

5 Fruchtkörper oberseits schwarz .... *Calicium adspersum, C. glaucellum, C. salicinum* (S. 120)
5* Fruchtkörper oberseits braun 6

6 Fruchtkörper unterseits mit gelber bis grüngelber Bereifung ....
.... *Chaenotheca chrysocephala, Ch. furfuracea, Ch. phaeocephala* (S. 122)
6* Ohne gelbe Bereifung .... *Chaenotheca ferruginea, Ch. trichialis* (S. 124)

7 Lager gelb .... *Chrysothrix candelaris* (S. 125)
7* Lager nicht gelb oder Lager fehlend 8

8 Lager gewöhnlich mit rundlichen oder strichförmigen Fruchtkörpern 9
8* Lager gewöhnlich ohne Fruchtkörper, sorediös, isidiös oder mit Pyknidien 18

9 Fruchtkörper unregelmäßig sternförmig, schwarz, zinnoberrot berandet ....
.... *Coniocarpon fallax* (S. 129)
9* Fruchtkörper anders, nicht rot berandet 10

10 Fruchtkörper länglich bis sternförmig verzweigt (selten rundlich), sitzend, gewöhnlich mit erhabenem Eigenrand 11
10* Fruchtkörper rundlich, fleckförmig oder knollig 12

11 Lager ohne Braunton; Apothecien länglich bis sternförmig verzweigt ....
.... *Graphis scripta, Arthonia atra, Alyxoria varia, A. ochrocheila* (S. 126)
11* Lager gewöhnlich mit Braunton; Apothecien kurz linear, elliptisch bis rundlich, selten langgestreckt bis sternförmig verzweigt ..... *Pseudoschismatomma rufescens, Zwackhia viridis* (S. 128)

12 Fruchtkörper sind halbkugelige schwarze oder braune Perithecien (mit punktförmiger, sehr enger Öffnung, Lupe!) 13

12* Fruchtkörper sind Apothecien mit offen liegender Scheibe oder in graue bis grüngraue Lagerwarzen eingesenkt und nur punktförmig sichtbar 14

13 Fruchtkörper bräunlich, halbkugelig .... *Porina leptalea* (S. 137)

13* Fruchtkörper schwarz bis braunschwarz .... *Acrocordia gemmata, Arthopyrenia punctiformis, Pseudosagedia aenea, Pyrenula nitida, P. nitidella* (S. 134–136)

14 Fruchtkörper in graue bis graugrüne, deutlich vorstehende Lagerwarzen eingesenkt, mit (zumindest anfangs) enger bis punktförmig kleiner Scheibe, dadurch perithecienähnlich .... *Pertusaria hymenea, P. leioplaca, P. pertusa* (S. 138)

14* Fruchtkörper sind runde bis unregelmäßig fleckförmige Apothecien mit weit geöffneter Scheibe 15

15 Apothecien unberandet, rund bis unregelmäßig fleckförmig 16

15* Apothecien berandet, ± rund 17

16 Apothecien dunkelbraun, dunkel braunrot bis schwarz, rund bis unregelmäßig fleckförmig.......... *Arthonia radiata, A. ruana, A. vinosa, Diarthonis spadicea* (S. 130–132)

16* Apothecien grau, braun, rotbraun, feucht wachsähnlich, rund, gewölbt. Lager meist feinkörnig, grün .... *Micarea prasina* (S. 133)

17 Apothecienrand biatorin (nicht von der Farbe des Lagers) .... *Bacidina sulphurella, Coenogonium pineti, Fellhanera bouteillei* (S. 140)

17* Apothecienrand lecanorin (lagerfarben) .... *Lecanora albella, L. argentata* (S. 142–143)

18 Krustenflechten mit konischen bis kurz zylindrischen oder halbkugeligen Pyknidien .... *Anisomeridium polypori, Opegrapha vermicellifera* (S. 144)

18* Krustenflechten sorediös oder mit Isidien 19

19 Lager gänzlich sorediös aufgelöst .... *Lepraria finkii, L. rigidula* (S. 146)

19* Lager nicht gänzlich sorediös aufgelöst 20

20 Lager mit Isidien, blassgelblich .... *Pertusaria flavida* (S. 147)

20* Lager mit Soralen, weiß bis grau oder grünlichgrau 21

21 Sorale ± rundlich und ± deutlich begrenzt .... *Ochrolechia androgyna, Lepra amara, Varicellaria hemisphaerica* (S. 148)

21* Sorale unregelmäßig oder Lager großflächig sorediös .... *Ochrolechia microstictoides, Dendrographa decolorans, Violella fucata, Ropalospora viridis* (S. 150–152)

Hypocenomyce scalaris (Aufsteigende Schuppenflechte) *Normandina pulchella* (Schönes Muschelschüppchen)

Hauptmerkmale: Das Lager besteht aus kleinen, bis 3 mm großen, am Rand erhabenen bis abgehobenen Schüppchen mit Soralen. Apothecien sehr selten.

Unterscheidungsmerkmale: *Hypocenomyce scalaris*: Das Lager besteht aus vielen kleinen, muschelförmigen, dachziegelartig angeordneten Schüppchen von 1–2 mm Größe. Die Schüppchen sind am Rand lippenförmig aufwärts gebogen und dort sorediös. Oberseite ocker, hellbraun, grünlichgrau bis olivbraun, glatt, Unterseite hell, ohne Rhizinen. Lager C und KC+ rot. *Hypocenomyce scalaris* kann mit der (selteneren) *Hypocenomyce caradocensis* verwechselt werden; diese ist aber am Rand nicht aufgebogen, die Schüppchen stehen nicht schräg ab, sind nie sorediös und reagieren nicht mit C und KC.

Normandina pulchella: Schüppchen grüngrau bis bläulichgrau (1–3 mm), nicht dachziegelig, gerundet, mit scharf abgegrenzten, erhabenen Rändern (fast ohrförmig). Sorale zunächst an den Rändern, dann aber auch auf die Fläche übergehend. R–. Die Art ist durch die muschel- bis ohrförmigen grauen Schüppchen gut von anderen Flechten zu unterscheiden.

Ökologie und Verbreitung: *Hypocenomyce scalaris* kommt auf saurer Rinde vor, bevorzugt an Nadelbäumen und Eichen, gelegentlich an Birn- und Kirschbäumen, mäßig häufig, in Europa weit verbreitet. *Normandina pulchella* findet sich an luftfeuchten Orten über Moosen, seltener auch auf nackter Rinde und auf Gestein, selten. In feuchten bzw. niederschlagsreichen, klimatisch milden Gebieten Europas.

Hypocenomyce scalaris (9,5 mm)

Normandina pulchella (4,2 mm)

Pseudevernia furfuracea (Gabelflechte, Baummoos)

Hauptmerkmale: Flechte von strauchigem Wuchs (bis ca. 10 cm groß). Lappen bandartig (bis 0,5 cm breit), locker gabelig verzweigt, Ober- und Unterseite unterschiedlich: Oberseite grau bis düster bräunlichgrau, gewöhnlich dicht mit z. T. langen, stiftartigen bis koralloiden Isidien besetzt. Unterseite jung weißlich bis rosa, im Alter schwarz bis bläulich schwarz, leicht rinnig durch nach unten umgebogene Ränder. Rinde K+ gelb; Mark C– oder C+ rot.

Unterscheidungsmerkmale: *Evernia prunastri* (S. 32) hat ebenfalls bandartige, locker verzweigte Lager mit unterschiedlich gefärbter Ober- und rinniger Unterseite, besitzt aber gelbgrüne bis graugrüne, unterseits weißliche Lappen und ist servediös. Die *Ramalina*-Arten (S. 33 und S. 70) unterscheiden sich von *Pseudevernia furfuracea* durch die beidseitig graugrünliche bis gelbgrünliche Färbung und das Fehlen von Isidien. *Anaptychia ciliaris* (S. 69) ist zwar ähnlich gefärbt, aber weder isidiös noch sorediös, sondern samtig behaart. *Pseudevernia furfuracea* ist sehr variabel im Aussehen. Die unterschiedlich gebaute Ober- und Unterseite, die oft am selben Exemplar weiße, rosa, blaugraue bis schwärzliche Färbung der Unterseite und der graue Isidienbesatz machen die Art trotzdem gut kenntlich.

Ökologie und Verbreitung: Auf saurer (oder angesäuerter) Rinde von Laub- und Nadelbäumen; besonders in höheren Lagen mit über 700 mm Niederschlag. Häufig auch im Freiland zu finden. Ziemlich häufig, in Europa weit verbreitet.

Pseudevernia furfuracea (7 cm)

Cetrelia cetrarioides (Lederschild-Schüsselflechte) *Parmotrema perlatum* (Breitlappige Schüsselflechte) *Platismatia glauca* (Blaugraue Tartschenflechte)

Hauptmerkmale: Blattflechten mit großlappigem Lager (Lappenbreite über 5 mm), grau, bläulichgrau. Mit Soralen und/oder Isidien. Apothecien sehr selten. Unterseite am Rand ohne Rhizinen. Rinde K+ gelb.

Unterscheidungsmerkmale: *Cetrelia cetrarioides*: Lappen 5–20 mm breit, breit gerundet, auf der blaugrauen Oberseite mit zerstreuten weißen Punkten (Pseudocyphellen) und an den aufsteigenden Rändern mit bortenartigen wei-

Cetrelia cetrarioides (4,1 cm)

Parmotrema perlatum (6 cm)

ßen Soralen. Unterseite schwarz, zum Rand hin braun. Mark KC–. *Cetrelia olivetorum* reagiert im Mark KC+ rosa bis rot. Den *Parmotrema*-Arten fehlen die punktförmigen Pseudocyphellen.

Parmotrema perlatum: Lappen bis 8 mm breit, aufsteigend, breit gerundet, mit welligen, eingeschnittenen Rändern, die mit – oft spärlichen – schwarzen Wimpern besetzt sind. Sorale überwiegend randständig (Bortensorale und Kopfsorale). Unterseite schwarz, randlich braun. Mark und Sorale K+ gelb, KC+ gelborange, P+ gelborange. Ähnlich, aber extrem selten sind *Parmotrema arnoldii* (Mark K–, KC+ rot), *P. stuppeum* (Mark K+ orangerot, KC+ orange), *P. crinitum* (mit Isidien, die mit Wimpern besetzt sind).

Platismatia glauca: Lappen groß (bis 80 × 20 mm), zumindest an den Enden oft fast strauchartig aufsteigend, mit flatterig verbogenen, unregelmäßigen Rändern, die kahl oder mit Soralen oder korallenförmigen Isidien besetzt sind und dem Lager ein krauses Aussehen verleihen. Unterseite glatt bis runzelig, glänzend hellbraun bis schwarz oder schwarz mit weißen Flecken. Rhizinen spärlich. *Nephromopsis chlorophylla* (S. 68) hat braune, feucht olivgrüne Lappen mit blassbrauner bis weißlicher, nie schwarzer Unterseite.

Ökologie und Verbreitung: An lichtreichen Standorten an Laubbäumen. *Cetrelia cetrarioides* bevorzugt montan-hochmontane Standorte, *Parmotrema perlatum* ozeanische, milde Lagen (West- und Südeuropa), breitet sich in letzter Zeit wieder aus. Beide Arten sind selten. *Platismatia glauca* ist auf saurer, nährstoffarmer Rinde in kühlen und kalten Gebieten ziemlich häufig und in Europa weit verbreitet.

Platismatia glauca (8,6 cm, mit *Usnea dasopoga*, rechts)

Calicium adspersum (Sitzende Kelchflechte)
Calicium glaucellum (Schwarze Kelchflechte)
Calicium salicinum (Weiden-Kelchflechte)

Hauptmerkmale: Krustenflechten mit stecknadelförmigen (gestielten) Fruchtkörpern (Apothecien), 0,4–1,5 mm hoch. Auf den Köpfchen befindet sich eine schwarze Sporenmasse (Mazaedium). Sporen 2-zellig, braun.

Unterscheidungsmerkmale: *Calicium adspersum*: Lager grau, körnig bis warzig. Köpfchenrand mit gelblichem Reif, der sich auch über das Mazaedium ausbreiten und dort einen grünlichen Stich hervorrufen kann (v.a. bei jungen Apothecien → Lupe). Lager K+ gelb, dann rot,

Calicium adspersum (4,2 mm)

Calicium glaucellum (2,2 mm)

P+ orangerot. *Calicium adspersum* ist durch den gelben Reif auf dem Köpfchen gut charakterisiert. Bei dem überwiegend holzbewohnenden, montan-hochmontanen *Calicium trabinellum* (S. 180) sitzt das Lager im Substrat, und der gelbe Reif ist auf die Köpfchenunterseite und den Rand beschränkt.

Calicium glaucellum: Lager unscheinbar (fast stets im Substrat). Die Art ist an der (allerdings häufig schwachen) weißen Bereifung des Köpfchenrandes zu erkennen.

Calicium salicinum: Lager unscheinbar (K+ gelb, dann rot) bis nicht vorhanden. Köpfchenrand und -unterseite intensiv braun bereift. Dieses Merkmal zeigt nur noch *Calicium viride* (S. 180), das aber gewöhnlich ein deutliches warziges, grünliches Lager hat und mit K nicht reagiert.

Ökologie und Verbreitung: An (auch abgestorbenen) Laub- und Nadelbäumen im unteren Stammbereich und auf Holz, an regengeschützten Stellen (z. B. in Borkenrissen). *Calicium adspersum* selten, im gemäßigten Europa (bis Südskandinavien), die beiden anderen ziemlich selten, in Europa weit verbreitet.

Name: bezieht sich auf die kelchförmigen Fruchtkörper.

Calicium salicinum (2,6 mm)

Chaenotheca chrysocephala (Goldgelbe Stecknadelflechte) *Chaenotheca furfuracea* (Schwefelgelbe Stecknadelflechte) *Chaenotheca phaeocephala* (Dunkelköpfige Stecknadelflechte)

Hauptmerkmale: Krustenflechten mit stecknadelförmigen, bis 3 mm hohen Fruchtkörpern (Apothecien) mit gelber bis grüngelber Bereifung. Auf den Köpfchen befindet sich eine braune Sporenmasse (Mazaedium). Sporen kugelig, einzellig, blass bis braun.

Unterscheidungsmerkmale: *Chaenotheca chrysocephala*: Lager dick, grobkörnig bis warzig, gelb bis grünlichgelb. Köpfchen ei- bis kreiselförmig, Rand und Unterseite sowie oberer Stielbereich gelb bereift. Sporen ellipsoid bis kugelig. Durch das gelbgrüne, dicke, körnige bis schollige Lager von anderen *Chaenotheca*-Arten zu unterscheiden.

Chaenotheca furfuracea: Lager mehlig, grüngelb. Apothecien auffallend langstielig, gänzlich grüngelb bereift. Köpfchen kugelig, unberandet, Sporen kugelig. Die Art ist durch das grüngelbe, mehlige Lager und die langstieligen Apothecien charakterisiert.

Chaenotheca phaeocephala: Lager gewöhnlich dick, warzig bis schuppig, dunkel olivgrünlich bis graubraun. Köpfchen kreisel- bis linsenförmig. Unterseite und oberer Stielbereich grüngelb bereift. Sporen kugelig. Die Art unterscheidet sich von *Chaenotheca chrysocephala* durch das olivfarbene, graubraune bis grünlichgraue Lager.

Ökologie und Verbreitung: Überwiegend an alten Nadel- und Laubbäumen mit saurer Borke (z. B. Eiche) im unteren Stammbereich und auf Holz, an regengeschützten Stellen (z. B. Borkenrisse). *Chaenotheca phaeocephala* selten, die beiden anderen ziemlich selten. In Europa weit verbreitet.

Chaenotheca chrysocephala (3 mm)

Chaenotheca furfuracea (ca. 5 mm)

Chaenotheca phaeocephala (3,2 mm)

Chaenotheca ferruginea (Rostfarbene Stecknadelflechte) *Chaenotheca trichialis* (Langstielige Stecknadelflechte)

Hauptmerkmale: Krustenflechten mit stecknadelförmigen, bis 2 mm hohen Fruchtkörpern (Apothecien) ohne gelbe bis grüngelbe Bereifung. Auf den Köpfchen befindet sich eine braune Sporenmasse (Mazaedium). Sporen kugelig, einzellig, blass bis braun.

Unterscheidungsmerkmale: *Chaenotheca ferruginea*: Lager dick, grobkörnig-rau, hellgrau, fleckweise ocker- bis rostfarben, matt. Köpfchen kreiselförmig. Stiel und Köpfchen braunschwarz bis schwarz, gänzlich unbereift. Sporen mit rissiger Oberfläche (6–8 µm). Rostfarbene Flecken K+ rot. Unterscheidet sich von anderen stecknadelköpfigen Arten durch die rostfarbenen, K+ roten Flecken eindeutig (daran auch steril kenntlich).

Chaenotheca trichialis: Lager körnig bis angedeutet schuppig, grünlichgrau. Köpfchen kreisel- bis linsenförmig, Rand und Unterseite mit dünnem, weißem Reif. Sporen glatt, gelegentlich unregelmäßig rissig (3–4 µm). Am gut entwickelten, körnigen bis schuppigen Lager und der weißen Bereifung kenntlich (diese kann bei kümmerlich entwickelten Apothecien undeutlich sein).

Ökologie und Verbreitung: An Nadel- und Laubbäumen im unteren Stammbereich und auf Holz, an regengeschützten Stellen (z.B. Borkenrisse). *Chaenotheca ferruginea* häufig, *Ch. trichialis* selten, in Europa weit verbreitet.

Chaenotheca ferruginea (4 mm)

Chaenotheca trichialis (2,7 mm)

Chrysothrix candelaris (Borken-Schwefelflechte)

Hauptmerkmale: Sterile, leuchtend goldgelbe bis (selten) grünlichgelbe Krustenflechte mit pulverig leprösem, aus sehr feinen Körnchen bestehendem Lager, K+ orange, KC+ orange, P– oder (selten) orange.

Unterscheidungsmerkmale: Von Arten der Gattung *Candelariella* durch das pulverige Lager und die positive K-Reaktion unterschieden. Wenn Lager grüngelb, auch mit sterilen Lagern von *Chaenotheca furfuracea* zu verwechseln; diese zeigt aber keine Reaktion mit K bzw. KC und P.

Ökologie und Verbreitung: An älteren Stämmen in den Rissen tiefrissiger Borke (z. B. Eiche) oder an nicht beregneten Flanken, auch auf entrindeten Baumstümpfen und Stämmen. Bis in die Bergwaldregionen vorkommend, dort meistens auf Tanne. Ziemlich selten. In Europa vor allem im Bereich sommergrüner Laubwälder.

Chrysothrix candelaris (1,2 cm)

Graphis scripta (Gewöhnliche Schriftflechte)
Arthonia atra (Schwarze Zeichenflechte)
Alyxoria varia (Variable Zeichenflechte)
Alyxoria ochrocheila (Ockerfrüchtige Zeichenflechte)

Hauptmerkmale: Lager krustig, weißlich bis grünlichgrau, ohne Braunton, ohne Soredien und Isidien. Apothecien schwarz, schmal, langgestreckt bis sternförmig, mit schwarzem Rand. Sporen langgestreckt, vier- bis mehrzellig.

Unterscheidungsmerkmale: *Graphis scripta*: Lager dünn, weißlich bis grünlichgrau. Apothecien oft grau bereift, sehr schmal und lang (lirellenförmig), runenartig, einfach bis verzweigt, 3–6 mm. Scheibe schlitzförmig. Sporen 6–16-zellig. Die langen Apothecien und die langen, vielzelligen Sporen sind charakteristische Merkmale der Art.

Arthonia atra: Lager dünn, weißlich bis grünlichweiß. Apothecien unbereift, meist sternförmig verzweigt, 0,5–1,5 mm. Scheibe schlitzförmig. Sporen 4-zellig. Durch die dichtstehenden, oft aneinanderstoßenden Apo-

Graphis scripta (6,9 mm)

Arthonia atra (4 mm)

thecien und 4-zellige Sporen charakterisiert.
Alyxoria varia: Lager dünn oder verschwindend, hell- bis dunkelgrau. Apothecien meist langgestreckt bis elliptisch, unverzweigt oder gegabelt, 0,2–2,5(–4) × 0,2–0,5 mm. Scheibe im Alter relativ breit, mitunter grüngelb bis grau bereift. Sporen 5–8-zellig, mit deutlich größerer Mittelzelle, ein gutes Merkmal der Art. Auch der (aber oft fehlende) grüngelbe Reif ist typisch
Alyxoria ochrocheila: Lager undeutlich. Apothecien einfach bis schwach verzweigt, bis 2,5 × 0,4 mm. Scheibe mit orange- bis curryfarbenem Reif bedeckt (sicheres Unterscheidungsmerkmal, wenn vorhanden). Sporen farblos, 4-zellig. Reif K+ pink (in das umgebende Lager diffundierend). Algenpartner: *Trentepohlia*.

Ökologie und Verbreitung: Überwiegend auf glatter bis flachrissiger Rinde am Stamm von Laubbäumen in luftfeuchten Wäldern, am häufigsten auf Hainbuche und Esche, selten an freistehenden Bäumen (*Alyxoria varia* auch an alten Obstbäumen – v. a. Apfel). *Graphis scripta* und *Arthonia atra* gebietsweise nicht selten, *Alyxoria varia* seltener, *A. ochrocheila* noch seltener. In der sommergrünen Laubwaldregion verbreitet.

Alyxoria varia (5,2 mm)

Alyxoria ochrocheila (1,2 cm)

Pseudoschismatomma rufescens (Rotbraune Zeichenflechte) (*Opegrapha rufescens*) ***Zwackhia viridis*** (Zwackhs Zeichenflechte)

Hauptmerkmale: Lager krustig, gewöhnlich mit Braunton, weder sorediös noch isidiös. Apothecien meist elliptisch, selten verzweigt oder nur rundlich, mit ritzenförmiger bis länglicher, offener Scheibe, mit schwarzem Rand. Sporen langgestreckt, mehrzellig. R–.

Pseudoschismatomma rufescens (3,4 mm)

Zwackhia viridis (3,2 mm)

Unterscheidungsmerkmale: *Pseudoschismatomma rufescens*: Lager olivbraun bis rotbraun, oft mit winzigen hellen Punkten. Apothecien ± eingesenkt oder vom Lager (weißlich) umwallt, rundlich bis kurz strichförmig, selten verzweigt, bis 1 mm. Scheibe ± offen bis ritzenförmig. Sporen 4-zellig, oft gebogen. Typisch ist das braune Lager mit oft vorhandenen hellen Flecken. *Zwackhia viridis*: Lager dünn, unscheinbar, dunkel oliv bis braun. Apothecien kurz, oft nur elliptisch oder sogar rundlich, selten gegabelt, 0,4–0,8 mm. Scheibe schlitzförmig. Sporen 12–16-zellig (23–60 × 6–9 µm).

Ökologie und Verbreitung: Auf glatter bis flachrissiger Rinde am Stamm von Laubbäumen in luftfeuchten Wäldern, am häufigsten auf Hainbuche und Esche, selten an freistehenden Bäumen. Ziemlich selten, *Ps. rufescens* zunehmend. In der Region sommergrüner Laubwälder verbreitet.

Name: Ritter von Zwackh-Holzhausen (1825–1903), deutscher Flechtenforscher, Rittmeister.

Coniocarpon fallax (Trügerische Fleckflechte)

Hauptmerkmale: Krustenflechte ohne Sorale und Isidien. Lager hellgrau, oft orangebraun oder mit orangefarbenen Flecken, mit *Trentepohlia*-Algen (beim Anritzen häufig orange). Apothecien meist gestreckt, verzweigt bis sternförmig, mit ritzenförmiger bis geöffneter Scheibe, weißlich bereift, v.a. randlich zinnoberrot bis rosarot.

Unterscheidungsmerkmale: An den randlich leuchtend zinnoberrot bereiften, meist gestreckten, oft sternförmig verzweigten Apothecien recht gut kenntlich, nur mit dem noch selteneren *C. cinnabarinum* zu verwechseln. Scheibe in der Mitte weiß bereift, alt meist unbereift und dann dunkel rotbraun. Sporen farblos (alt braun), mit 1(-)3–4(-5) Quersepten, (15-)(17–20(-22) x (6-)7–9(-10) µm groß. Apothecien und orangefarbene Areale K+ purpurn. *Coniocarpon cinnabarinum* hat rundliche bis gelappte, einfache bis kurz verzweigte (kaum längliche oder sternförmige) Apothecien mit weit geöffneter, oft weiß bereifter Scheibe und längere und breitere Sporen: (3-)4–5(-8) Quersepten, (19-)23–28(-30) x (8-)10–11(-12) µm.

Ökologie und Verbreitung: In frischen Eichen-Hainbuchenwäldern, oft in bachbegleitenden Eschenbeständen. Selten, in milden Lagen Süd- und Mitteleuropas, in Mitteleuropa im Westen.

Name: „fallax“: trügerisch, weil oft mit der Zinnoberroten Fleckflechte (*C. cinnabarinum*) verwechselt.

Coniocarpon fallax (9 mm)

Arthonia radiata (Strahlige Fleckflechte)
Arthonia ruana (Gewöhnliche Fleckflechte)

Hauptmerkmale: Krustenflechten ohne Sorale und Isidien. Lager mit *Trentepohlia*-Algen (beim Anritzen häufig orange), oft mit dunkelbraunem Vorlager. Apothecien unregelmäßig fleck- bis gelappt-sternförmig, dunkelbraun bis schwarz, randlos, mit breiter unbereifter Scheibe.

Unterscheidungsmerkmale: *Arthonia radiata*: Lager weißlich bis hellgrau. Apothecien unregelmäßig rundlich (bis 0,8 mm) bis länglich, unverzweigt bis angedeutet verzweigt oder sternförmig (max. 2 mm), schwarz, matt, ± flach. Sporen 4-zellig, länglich bis länglich-eiförmig. Ähnlich ist *Arthonia punctiformis*; diese hat aber meist unverzweigte Apothecien und ein undeutliches, höchstens die Rinde etwas verfärbendes Lager. *Arthonia atra* hat berandete, einfache bis meist verzweigte oder deutlich sternförmige Apothecien mit enger, ritzenförmiger Scheibe.

Arthonia ruana: Lager graubraun bis olivgrau, sehr dünn bis eingesenkt. Apothecien unregelmäßig fleckförmig (bis 2 mm). Sporen mauerförmig, farblos, später braun und warzig. *Arthonia ruana* ist durch die mauerförmigen Sporen von den anderen Arthonien unterschieden.

Arthonia radiata; mit *Pertusaria leioplaca* (ca. 1,8 cm)

Ökologie und Verbreitung: *Arthonia radiata* im Gebiet und in Europa weit verbreitet, mäßig häufig, an Laubbäumen mit glatter Rinde, in Wäldern, bachbegleitenden Gehölzen, an feucht-schattigen Orten auch an freistehenden Bäumen. *Arthonia ruana* auf glattrindigen Bäumen (Esche, Hainbuche, Hasel, *Sorbus*), ziemlich selten, in der Region sommergrüner Laubwälder.

Arthonia ruana (6,7 mm)

Diarthonis spadicea (Stammgrund-Fleckflechte) (*Arthonia spadicea*) *Arthonia vinosa* (Weinrote Fleckflechte)

Hauptmerkmale: Krustenflechten ohne Sorale und Isidien. Lager mit *Trentepohlia*-Algen (beim Anritzen häufig orange). Apothecien rundlich, oft etwas unregelmäßig im Umriss, dunkelbraun bis fast schwarz (angefeuchtet gewöhnlich mit Braun-/Rotton), unbereift, randlos. Sporen 2-zellig.

Unterscheidungsmerkmale: *Diarthonis spadicea*: Lager selten sichtbar, dann dunkel grünbraun. Apothecien rundlich, dunkelrot- bis schwarzbraun (0,2–0,5 mm), nur leicht gewölbt. Sporen 7–11 × 3–4 µm.

Arthonia vinosa: Lager cremefarben bis orange, oft mit dunkelorangen Stellen. Apothecien rundlich, gewölbt, orange- bis dunkelbraun (0,5–1 mm). Sporen 10–15 × 4–5 µm. Apothecien und orange Stellen K+ purpurn.

Diarthonis spadicea unterscheidet sich von *Arthonia vinosa* durch die niedergedrückten, nur schwach (und oft nur randlich) gewölbten Apothecien und kleinere Sporen.

Diarthonis spadicea (4,3 mm)

Arthonia vinosa (4 mm)

Ökologie und Verbreitung: *Diarthonis spadicea* v.a. basal an Laubbäumen in Wäldern, bachbegleitenden Gehölzen, an feuchtschattigen Orten auch an freistehenden Bäumen, mäßig häufig, in der Region sommergrüner Laubwälder. *Arthonia vinosa* in naturnahen Wäldern, auf saurer, rissiger Borke am Mittelstamm und an der Basis von Nadel- und Laubbäumen (v.a. Eiche) und an entrindeten Stämmen, ziemlich selten, weit verbreitet, in Südeuropa mehr im Bergland.

Micarea prasina s. lat. (Lauchgrüne Krümelflechte)

Hauptmerkmale: Krustenflechte. Lager aus grünen, grau- oder olivgrünen Körnchen, die isidiös wirken und bei Feuchtigkeit anschwellen und etwas gelatinös erscheinen. Apothecien wachsähnlich, weiß bis blei- oder rosagrau bis (rosa-)braun, randlos, gewölbt, rund, 0,1–0,4 mm breit, oft fehlend.

Unterscheidungsmerkmale: Die Art ist durch die kleinen, kugeligen bis etwas verlängerten Körnchen und die gewölbten randlosen, oft wächsern wirkenden Apothecien charakterisiert. Sporen eiförmig, 1- bis 2-zellig, 8–15 × 2,5–4,5 µm. Quetschpräparat der Apothecien (Mikroskop) K± violett. Wenn steril, schwer bestimmbar.

Ökologie und Verbreitung: V. a. an der Stammbasis von Laub- und Nadelbäumen, oft in Borkenrissen; auch auf morschen Baumstämmen und morschem Holz. An luftfeuchten, schattigen Standorten. Häufig. In Europa verbreitet, nur im hohen Norden seltener.

Micarea prasina (4,8 mm)

Acrocordia gemmata (Perlen-Herzflechte) *Arthopyrenia punctiformis* (Punktförmige Kernflechte) *Pseudosagedia aenea* (Kupferfarbene Kernflechte)

Hauptmerkmale: Krustige Lager, ohne Sorale und Isidien, mit *Trentepohlia*-Algen (beim Anritzen häufig orange). Fruchtkörper sind schwarze Perithecien (halbkugelig, mit kleiner Öffnung am Scheitel).

Unterscheidungsmerkmale: *Acrocordia gemmata*: Lager weißlich. Perithecien schwarz, halbkugelig hervorragend bis fast eingesenkt, groß (0,5–1 mm breit). Öffnung oft exzentrisch. Sporen 2-zellig, farblos, Wand verdickt, 15–28 × 8–12 µm. Durch die großen Perithecien charakterisiert, daher gut kenntlich, wenn auf das helle Lager geachtet wird.

Arthopyrenia punctiformis: Lager fehlend oder undeutlich, grau. Perithecien schwarz, klein (0,1–0,3 mm breit). Sporen 2-zellig, farblos, 18–22 × 5–6 µm. Sie ist die häufigste von etlichen habituell ähnlichen Arten mit kleinen schwarzen Apothecien, die nur mit entsprechender Erfahrung bzw. mikroskopisch unterschieden werden können, so z. B. *A. salicis*, die ebenfalls 2-zellige Sporen hat, oder andere Arthopyrenien mit 4-zelligen Sporen.

Pseudosagedia aenea: Lager rot- bis grünbraun, matt. Perithecien schwarz, klein (0,1–0,3 mm breit), Öffnung unscheinbar. Sporen 4-zellig, farblos, 13–20 × 3,5–5 µm. Man erkennt die Art zunächst an dunklen, bis 10 cm großen dunklen Flecken der Rinde. Erst aus der Nähe sieht man im Bereich der dunklen Oberfläche die zahllosen kleinen, schwarzen Fruchtkörper. Die sehr ähnliche *Pseudosagedia chlorotica* kommt auf Silikatgestein vor und besitzt ein eher olivfarbenes und ölig wirkendes Lager.

Ökologie und Verbreitung: *Acrocordia gemmata* am Mittelstamm von Laubbäumen mit rissiger Borke (z. B. Esche, Eiche), an lichtreichen Standorten (auch im Freiland), ziemlich selten. *Arthopyrenia punctiformis* auf glatter Rinde, gewöhnlich auf Zweigen, oft zusammen mit *Arthonia punctiformis*, häufig. *Pseudosagedia aenea* auf glatter Rinde von Laubbäumen (v. a. Hain- und Rotbuche), häufig.

Acrocordia gemmata (5 mm)

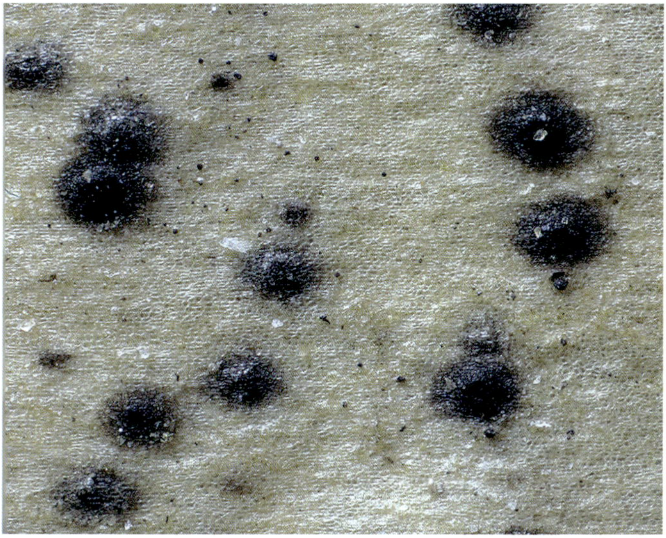

Arthopyrenia punctiformis (2,0 mm)

Pseudosagedia aenea (2,2 mm)

Pyrenula nitida (Glänzende Kernflechte) *Pyrenula nitidella* (Kleinfrüchtige Kernflechte)

Hauptmerkmale: Krustige, düster olivgrüne bis olivbraune, glatte Lager ohne Sorale und Isidien, mit *Trentepohlia*-Algen (beim Anritzen häufig orange). Perithecien schwarz, halbkugelig vorstehend. Sporen 4-zellig, braun bis grünlich, Zellen linsenförmig. Lager K meist + orangerot bis gelborange.

Unterscheidungsmerkmale: Beide sind durch die gefärbten 4-zelligen Sporen mit ellipsoiden Fächern gekennzeichnet. Habituell gut kenntlich.

Pyrenula nitida: Perithecien groß, 0,6–1,5 mm breit, basal vom Lager ummantelt. Lager etwas ölig glänzend, mit weißen Pseudocyphellen (oft spärlich/fehlend). *Pyrenula nitidella*: Perithecien kleiner als bei *P. nitida* (0,2–0,3 mm breit). Punktförmige Pseudocyphellen stets vorhanden, zahlreich,

Ökologie und Verbreitung: Auf glatter Rinde von Laubbäumen, *P. nitida* v.a. auf Hain- und Rotbuche, *P. nitidella* Hainbuche, Esche, wärmebedürftiger als *P. nitida*, selten. Region sommergrüner Laubwälder, bis Südskandinavien.

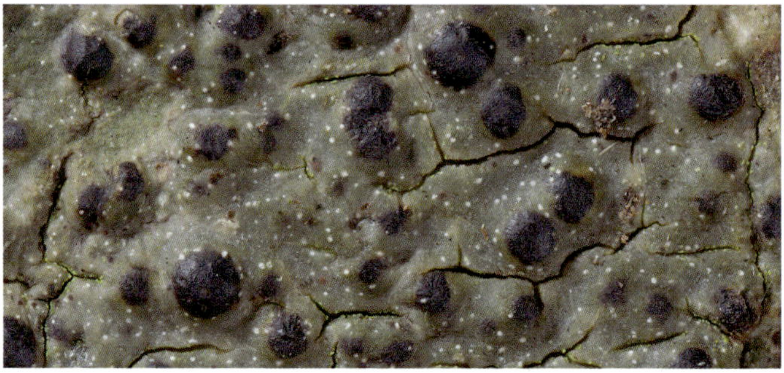

Pyrenula nitida (1,8 cm)

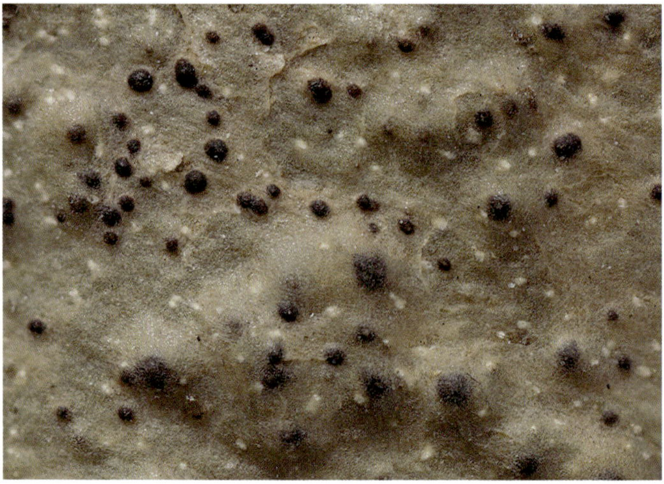

Pyrenula nitidella (5 mm)

Porina leptalea (Braunfrüchtige Kernflechte)

Hauptmerkmale: Lager krustig, ohne Sorale und Isidien, mit *Trentepohlia*-Algen (beim Anritzen häufig orange). Fruchtkörper (Perithecien) rötlichgelb bis braun, halbkugelig, mit kaum wahrnehmbarer Mündung am Scheitel.

Unterscheidungsmerkmale: Lager graugrün bis olivgrün. Perithecien rötlich(gelb), orangebraun bis rotbraun (0,1–0,3 mm breit), dadurch von *Pseudosagedia aenea* unterschieden, die schwarze Perithecien hat. Sporen 4-zellig.

Ökologie und Verbreitung: Auf glatter Rinde von Laubbäumen (v. a. Hain- und Rotbuche). Oft zusammen mit *Pseudosagedia aenea,* aber wesentlich seltener. In der Region sommergrüner Laubwälder verbreitet, nur bis zum südlichsten Schweden.

Porina leptalea (3 mm)

Pertusaria leioplaca (Glatte Porenflechte) *Pertusaria pertusa* (Gewöhnliche Porenflechte) *Pertusaria hymenea* (Häutige Porenflechte)

Hauptmerkmale: Krustenflechten mit hell- bis grüngrauem, glattem bis angedeutet rissigem Lager, ohne Sorale und Isidien; Fruchtkörper sind perithecienähnliche Apothecien (in gewölbte Lagerwarzen eingesenkt, mit enger bis nur als dunkler Punkt erkennbarer Scheibe).

Unterscheidungsmerkmale: *Pertusaria leioplaca*: Lager glatt. Apothecien in gewölbten, fast halbkugeligen Fruchtwarzen. Flanken der Warzen nicht steil abfallend, mit einer (seltener bis zwei) punktförmigen Mündung. Lager manchmal K+ gelb.

Pertusaria pertusa: Lager hell- bis grüngrau, glatt bis uneben. Apothecien zu 4–10 in höckerförmigen, oben abgeplatteten Fruchtwarzen eingeschlossen, nur die punktförmigen Mündungen erkennbar. Fruchtwarzen 0,8–2 mm, gedrängt, mit steilen Flanken. Lager K+ gelblich; Mark K+ gelb, KC+ gelb, P+ orange.

Pertusaria hymenea: Apothecien in Warzen, anfangs mit punktförmiger, aber bald mit sich öffnender, schwärzlicher Scheibe, die von einem wulstigen Lagerrand umgeben ist. Die Flanken der Warzen nicht so steil abfallend, wie bei *Pertusaria pertusa*. Sie enthalten 1–3 Apothecien. Lager oft graugrünlich C+ gelb, KC+ gelb-orange, P–, UV+ orange.

Pertusaris pertusa ist an den höckerigen Fruchtwarzen mit 4–10 Apothecien, abgeplatteter Oberseite und steilen Flanken gut zu erkennen. Die ähnliche *P. hymenea* besitzt auch gedrängte Fruchtwarzen mit steilen Flanken, hat aber meist nur 1 Apothecium,

Pertusaria leioplaca (7,5 mm)

Pertusaria pertusa (1 cm)

seltener 2(–4) Apothecien, deren Scheibe sich bald erweitert.

Pertusaria leioplaca ähnelt *Pertusaria pustulata*. Letztere hat sehr regelmäßig gewölbte Fruchtwarzen mit enger, aber deutlicher Öffnung, so dass die eingesenkte schwärzliche Scheibe sichtbar ist; das Lager ist gewöhnlich hellgrau, C+ gelb, KC+ gelb und zusätzlich P+ gelb-orange bis orange-rot.

Achtung: Die Reaktionen dieser Pertusarien sind oft nicht sehr deutlich (vor allem bei Proben von schattigen Orten: geringer Inhaltsstoffgehalt).

Ökologie und Verbreitung: Auf glatter Rinde (v. a. Hainbuche, Rotbuche) in Wäldern. *Pertusaria pertusa* öfter auch an freistehenden Bäumen. Schwerpunkt in der Region sommergrüner Wälder, aber bis Nordskandinavien, Die Arten haben eine (sub)atlantische Verbreitungstendenz, ausgeprägt besonders bei *P. hymenea*.

Pertusaria hymenea (1,5 cm)

Bacidina sulphurella (Haken-Stäbchenflechte) ***Coenogonium pineti*** (Kiefern-Krügleinflechte) ***Fellhanera bouteillei*** (Bouteilles Ästchenflechte)

Bacidina sulphurella (4,9 mm)

Hauptmerkmale: Krustenflechten mit blassen bis braunen, biatorin berandeten Apothecien (Rand ähnlich wie die Scheibe, nicht wie das Lager gefärbt).

Unterscheidungsmerkmale: *Bacidina sulphurella*: Lager dunkelgrün, grün, gelblichgrün, auffallend feinkörnig. Apothecien selten und meist spärlich, flach, berandet, 0,4–1 mm breit. Scheibe meist braun, graubraun. Rand deutlich erhaben, meist etwas heller. Sporen 20–45 × 1–2 µm, nadelförmig, undeutlich 2–4-zellig. Mit Pyknidien, diese 0,15–0,3 mm, weiß, eingesenkt. Pyknosporen fädig, an einem Ende hakenförmig gekrümmt, dadurch auch steril von anderen ähnlichen *Bacidina*-Arten unterschieden.

Coenogonium pineti: Lager graugrün, glatt, dünn bis verschwindend. Apothecien weiß bis beige, mit bleibendem, ± gleich gefärbtem Rand (0,2–0,5 mm). Sporen 2-zellig, 9–14 × 2–4 µm. Durch die weißlichen, kleinen Apothecien mit deutlichem Rand kaum zu verwechseln.

Fellhanera bouteillei: Lager blaugrünlich, mehlig bis feinkörnigservediös. Apothecien beige, gelblich, blassrosa, bis 0,3 mm, Rand dünn, undeutlich, etwas heller als Scheibe. Sporen 2-zellig, 9–15 × 3–6 µm. *Fellhanera subtilis* ist ähnlich, hat aber ein schorfiges Lager und 4-zellige Sporen.

Ökologie und Verbreitung: An absonnigen Standorten, vorwiegend in Wäldern. *Bacidina sulphurella* auf der Rinde von Laub-, selten Nadelbäumen, meist am Stamm und an der Stammbasis. *Coenogonium pineti* am Stamm von Laub- und Nadelbäumen, besonders an rissigen Stellen. *Fellhanera bouteillei* v. a. auf Ästchen und Nadeln von Koniferen, an Zwergsträuchern. Im gemäßigten Europa, *C. pineti* bis in die boreale Zone.

Coenogonium pineti (ca. 1,7 cm)

Fellhanera bouteillei (3,6 mm)

Lecanora albella (Weißliche Kuchenflechte)

Hauptmerkmale: Krustenflechte mit weißlichem, glattem bis warzigem Lager und rosa bis rosabraunen, dicht weiß bereiften lecanorinen Apothecien mit P+ roter Scheibe.

Unterscheidungsmerkmale: Gegenüber anderen *Lecanora*-Arten mit bereiften Apothecien ist die rote P-Reaktion und negative C-Reaktion der Scheibe charakteristisch. Bei *Lecanora carpinea* s.lat. und *Lecanora subcarpinea* (beide S. 108) ist die Scheibe C+ intensiv gelb bis orange, P–. Bei *Lecanora intumescens* (S. 175) ist der Reif sehr dünn und der Apothecienrand sehr breit, nicht erhaben, oft eingebuchtet (Rand P+ tiefgelb bis orange). Habituell typisch für *L. albella* sind wenig vorragende Apothecien und ein welliger, später verschwindender Rand. Sporen einzellig. Lager K+ gelb.

Ökologie und Verbreitung: Auf meist glatter Rinde von Laubbäumen in Wäldern (v. a. Hain- und Rotbuche). Ziemlich selten. Vor allem in der Region sommergrüner Laubwälder, aber bis ins nördliche Skandinavien.

Lecanora carpinea, zum Vergleich (6,6 mm)

Lecanora albella (2,5 cm)

Lecanora argentata (Silbrige Kuchenflechte) (inkl. *Lecanora subrugosa*)

Hauptmerkmale: Krustenflechten mit grauweißem, glattem bis uneben warzigem Lager und lecanorinen Apothecien (0,4–1 mm) mit (dunkel) braunroter, bleibend berandeter Scheibe. (Rand bei *L. subrugosa* stark hervortretend und regelmäßig gekerbt; dies ist bei *L. argentata* nicht der Fall).

Unterscheidungsmerkmale: Gehört zu einer Gruppe recht ähnlicher Arten. Eine sichere Unterscheidung ist mikroskopisch möglich: Im Epihymenium finden sich keine Kristalle (Pol–), die braune Färbung bleibt nach Zugabe von K erhalten, im Apothecienrand sind große, in K unlösliche Kristalle vorhanden (Pol+). Die ähnliche *Lecanora chlarotera* (S. 58) hat auf dem Epihymenium kleine Kristalle (Pol+), die nach K-Zugabe verschwinden; die Scheibe ist oft heller (hellbraun bis grünlichbraun; siehe Bild, aber auch braun). Bei der seltenen *Lecanora allophana* ist der Rand lappig über die Scheibe gebogen. Bei *Lecanora pulicaris* (S. 110) ist der Apothecienrand P+ rot, sonst P–/+ gelblich. Bei allen Arten Lager K+ gelb, Sporen einzellig.

Ökologie und Verbreitung: An Laubbäumen, v. a. in Wäldern, auch an freistehenden Bäumen. Mäßig häufig. In der Region sommergrüner Laubwälder.

Lecanora chlarotera, zum Vergleich (ca. 1 cm), *Lecanora allophana*, zum Vergleich (ca. 7 mm)

Lecanora argentata (8 mm)

Anisomeridium polypori (Spitzkegelflechte) *Opegrapha vermicellifera* (Würmchen-Zeichenflechte)

Hauptmerkmale: Krustenflechten mit regelmäßig vorhandenen konischen schwarzen oder halbkugeligen bis kurz zylindrischen weißen Pyknidien. Fruchtkörper selten.

Unterscheidungsmerkmale: *Anisomeridium polypori*: Lager unauffällig, weißlich bis blass graugrün, auch im Substrat, stets mit zahlreichen charakteristischen schwarzen, konischen Pyknidien; an der Spitze treten oft weißliche Pakete mit Pyknosporen aus. Selten mit kleinen schwarzen Perithecien (bis 0,25 mm breit). *Micarea denigrata* (S. 194) besitzt wie *Anisomeridium polypori* schwarze Pyknidien mit weißlich austretender, manchmal wurmförmiger Pyknosporenmasse, kommt aber fast nur auf bearbeitetem Holz vor; die Pyknidien sind nicht ausgeprägt konisch.

Opegrapha vermicellifera: Lager grauweiß bis mittelgrau, deutlich entwickelt, oft sehr ausgedehnt, mit weißlichen, halbkugeligen bis kurz zylindrischen Pyknidien. Apothecien oft nur an einzelnen, pyknidienarmen Stellen, schwarz, länglich, einfach oder gegabelt, 0,6–1,2 mm lang. Scheibe schlitzförmig. Sporen 5–8-zellig, (16–25 × 3–4 µm).

Beide Arten sind sehr gut kenntlich, doch hat *O. vermicellifera* einen Doppelgänger, *Lecanactis abietina* (S. 174). Steril sind die beiden sehr ähnlich; bei letzterer reagiert die Kuppe der Pyknidien C+ rot, bei *O. vermicellifera* negativ. Die beiden Arten haben deutlich verschiedene Standorte.

Ökologie und Verbreitung: Am Stamm von Laubbäumen vor allem in Wäldern, *Anisomeridium polypori* bevorzugt auf basenreichem Substrat, v. a. auf Holunder, Ahorn, Esche, Hainbuche, auch in schattigen Gebüschen, vorwiegend in niederen, klimatisch milden Lagen, mäßig häufig. *Opegrapha vermicellifera* v. a. in schattigen Tälern, Schluchten und Auwäldern, oft auf weicher (auch morscher) Rinde von Laubbäumen (z. B. Esche, Eiche, Ahorn, Hainbuche), an ± regengeschützten Flanken, ziemlich selten. Beide in der Region sommergrüner Laubwälder verbreitet.

Anisomeridium polypori (2,6 mm)

Opegrapha vermicellifera (4,5 mm/3,6 mm)

Lepraria finkii (Wattige Lepraflechte) *Lepraria rigidula* (Igel-Lepraflechte)

Hauptmerkmale: Krustenflechten mit gänzlich sorediös aufgelöstem, weißlichem, blassgrünem bis bläulichgrünem Lager, stets steril. UV–.

Unterscheidungsmerkmale: *Lepraria finkii*: Lager blassgrünlich, bläulichgrün, bläulichweiß, weich, oft relativ dick (den Untergrund zudeckend) und schwammig. Soredien nicht scharf begrenzt (Lupe), „wattig" aussehend, dick, 120–350 µm im Durchmesser. Lager K+ (oft schwach) gelb, P+ orange.

Lepraria rigidula: Lager rein weiß mit wattig begrenzten, körnigen Soredien mit igelartig (strahlig) heraustretenden Hyphen (Lupe!). K+ gelblich. Durch die weißliche Farbe und die igelartigen Körnchen charakterisiert.

Vom Habitus her sind die Leprarien gewöhnlich nicht sicher zu unterscheiden (Dünnschichtchromatographie nötig). Einige ähnliche Arten: *L. incana* (S. 55) hat kleinere, bis 120 µm dicke kompaktere, grünweiße Soredien, P–; sie bevorzugt saure Borke. *Lepraria vouauxii* (S. 100): Gelblich- bis bläulichweiß oder grünlichgrau, C+ schmutzig gelblich, K+ schmutzig gelb bis orange, P+ (gelb-)orange, weitgehend auf basenreiche Substrate beschränkt. Sterile, stark sorediöse Lager von *Lecanora conizaeoides* (S. 112) und *L. expallens* (S. 54) sind eher gelbgrün (erstere P+ rot, letztere C+ orange, P–), Soredien nicht wattig.

Ökologie und Verbreitung: Meiden wie alle epiphytischen Leprarien direkte Beregnung, daher häufig in Borkenrissen etc. *Lepraria finkii* häufig, auf basenreicher Rinde (hier die häufigste *Lepraria*), an schattigen Orten (v. a. auf Ahorn, Hainbuche, Esche), durch ganz Europa. *Lepraria rigidula* auf saurer Rinde, oft an Nadelbäumen, mäßig häufig, hohe Lagen meidend, in Nordeuropa selten/fehlend.

Lepraria finkii (ca. 8 mm)

Lepraria rigidula (3,3 mm)

Pertusaria flavida (Gelbliche Porenflechte)

Hauptmerkmale: Krustenflechte mit gelblichem Ton (graugelblich, blassgelb, graugrüngelblich), mit dicht stehenden, sehr feinen, kurzen, gelegentlich sorediös aufbrechenden Isidien. Lager bei oberflächlicher Betrachtung körnig wirkend, KC+ orange, CK(!)+ deutlich orange. Fast stets ohne Fruchtkörper.

Unterscheidungsmerkmale: Ähnelt den ebenfalls isidiösen *Pertusaria coccodes* (S. 94) und *P. coronata*, unterscheidet sich aber durch die gelbliche Lagerfarbe und die C+ und KC+ Orange-Reaktion. *Pertusaria coccodes* reagiert K+ rot, *Pertusaria coronata* K+ gelb (*P. flavida* K–), erstere hat auch kräftigere Isidien. Die grüngelben *Lecanora conizaeoides* (S. 112), *Lecanora expallens* (S. 54), *Pyrrhospora quernea* haben keine Isidien.

Ökologie und Verbreitung: Sowohl an isolierten Laubbäumen als auch in Wäldern vorkommend (dort vor allem an Eiche). Ziemlich selten. In der Region der sommergrünen Laubwälder.

Pertusaria flavida (2,2 cm/8,3 mm)

Ochrolechia androgyna (Zwittrige Bleiflechte)
Lepra amara (Bittere Porenflechte) (*Pertusaria amara*)
Varicellaria hemisphaerica (Weißrandige Porenflechte)

Hauptmerkmale: Grauweiße bis graue Krustenflechten mit ± begrenzten hellen Soralen, oft mit ausgedehnten Lagern. Gewöhnlich steril.

Unterscheidungsmerkmale: *Ochrolechia androgyna*: Lager hellgrau, relativ dick, unregelmäßig warzig bis grobkörnig-warzig. Sorale groß (1,5–3 mm), weißlich, grünlich- bis gelblichweiß, rund bis unregelmäßig, meist gewölbt, später zusammenfließend, C+ rosa, KC+ orangerot. Nur diese Art gelegentlich mit Apothecien. *Ochrolechia arborea* (S. 98) hat gleiche chemische Reaktionen, aber kleinere, regelmäßigere Sorale (unter 0,4 mm).

Lepra amara: Lager grau, ± glatt, runzelig bis höckerig oder knorpelig-häutig. Sorale 0,5–1,5 mm, zahlreich, regelmäßig verteilt, gewölbt, rundlich und deutlich begrenzt, später auch zu einem dicklichen weißen, mehligen Lager zusammenflie-

Ochrolechia androgyna (2,9 cm)

Lepra amara (4,4 cm)

ßend. Sehr bitter (mit feuchtem Finger über die Sorale fahren und dann Finger ablecken; bitterer Geschmack tritt erst nach einer Weile auf). Sorale KC+ flüchtig, aber deutlich violett. *Lepra albescens* (S. 98) hat nicht bitter schmeckende, meist konkave, größere Sorale, die nicht mit KC reagieren.

Varicellaria hemisphaerica: Lager grauweiß bis hellgrau, glatt (bis warzig), oft radialrissig, oft mit weißem, gezontem Vorlager. Sorale stark gewölbt, später zusammenfließend, C+ karminrot, KC+ rot. Kleine, reduzierte Exemplare schwer von *O. androgyna* zu trennen (weil ähnliche Farbreaktionen).

Unterscheidung der drei Arten durch die unterschiedliche Reaktion mit C/KC (wichtig bei Exemplaren mit kaum entwickelten Soralen). Bei *Lepra amara* ist der Bittergeschmack charakteristisch.

Ökologie und Verbreitung: *Ochrolechia androgyna* und *Lepra amara* auf saurer Rinde von Laub- und Nadelbäumen in Wäldern und im Freiland, erstere meist in Berglagen, selten, letztere mäßig häufig, auch auf Obstbäumen, beide in Europa weit verbreitet. *Varicellaria hemisphaerica* meist in Wäldern auf saurer Borke, selten, im Verbreitungsgebiet sommergrüner Laubwälder.

Name/Historisches: amara lat. = bitter. *Lepra amara* enthält den „Bitterstoff" Picrolichenin, wurde gegen Malaria empfohlen.

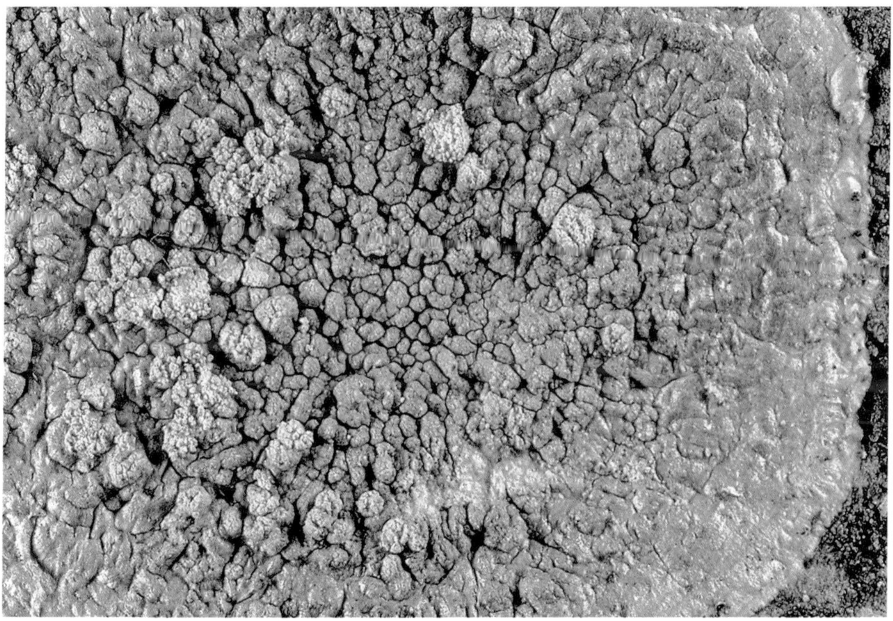

Varicellaria hemisphaerica (ca. 2,8 cm)

Ochrolechia microstictoides (Mehlige Bleiflechte) *Dendrographa decolorans* (Verfärbte Spaltaugenflechte)

Hauptmerkmale: Weißliche bis graubräunliche Krustenflechten mit anfangs begrenzten, dann flächig zusammenfließenden Soralen, ohne Fruchtkörper.

Unterscheidungsmerkmale: *Ochrolechia microstictoides*: Lager ± dünn bis teils im Substrat, weißgrau, zusammenhängend, glatt bis etwas rissig. Sorale bald zusammenfließend, eine durchgängige weiße servediöse Fläche bildend. Soredien mehlig (20–40 µm), oft zu größeren Gebilden vereinigt (bis 60 µm). Rinde und Sorale C+ und KC+ gelb, UV+ weiß. Ähnlich ist *O.*

Ochrolechia microstictoides (1,2 cm/7,8 mm)

turneri (S. 98), deren Sorale aber nicht zusammenfließen und die auf nährstoffreicher Rinde vorkommt, während *O. microstictoides* saure Rinden bevorzugt.
Dendrographa decolorans: Lager dünn, hell bräunlichgrau, blass rosagrau, rissig; oft mit dunklem Vorlager. Sorale lagerfarben (oder etwas heller), zunächst punktförmig (bis 1 mm), zu einer sorediösen Kruste zusammenfließend. R–.

Ökologie und Verbreitung: *Ochrolechia microstictoides*: eher in höheren Lagen, auf saurer Rinde und Holz (speziell auf den Köpfen von Pfosten). *Dendrographa decolorans* fast nur auf alten Eichen an mehr oder weniger regengeschützten Stellen, in wintermilden, niederen Lagen. Beide ziemlich selten, erstere weit verbreitet, letztere hat den Verbreitungsschwerpunkt im Mittelmeerraum und in Westeuropa.

Ochrolechia turneri, zum Vergleich (1,2 cm)

Dendrographa decolorans (8 mm)

Violella fucata (Verkannte Körnchenflechte) *Ropalospora viridis* (Grüne Keulensporenflechte)

Hauptmerkmale: Krustenflechten mit dünnem zusammenhängendem bis flachwarzig areoliertem grauem, stellenweise sorediösem Lager, fast stets ohne Fruchtkörper.

Unterscheidungsmerkmale: *Violella fucata*: Lager dünn, zusammenhängend oder etwas rissig bis warzig (Warzen bis 0,3 mm), hellgrau, oft mit schwärzlichem Vorlager. Sorale unregelmäßig, grünlich, bläulichgrün, grau, punktförmig bis zusammenfließend, nicht das ganze Lager bedeckend. Lager und Sorale K+ gelblichbraun, P+ rot. *Violella fucata* ähnelt *Buellia griseovirens* (S. 96), deren Sorale sind jedoch K+ rot und P+ gelb bis gelborange (nicht rot).

Ropalospora viridis: Lager graugrünlich, feucht grün, oft mit dunkelbraunem Vorlager; die grünlichen bis gelbgrünen Sorale zunächst unregelmäßig rundlich, später zusammenfließend und eine durchgehend sorediöse Fläche bildend. Soredien feinkörnig. Randpartien bestehen meist aus nicht sorediösen, mäßig gewölbten Areolen (bis 0,2 mm). *Ropalospora viridis* ist sehr leicht mit den seltenen *Fuscidea lightfootii* und *F. pusilla* zu verwechseln, jedoch ist deren Lager oft etwas braunstichig.

Ökologie und Verbreitung: *Violella fucata* auf glatter Rinde (oder bei rauborkigen Bäumen auf glatten Stellen). *Ropalospora viridis* auf glatter Rinde von Laubbäumen (v. a. Hainbuche, Rotbuche, Esche) und Tanne, an kühl-feuchten Standorten.

Violella fucata (1 cm)

Buellia griseovirens, zum Vergleich (1,7 cm)

Ropalospora viridis (1 cm)

9.4 Flechten auf Bäumen im Bergwald

(Wird man hier nicht fündig, kommen auch Arten der Waldbäume in niederen Lagen und von Bäumen im Freiland in Frage: Schlüssel 9.2 und 9.3.)

1 Flechten von bartartigem oder strauchigem Wuchs (Bart- und Strauchflechten) 2
1* Flechten von blattartigem bzw. krustigem Wuchs 4

2 Flechten aus fädigen (stielrunden) Abschnitten bestehend, mit zähem weißem Zentralstrang, der beim Zerreißen eines Fadens sichtbar wird (weitere Arten siehe S. 66) .... *Usnea florida, U. glabrescens, U. intermedia* (S. 156)
2* Flechten ohne zähen Zentralstrang 3

3 Flechten aus zylindrischen Abschnitten bestehend .... *Alectoria sarmentosa, Bryoria fuscescens, Sphaerophorus globosus* (S. 158–159)
3* Flechten aus kantigen bis abgeflachten (bandartigen) Abschnitten bestehend .... *Evernia divaricata, Letharia vulpina* (S. 160–161)

4 Lager blättrig-lappig, nicht völlig mit dem Substrat verwachsen 5
4* Lager krustig, völlig mit dem Substrat verwachsen 11

5 Mit Cyanobakterien (Lagerfarbe bei Anfeuchtung dunkelgrau bis schwärzlich) 6
5* Mit Grünalgen (Lagerfarbe bei Anfeuchtung kaum verändert oder grünlich) 7

6 Lappenunterseite mit Adern .... *Peltigera collina, P. horizontalis* (S. 162)
6* Lappenunterseite ohne Adern .... *Leptogium saturninum, Nephroma parile* (S. 164–165)

7 Lappen hohl, ohne Rhizinen (Haftfasern), grau bis grünlichgrau .... *Hypogymnia farinacea, H. vittata, Menegazzia terebrata* (S. 168)
7* Lappen solid, unterseits mit Rhizinen oder filzigem Haarbesatz 8

8 Lappen um 1 bis über 4 cm breit, mit Dellen, braun bis oliv (feucht grün), unterseits mit kurzem, samtig-filzigem Haarbesatz .... *Lobaria pulmonaria* (S. 166)
8* Lappen unter 1 cm breit, nicht braun bis oliv, unterseits anders 9

9 Lager auffällig leuchtend gelb (bis grünlichgelb). Mark gelb, Lappen breit, bis 5 mm, mit Bortensoralen .... *Cetraria pinastri* (S. 167)
9* Lager weißlich bis grau oder (nicht leuchtend) gelbgrünlich bis graugrünlich (dann mit schmalen verlängerten Lappen), Mark nicht gelb, ohne Bortensorale 10

10 Lappen schmal (gewöhnlich bis 2 mm breit). Lager meist rundlich und meist nur bis 3 cm breit, mit Flecksoralen oder hellen Isidien .... *Imshaugia aleurites, Parmeliopsis ambigua, P. hyperopta* (S. 170)

10*Lappen breit abgerundet, hellgrau bis fast weiß, mit Apothecien oder schwärzlichen Isidien .. .. *Parmelina pastillifera, P. quercina, P. carporrhizans* (S.172)

11 Lager mit stecknadelartig gestielten Fruchtkörpern ...... *Calicium trabinellum, C. viride* (S. 180)
11*Ohne stecknadelartig gestielte Fruchtkörper 12

12 Lager ohne Fruchtkörper, bald größtenteils sorediös .... *Loxospora elatina* (S. 173)
12*Mit Fruchtkörpern (Apothecien). Lager nicht sorediös 13

13 Scheibe nicht schwarz aussehend .... *Lecanactis abietina, Lecanora intumescens, Thelotrema lepadinum* (S. 174–176)
13*Scheibe schwarz .... *Toniniopsis separabilis, Mycoblastus sanguinarius, Biatora globulosa* (S. 177–179)

Usnea florida (Reichblütige Bartflechte)
Usnea glabrescens (Kahle Bartflechte)
Usnea intermedia (Starre Bartflechte)

Hauptmerkmale: Flechten von bartartigem oder strauchigem Wuchs, aus fädigen (stielrunden) Abschnitten bestehend. Mit zähem weißem Zentralstrang, der beim Zerreißen eines Fadens sichtbar wird. Lager grünlichgrau, oft mit beigemischtem Gelbton (*Usnea*-Grün); bei guter Entwicklung können die Lager über 10 cm lang/groß werden und aus mehreren Hauptästen bestehen, meist sind sie jedoch deutlich kümmerlicher entwickelt. Basis geschwärzt.

Unterscheidungsmerkmale: *Usnea florida*: Lager aufrecht bis abstehend buschig, meist kaum länger (höher) als breit, bis 8 (10 cm). Apothecien häufig (bei der Gattung *Usnea* insgesamt selten), an den Enden dickerer Stränge, 0,5–1 cm breit, mit randlichen, bis 5 mm langen, strahlig angeordneten Fibrillen. Mark K+ gelb, P+ orange; Apothecienscheibe P+ gelb, Apothecienrand P+ rot.

Usnea intermedia: Lager buschig bis hängend, ohne Sorale und Isidien, mit zahlreichen, 1–6 mm langen Fibrillen und warzenartigen Papillen. Während sich die Fäden bei *U. florida* von der Basis zur Spitze allmählich verjüngen, sind sie bei *U. intermedia* über die gesamte Länge von unregelmäßigem Durchmesser, ferner ist das Lager oft deutlich länger als breit, bei *U. florida* nicht. Fäden an der Basis oft verengt und schwarz. Apothecien wie bei *Usnea florida*, aber Mark K+ gelb, dann orangerot, P+ orangegelb oder K–, P–.

Usnea glabrescens: Lager aufrecht, abstehend bu-

Zentralstrang einer Usnee (3,3 mm)

Usnea florida (5,5 cm)

schig, Enden der Zweige auch kurz hängend (bis 10 cm lang). Die Hauptstränge sind an der Basis mit feinen Längsrissen versehen (50 × vergrößern). Sie verlaufen nicht parallel, sondern streben in alle Richtungen auseinander. Es finden sich viele Seitenäste, aber kaum Fibrillen. Ohne Isidien, ± rundliche Sorale häufig, allerdings erst bei größeren Exemplaren. Papillen gewöhnlich nur an den Hauptsträngen. Es gibt drei Chemotypen: a) Lager K+ gelb → blutrot, P+ orange, b) K+ gelb → blutrot, c) K–, P+ gelb.

Usnea glabrescens (6 cm)

Die *Usnea*-Arten (besonders junge oder kümmerlich entwickelte Exemplare) sind oft schwer zu bestimmen. *Usnea dasopoga* ist durch das „Fischgrätenmuster" der Seitenzweige charakterisiert, *U. hirta* durch ± kantige Äste und die helle Basis. *Usnea subfloridana* (alle S. 66) besitzt Isidien, die aus Soralen hervorgehen, sie ist jung kaum von *U. florida* zu unterscheiden. Die Gattung *Usnea* unterscheidet sich von anderen Gattungen mit bartähnlichen Arten (*Alectoria, Bryoria, Evernia, Ramalina*) durch den zähen weißen Zentralstrang.

Ökologie und Verbreitung: *Usnea florida und U. intermedia* in niederschlagsreichen Lagen, besonders an saurer Rinde von Laubbäumen, v. a. im Kronenbereich. *Usnea glabrescens* bevorzugt kaltluftstauende Mulden in ± kontinentalen Lagen, dort v. a. an Nadelbäumen. Selten. Erstere bis Süd-, letztere bis Mittelskandinavien.

Usnea intermedia (ca. 10 cm)

Alectoria sarmentosa (Bärtige Alectorie) *Bryoria fuscescens* Chemotyp *capillaris* (Haarfeiner Moosbart)

Hauptmerkmale: Flechten von bartartigem Wuchs, aus fädigen Abschnitten bestehend, ohne zähen Zentralstrang.

Unterscheidungsmerkmale: *Alectoria sarmentosa*: Lager blassgelb bis grünlich, hängend (bis 30 cm), mäßig (und gabelig) verzweigt, Zweige annähernd gleich lang, Hauptäste etwas kantig und an den Verzweigungen abgeflacht, mit strichförmigen Pseudocyphellen. Von den ähnlichen Usneen durch den fehlenden weißen (und zähen) Zentralstrang unterschieden.

Bryoria „capillaris": Lager hellgrau bis graubraun, bartartig hängend (bis 15 cm). Gelegentlich mit Soralen, diese warzen- bis spaltenförmig. Lager K+ intensiv gelb, C+ rot (rasch vergänglich), P+ intensiv gelb; Sorale P+ orangerot. Gehört nach molekularen Studien zu *Bryoria fuscescens* (vgl. S. 65), die gewöhnlich braun gefärbt ist und mit K und C keine Reaktion zeigt.

Ökologie und Verbreitung: *Alectoria sarmentosa* in kühlen, sehr niederschlags- und nebelreichen, ozeanischen Lagen; v. a. an den Ästen von Nadelbäumen, sehr selten. Der Chemotyp „capillaris" von *Bryoria fuscescens* in niederschlagsreichen Lagen; v. a. an Nadelbäumen, ziemlich selten. Boreales Nadelwaldgebiet, Gebirge Mittel- und Südeuropas.

Alectoria sarmentosa (ca. 3,8 cm)

Bryoria fuscescens Chemotyp *capillaris* (1,9 cm)

Sphaerophorus globosus (Korallen-Kugelträger)

Hauptmerkmale: Reich verzweigte, weiß- bis bläulichgraue, an den Hauptästen auch gebräunte Strauchflechte mit stielrundlichen, starren Abschnitten, ohne zähen Zentralstrang, bis 5 cm hoch. Apothecien selten.

Unterscheidungsmerkmale: Durch die reich verzweigten, abstehenden bis aufrechten Lager mit grauen bis bräunlichen Hauptästen und fast weißen, dünneren Endzweigen charakterisiert. Die Art unterscheidet sich von dem nur auf Gestein im Gebirge vorkommenden *Sphaerophorus fragilis* durch die Unterteilung in durchgehende Haupt- und Nebenäste und die lockerere Verzweigung; *Sph. fragilis* bildet dagegen dichte Polster aus gleich langen Ästen ohne Hauptstämmchen. *Stereocaulon*-Arten wachsen auf Gestein und Erdboden und haben mit Warzen und Schuppen besetzte Äste (S. 232, 404). Cladonien haben hohle Äste.

Ökologie und Verbreitung: In ozeanischen, sehr niederschlags- oder nebelreichen Gebieten; auf alten Laub- und Nadelbäumen, häufig auch auf Silikatgestein. Sehr selten, in naturnahen Wäldern. V. a. West-/Nordeuropa.

Name: Der Gattungsname bezieht sich auf die selten auftretenden kugeligen Fruchtkörper, der Artname auf den korallenartigen Habitus.

Sphaerophorus globosus (5,5 cm)

Evernia divaricata (Sparrige Evernie)

Hauptmerkmale: Blass grünlichgelbe bis grünliche Flechte von bartartigem Wuchs, aus verzweigten, kantigen bis etwas abgeflachten, strangartigen, querrissigen Abschnitten, bis etwa 15 cm, selten länger.

Unterscheidungsmerkmale: Gegenüber anderen grüngelben bis grünlichen Bartflechten durch schlaffe, kantige, querrissige Äste gekennzeichnet, bei denen in den Rissen das lockere weiße Mark sichtbar wird (Lupe). *Usnea*-Arten haben stielrunde Äste mit scharf begrenztem weißem Zentralstrang, der erst beim Dehnen der Äste sichtbar wird. *Evernia prunastri* (S. 32) hat deutlich abgeflachte Zweige mit heller Unterseite.

Ökologie und Verbreitung: In kühlen, luftfeuchten Lagen, v. a. an Zweigen von Nadelbäumen, neuerdings gelegentlich in Tieflagen in Gebüschen. Selten. Boreales Nadelwaldgebiet und Gebirge Mittel- und Südeuropas.

Evernia divaricata (4,4 cm)

Letharia vulpina (Wolfsflechte)

Hauptmerkmale: Flechte von bartartigem oder strauchigem Wuchs, aus kantigen bis abgeflachten (schmal-bandartigen) Abschnitten bestehend.

Unterscheidungsmerkmale: Lager besteht aus abgeflachten bis kantigen Abschnitten von intensiv zitronengelber bis grünlichgelber Farbe, reich gabelig verzweigt, an den Kanten und Enden mit (sorediösen) Isidien. Durch die intensiv leuchtende Farbe unverwechselbar. Die ähnlich gefärbte *Cetraria pinastri* hat ein blattförmiges Lager. *Ramalina*-Arten haben graugrüne Äste, die Usneen stielrunde Äste mit zähem Zentralstrang.

Ökologie und Verbreitung: Auf Nadelbäumen und Holz in hohen Berglagen der Alpen. Boreales Nadelwaldgebiet, hohe Gebirge im übrigen Europa.

Name: Die Flechte enthält die sehr giftige Vulpinsäure, die schließlich über Atemlähmung zum Tod führt. Sie wurde im hohen Norden zum Vergiften von Wolfsködern verwendet.

Letharia vulpina (3 cm)

Peltigera collina (Bortensoral-Schildflechte)
Peltigera horizontalis (Flachfrüchtige Schildflechte) – vgl. S. 368

Hauptmerkmale: Graue bis braune Blattflechten mit Cyanobakterien (Blaualgen), bei Befeuchten dunkelgrau bis schwärzlich, Unterseite mit Adern.

Unterscheidungsmerkmale: *Peltigera collina*: Lager grau bis braungrau, Ränder bortenartig von körnigen, hell- bis blaugrauen Soralen gesäumt. Lappen matt, ± verlängert, an den

Peltigera collina (3,7 cm)

Peltigera horizontalis (12 cm)

Rändern aufsteigend, 1–2 cm breit. Unterseite mit hellbraunen, niedrigen Adern oder (selten) ganz ohne Adern und feinfilzig, mit ± einfachen Rhizinen. Durch die randlichen Sorale von den anderen Peltigeren unterschieden. *Nephroma parile* hat schmalere Lappen und keine Adern/keinen Filz auf der Unterseite.

Peltigera horizontalis: Lager grau bis braun. Lappen glänzend, 1–2 cm breit. Ohne Sorale und Isidien. Unterseite filzig, mit breiten braunen vernetzten Adern und weißen Zwischenräumen. Apothecien oft vorhanden, ± waagerecht stehend. *Peltigera praetextata* (S. 366) ist an den Lappenrändern matt und feinfilzig und die Apothecien stehen senkrecht. Andere oberseits glänzende Peltigeren haben nie waagerecht stehende, sondern sattelförmige, aufsteigende Apothecien, so auch *P. polydactylon* (S. 368), die steril kaum unterscheidbar ist.

Ökologie und Verbreitung: *Peltigera collina* in niederschlagsreichen, ozeanisch getönten Lagen an (meist bemoosten) Laubbäumen (v.a. Rotbuche, Bergahorn, Esche), auch auf bemoostem Silikatgestein, sehr selten. *Peltigera horizontalis* an luftfeuchten Standorten, an der Basis bemooster Bäume, auch auf frischen Böden und bemoostem Silikatgestein, ziemlich selten. In humiden Lagen in Europa weit verbreitet, *P. collina* mit stärker westlicher Tendenz.

Name: Der Erstbeschreiber der Gattung verglich die Fruchtkörper mit dem Schutzschild einer militärischen Ausrüstung (pelta lat. = leichter randloser Schutzschild, -ger lat. = tragend). Früher bezeichnete man die Apothecien oft auch als „Schildchen".

Peltigera praetextata, zum Vergleich (ca. 12 cm)

Nephroma parile (Sorediöse Nierenflechte)

Hauptmerkmale: Graue bis dunkelbraune Blattflechte vom *Parmelia*-Typ, mit Cyanobakterien, mit grauen Fleck- und Bortensoralen, angefeuchtet dunkelgrau bis schwärzlich, nicht gallertig aufquellend. Unterseite ohne Adern.
Unterscheidungsmerkmale: Charakterisiert durch die Flächen- und Randsorale. Kann mit *Peltigera collina* verwechselt werden, diese besitzt aber eine unberindete Unterseite mit Adern. Weitere Merkmale: Lager bis 10 cm. Soredien körnig, oft berindet. Unterseite berindet, nackt bis selten stellenweise behaart. Die in ähnlichen Habitaten vorkommende *Nephroma resupinatum* ist nicht servediös.
Ökologie und Verbreitung: An niederschlagsreichen Standorten, am Stamm alter Laubbäume (oft mit *Lobaria pulmonaria*) und auf Silikatgestein. Selten und sehr gefährdet. In ozeanischen Regionen Europas.

Nephroma parile (5,5 cm)

Nephroma resupinatum, zum Vergleich (4,2 cm)

Leptogium saturninum (Filzige Gallertflechte)

Hauptmerkmale: Grauschwarze, isidiöse Blattflechte vom *Parmelia*-Typ, mit Cyanobakterien (Blaualgen), bei Anfeuchtung gallertig aufquellend und noch dunkler, Unterseite dicht mit weißen kurzen Haaren besetzt.

Unterscheidungsmerkmale: Kennzeichen der Art gegenüber anderen Gallertflechten (*Scytinium*, *Collema* und Verwandte, S. 235, 296) sind die dichte weiße Behaarung der Unterseite und der dichte Besatz der Oberseite mit zylindrischen bis kugeligen Isidien, wodurch die Flechte wie berußt erscheint. Lager bis 8 cm. Lappen breit abgerundet, 3–10 mm breit, aufsteigend.

Ökologie und Verbreitung: In ozeanischen, niederschlagsreichen Berglagen an alten Laubbäumen (Esche, Ahorn, Rotbuche). Selten, ozeanische Gebiete Europas.

Leptogium saturninum (14 cm/8,1 mm)

Lobaria pulmonaria (Lungenflechte)

Hauptmerkmale: Hellbraune, feucht intensiv grüne bis olivgrüne, sehr große Blattflechte (bis 20 cm), mit sehr breiten Lappen (1–4 cm). Oberseite durch Netzrippen und dazwischen liegende ovale Vertiefungen gegliedert, auf den Rippen und Lappenrändern mit gelblichweißen, runden Soralen oder auch mit Isidien. Unterseite teilweise feinfilzig.

Unterscheidungsmerkmale: Durch die Größe des Lagers, die breiten, vom Substrat abstehenden Lappen und die Gliederung der Oberfläche in Rippen und Dellen unverwechselbar. Dem Relief der Oberseite entsprechen auf der Unterseite rundliche, helle Wölbungen und netzig verbundene, dunkler gefärbte und filzige Gräben. Apothecien sehr selten. Ähnlich ist nur die sehr seltene *Lobaria linita* (S. 409), die aber keine Sorale und Isidien besitzt, nicht mit P reagiert (*L. pulmonaria* Mark K+ gelborange, P+ orangerot) und ein alpiner Bodenbewohner ist.

Ökologie und Verbreitung: An niederschlagsreichen, ozeanisch beeinflussten Standorten an alten Bäumen in ungestörten Wäldern, stark gefährdet, nur noch in einigen Mittelgebirgen und den Alpen. Humide Gebiete Europas.

Name: Entsprechend der im Altertum und im späten Mittelalter Anwendung findenden Signaturenlehre (das Aussehen gibt Hinweis auf Heilkräfte) wurde die an die Struktur einer Lunge erinnernde Flechte gegen Lungenkrankheiten eingesetzt. Noch heute in der Homöopathie verwendet.

Lobaria pulmonaria; im feuchten Zustand (5 cm)

Cetraria pinastri (Kiefern-Tartschenflechte) (*Vulpicida pinastri*)

Hauptmerkmale: Leuchtend gelbe bis grüngelbe, bis ca. 4 cm große Blattflechte vom *Parmelia*-Typ, mit breiten Lappen und gelben Bortensoralen. Lappen bis 5 mm breit, an den welligen Rändern nach oben gebogen. Unterseite weißlich bis blassgelblich, mit wenigen Rhizinen. Mark gelb.

Unterscheidungsmerkmale: *Cetraria pinastri* ist durch das gelbe Mark und die gelben Bortensorale sicher von anderen Blattflechten zu unterscheiden. Arten aus der Verwandtschaft von *Xanthoria* sind gelborange und reagieren mit K+ tiefrot, *Cetraria pinastri* ist K–.

Ökologie und Verbreitung: An saurer Rinde v.a. von Nadelbäumen, auch im Freiland, oft auch an Baumstümpfen. Selten. Boreale Zone und Gebirge.

Cetraria pinastri (oben 2 cm/2,2 cm)

Hypogymnia farinacea (Mehlige Blasenflechte) ***Hypogymnia vittata*** (Bandartige Blasenflechte) ***Menegazzia terebrata*** (Löcherflechte)

Hauptmerkmale: Blattflechten mit hohlen, schmalen, grauen, feucht grüngrauen Lappen, unterseits schwarz, randlich meist braun, ohne Rhizinen. Lager meist bis ca. 6 cm. Lappen 1–3 mm breit, Rinde K+ gelb, Mark KC+ rot.

Unterscheidungsmerkmale: *Hypogymnia farinacea*: Lager ± anliegend. Lappen gewölbt, an den Enden flach, gegen die Lagermitte runzelig. Mit diffusen, körnigen, flächenständigen, oft pustelartig aufbrechenden Soralen. Mark und Sorale P–. Bei anderen sorediösen Hypogymnien sind die Sorale end-, nicht flächenständig (s. u.).

Hypogymnia vittata: Lappen langgestreckt, größtenteils sehr locker aufliegend und aufsteigend. Ränder oft schwarz gesäumt. Enden mit lippen- bis ringförmigen Soralen, Unterseite schwarz, mit rundlichen Löchern. Mark/Sorale P–, bei *Hypogymnia physodes* (S. 40), deren Lappen gewöhnlich nicht deutlich langgestreckt sind, P+ orange. *Hypogymnia tubulosa* hat röhrenförmige, aufgerichtete Lappen und an deren Enden Kopfsorale, Mark/Sorale P– (S. 41).

Menegazzia terebrata: Lager bis 8 cm, ± anliegend, Lappenoberseite schwach glänzend, an den Enden oft braunstichig, flach, mit auffälligen, scharf begrenzten Löchern. Sorale entwickeln sich ringförmig um die Löcher. Mark K+ gelb, P+ gelborange. Durch die Löcher unverwechselbar.

Die Hypogymnien und *Menegazzia* sind von anderen Blattflechten durch die kahle Unterseite und hohle, „aufgeblasene“ Lappen zu unterscheiden.

Ökologie und Verbreitung: Meist auf saurer Rinde, oft auf Nadelbäumen. *Hypogymnia farinacea* im Bergland mäßig häufig, die beiden anderen selten und gefährdet, nur in niederschlagsreichen kühlen bis kalten (bei *Menegazzia* ozeanischen) Lagen. In der borealen Zone und den Gebirgen Mittel- und Südeuropas.

Name: Lager innen hohl, wie aufgeblasen – ein seltenes, charakteristisches Merkmal.

Hypogymnia farinacea (2,3 cm)

Hypogymnia vittata (1,5 cm)

Menegazzia terebrata (2,3 cm)

Imshaugia aleurites (Isidien-Napfflechte, Imshaug-Flechte) ***Parmeliopsis ambigua*** (Gelbgrüne Schneepegelflechte) ***Parmeliopsis hyperopta*** (Graue Schneepegelflechte)

Hauptmerkmale: Sehr schmallappige, bis 3, selten 4 cm breite, rosettenförmig wachsende, dicht anliegende Blattflechten vom *Physcia*-Typ, auf saurer Rinde und Holz, mit Isidien oder Flecksoralen.

Unterscheidungsmerkmale: Die drei Arten lassen sich leicht an der Farbe und dem Besitz von Soralen oder Isidien unterscheiden.

Imshaugia aleurites: Lager weißgrau, im Zentrum mit zerbrechlichen, zylindrischen Isidien bedeckt. Unterseite blassbraun, mit einfachen

Imshaugia aleurites (1,2 cm)

Parmeliopsis ambigua (2,9 cm)

blassbraunen Rhizinen. Lappen bis 2,5 mm breit. Rinde K+ gelb, P+ orange.

Parmeliopsis ambigua: Lager gelbgrün, zur Mitte oft graugrün, mit überwiegend flächenständigen, lagerfarbenen bis weißlichen Flecksoralen, die später zusammenfließen und fast das ganze Lager bedecken. Unterseite schwarz bis kastanienbraun, bis zum Rand mit einfachen Rhizinen. Lappen bis 1 mm breit. Rinde K± gelblich, KC+ gelb. Die gelbgrünen Parmelien [*Flavoparmelia caperata* (S. 43), *F. soredians* (S. 80) und *Flavopunctelia flaventior* (S. 80)] haben wesentlich größere, nicht so eng anliegende Lager und breitere Lappen. Sorediös aufgelöste Lager ähneln sterilen Lagern von *Lecanora expallens* (S. 54) oder *L. conizaeoides* (S. 112). Bei sorgfältiger Untersuchung entdeckt man jedoch stets Lappen"reste", die den Lecanoren fehlen.

Parmeliopsis hyperopta: Sehr ähnlich *P. ambigua*, aber Oberseite grau, mit manchmal bräunlichen Lappenenden. Rinde K± gelblich, KC– (!).

Ökologie und Verbreitung: *Imshaugia aleurites* an winterkalten, aber relativ sommerwarmen, lichtreichen Standorten; an Mittelstamm und Basis v. a. von Nadelbäumen und an Holz. *Parmeliopsis ambigua* auf stark sauren und versauerten Substraten (v. a. Nadelbäumen, aber auch anthropogen versauerter Laubbaumrinde). *Parmeliopsis hyperopta* ähnlich *P. ambigua*, aber an kälteren, lange schneebedeckten Standorten.

Namen: zu Ehren des amerikanischen Lichenologen Henry Andrew Imshaug (1925–2010). – Schneepegelflechte, weil die Arten im Bergland bevorzugt im Bereich der winterlichen Schneebedeckung zu finden sind.

Parmeliopsis hyperopta (ca. 1,7 cm)

Parmelina pastillifera (Pillen-Schüsselflechte) – vgl. auch S. 84
Parmelina carporrhizans (Fleckchen-Schüsselflechte
Parmelina quercina (Eichen-Schüsselflechte)

Hauptmerkmale: Grauweiße, bis 10 cm große Blattflechten vom *Parmelia*-Typ mit glatten, ± anliegenden, oft etwas glänzenden, an den Enden gerundeten (jedoch eingekerbten), 3–8 mm breiten Lappen. Mit oder ohne Isidien, wenn ohne, dann mit Apothecien. Unterseite schwarzbraun, am Rand heller. Rinde K+ gelb; Mark C+ rot, KC+ rot. Apothecien braun, ziemlich flach.

Unterscheidungsmerkmale: Die *Parmelina*-Arten sind von anderen hellgrauen Blattflechten vom *Parmelia*-Typ durch das Fehlen von Pseudocyphellen zu unterscheiden. *Parmelina carporrhizans* und *P. quercina* bilden Apothecien und keine Isidien aus, während *Parmelina pastillifera* durch schwarze, knopfförmige, oben eingedellte Isidien charakterisiert ist. Brechen die Isidien ab, hinterlassen sie deutlich erkennbare, weißliche Gruben (S. 84). Die Art kann mit der häufigeren *Parmelina tiliacea* verwechselt werden; diese hat aber zylindrische, an der Basis graue, an der Spitze gebräunte Isidien, die meist auch dichter stehen (S. 84).

Parmelina quercina und *P. carporrhizans* sind einander sehr ähnlich. Die Oberfläche von ersterer ist ganz gleichmäßig weißlich gefärbt, bei letzterer (Lupe!) ist sie undeutlich mit Fleckchen gesprenkelt (nur Nuancen im Grauweißton).

Ökologie und Verbreitung: An lichtreichen Standorten an Laubbäumen mit nährstoffreicher Rinde, vor allem in niederschlagsreichen Lagen, im Wald und an freistehenden Bäumen. Mediterranes bis gemäßigtes Europa. *Parmelina quercina* und *P. carporrhizans* vor allem an Ästen, besonders von Esche, Ahornen. Vorwiegend in Höhenlagen der Mittelgebirge und im Gebirge, aber neuerdings auch (wieder) in tieferen Lagen.

Parmelina pastillifera (2,2 cm)

Parmelina carporrhizans (4,5 cm)

Loxospora elatina (Tannen-Wurmsporenflechte)

Hauptmerkmale: Krustenflechte. Lager gewöhnlich ohne Fruchtkörper, weißlich bis grau, teilweise berindet. Sorale anfangs deutlich, später undeutlich begrenzt bzw. flächig sorediös.
Unterscheidungsmerkmale: *Loxospora elatina* besitzt ein dünnes Lager von hell- bis dunkelgrauer Farbe. Nicht bis zum Rand sorediös, sondern dort warzig-knollig-höckerig; hierdurch erscheint das Lager innen feinmehlig, außen aber grobkörnig. Aus den aufbrechenden Höckern bilden sich Sorale. Diese sind cremefarben bis graugrünlich. Das Lager und v. a. die Sorale reagieren mit K sofort intensiv gelb bis orange und mit P orange. Durch die charakteristischen Farbreaktionen von ähnlichen Arten – z. B. *Ochrolechia androgyna, O. microstictoides* (S. 148-150), *O. turneri* (S. 98) und *Varicellaria hemisphaerica* (S. 148) – unterschieden.
Ökologie und Verbreitung: In niederschlagsreichen, kühlen Lagen, v. a. an Tannen (auch anderen Nadelbäumen, selten an Laubbäumen).

Loxospora elatina (7,6 mm)

Lecanactis abietina (Tannen-Strahlflechte)

Hauptmerkmale: Krustenflechte mit grauweißem bis hellgrauem, zusammenhängendem Lager, mit zahlreichen halbkugelig vorstehenden bis kurz zylindrischen, oben weißen Pyknidien. Apothecien mäßig häufig, deutlich lecanorin berandet, flach bis leicht gewölbt, dicht grau bis gelblich bereift.

Unterscheidungsmerkmale: Sehr charakteristische, oft in großen Beständen an regengeschützten Flanken von Nadelbäumen und Eiche vorkommende Art. Wenn steril, leicht zu verwechseln mit der ökologisch abweichenden *Opegrapha vermicellifera* (S. 144), bei dieser Pyknidien C−, bei *L. abietina* C+ rot. Beide mit *Trentepohlia* (Lager angeritzt orange). Apothecien sehr verschieden, bei *L. abietina* rund, 0,7–2 mm, Scheibe schwarz, aber dicht bereift.

Ökologie und Verbreitung: In feucht-kühlen Lagen, v. a. an alten Nadelbäumen (v. a. im unteren Stammbereich), selten, v. a. montane Gebiete Mitteleuropas.

Lecanactis abietina (4,5 mm)

Opegrapha vermicellifera, zum Vergleich (11,2 mm)

Lecanora intumescens (Geschwollene Kuchenflechte)

Hauptmerkmale: Krustenflechte mit weißem ungegliedertem bis rissigem Lager und oft gedrängten, bis über 2 mm großen Apothecien mit ockerfarbener, brauner oder rotbrauner, oft angedeutet bereifter Scheibe und ungewöhnlich breitem, niedrigem, unberindetem, oft eingebuchtetem Rand.

Unterscheidungsmerkmale: Die Art ist habituell an dem auffallend breiten, nicht oder kaum über die Scheibe ragenden, matten Rand zu erkennen, der oft auch (z. B. durch gegenseitigen Druck der Apothecien) eckig oder eingebuchtet ist. Ein gutes weiteres Merkmal ist die Reaktion von Apothecienrand und Lager mit P+ tiefgelb bis orange (UV+ blassorange). Der Apothecienrand von *Lecanora subcarpinea* (S. 108) reagiert ähnlich, die Scheibe ist jedoch C+ gelb bis orange, bei *L. intumescens* C–. *Lecanora pulicaris* (S. 110) hat einen P+ roten, schmaleren Rand und kleinere (bis 1 mm große) Apothecien.

Ökologie und Verbreitung: Auf glatter und flachrissiger Rinde von Laubbäumen (v. a. Bergahorn, Rotbuche, Eberesche, Esche), meist im Inneren von Laubwäldern, heute hauptsächlich im Bergland, in tiefen Lagen sehr selten geworden. Ziemlich selten. In Europa weit verbreitet, im Süden mehr in den Gebirgen.

Lecanora intumescens (6,4 mm)

Thelotrema lepadinum (Pockenflechte)

Hauptmerkmale: Graue bis cremefarbene Krustenflechte mit charakteristisch in große halbkugelige Lagerwarzen eingesenkten Apothecien mit schwarzer, auch leicht bereifter Scheibe und die Scheibe vom Rand her überragenden weißlichen Zipfeln. Mit *Trentepohlia*-Algen, Lager daher beim Anritzen ± orange.

Unterscheidungsmerkmale: Unverkennbar durch die in die halbkugelig vorragenden Lagerwarzen mit verengter Öffnung eingesenkten, eigenartig gebauten, 1–2 mm großen Apothecien mit „doppeltem" Rand. Zwischen Lagerrand und Scheibe befindet sich bei ihnen ein häutiges Eigengehäuse, das zunächst die Scheibe bedeckt, später aber sternartig aufreißt. Sporen vielzellig, querseptiert oder mauerartig. Nicht verwechseln mit *Pertusaria leioplaca* mit „leeren" Fruchtwarzen mit ausgefallenen Apothecien, Ritzspur nie orange.

Ökologie und Verbreitung: In kühlen, feuchten Lagen, in Bergwäldern, oft in der Nähe von Bächen, fast nur am Stamm alter Rotbuchen und Tannen, selten, im Tiefland extrem selten. Ozeanische Gebiete Europas (Westeuropa, Mittelmeergebiet, im Norden bis ins südliche Skandinavien).

Thelotrema lepadinum (12 mm)

Toniniopsis separabilis (Einfache Stäbchenflechte) (*Bacidia subincompta* auct.)

Hauptmerkmale: Krustenflechte mit dünnem, feinkörnigem, graugrünem (im Herbar ausbleichendem) Lager und schwarzbraunen bis schwarzen, flachen, dünn berandeten, im Alter auch gewölbten und randlosen Apothecien.

Unterscheidungsmerkmale der Gruppe gegenüber anderen Arten: Durch das dünne, feinkörnige Lager und die schwarzen, bis etwa 0,9 mm breiten, oft nur zerstreut stehenden Apothecien sowie dem Fehlen jeglicher Farb-Reaktionen gekennzeichnet. Zur Absicherung ist die Untersuchung der sehr charakteristischen Sporen nötig. Sie sind gerade, stäbchenförmig (an den Enden nicht zugespitzt), 6–8-zellig (22–38 × 2,5–3,5 µm); das Epihymenium ist grünlich. Die extrem seltene *Bellicidia (*syn. *Bacidia) incompta* hat ein eher grobkörnig-warziges Lager und kürzere Sporen (15–25 × 2–2,5 µm), Hymenium oben farblos oder rötlich. *Lecidella elaeochroma* (S. 57) ist nur im Habitus der Apothecien ähnlich, das Lager ist anders strukturiert, die Sporen sind einzellig.

Schwierig ist ohne mikroskopische Untersuchung dünner Schnitte die Trennung von *Toniniopsis dissimilis*, die ökologisch abweicht, indem sie weitgehend auf höhere montane und hochmontane Lagen beschränkt ist und bevorzugt auf Eberesche, Bergahorn und Rotbuche vorkommt. Ihr Lager besteht gewöhnlich nicht aus rundlichen Körnchen, sondern aus kleinen verflachten Schüppchen (oft spärlich), ähnlich wie bei *Bacidia rubella*. Das Hypothecium von *T. separabilis* stellt sich als ziemlich dünne dunkle Linie dar, bei *T. dissimilis* zieht sich die Färbung weit herab. Oft ist bei letzterer der Rand der Apothecien heller als die Scheibe.

Ökologie und Verbreitung: *Toniniopsis separabilis* vorwiegend auf älteren Eichen und Eschen in niederen bis in montanen Lagen. In Europa weit verbreitet.

Toniniopsis separabilis (4,8 mm)

Mycoblastus sanguinarius (Blutflechte)

Hauptmerkmale: Krustenflechte mit grauem bis grünlich- oder blaugrauem, ziemlich dickem, unregelmäßig warzigem Lager und (bis 2 mm) großen, stark gewölbten, randlosen Apothecien, die bei Verletzung (oder Anschneiden) sich basal blutrot färben.

Unterscheidungsmerkmale: Die Art ist an den großen schwarzen gewölbten Apothecien, dem relativ großen, grauen Lager und dem Vorkommen in Bergwäldern bereits gut zu erkennen. Letzte Sicherheit gibt die Rotfärbung an verletzten Stellen an/unter den Apothecien (Hypothecium und Mark). Sporen sehr groß, meist einzeln in den Schläuchen. Lager K+ (schmutzig) gelb, P+ gelb; Mark stellenweise K+ rot. Der verwandte *Mycoblastus affinis* ist extrem selten, hat kleinere Apothecien und zeigt keine roten Verletzungsspuren.

Ökologie und Verbreitung: In niederschlagsreichen Lagen, v. a. am Stamm älterer Fichten und Tannen. Selten. Boreale Zone, Gebirge Mittel-/Südeuropas.

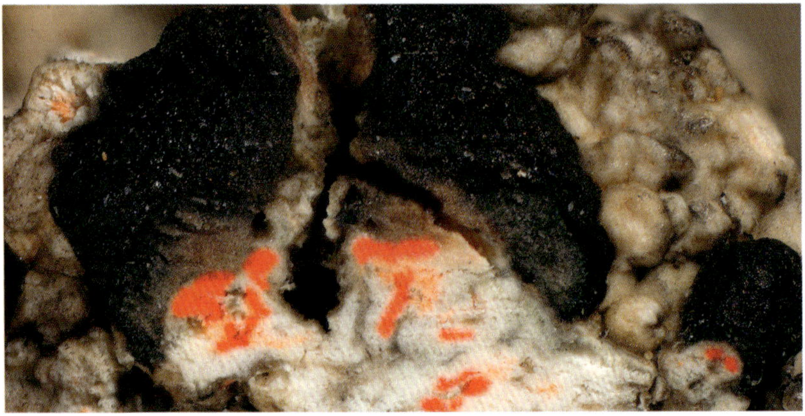

Mycoblastus sanguinarius (2,4 cm); unten: Apothecienanschnitt (3,3 mm)

Biatora globulosa (Kugelfrüchtige Knöpfchenflechte)

Hauptmerkmale: Krustenflechte mit dünnem, feinkörnigem hellgrauem bis ockerfarbenem oder kaum wahrnehmbarem Lager. Apothecien 0,2–0,5 mm, grau- bis blauschwarz oder schwarz, seltener braunschwarz, rasch gewölbt bis halbkugelig, Rand algenfrei, unscheinbar, rasch verschwindend. Sporen farblos, 7–12 × 2–3 µm, stäbchen- bis spindelförmig. Keine Farbreaktionen, UV–.

Unterscheidungsmerkmale: Durch das fehlende oder dünne, feinkörnige Lager und die schwarzen, bis etwa 0,5 mm breiten, algenfreien Apothecien, die charakteristischen Sporen sowie das Fehlen von Farbreaktionen gekennzeichnet. Mit anderen schwarzfrüchtigen Krustenflechten zu verwechseln.

Ökologie und Verbreitung: Auf flach- bis tiefrissiger (etwas regengeschützter) Borke von Laub-, selten Nadelbäumen, v. a. an Eichen, Bergahorn, in lichten Wäldern und an freistehenden Bäumen. Bis ins Gebirge. Ziemlich selten. Vorwiegend Südwestdeutschland.

Biatora globulosa (ca. 6 mm)

Calicium trabinellum (Gelbbereifte Kelchflechte) *Calicium viride* (Grüne Kelchflechte)

Hauptmerkmale: Krustenflechten mit stecknadelförmigen, bis 2 mm hohen Fruchtkörpern (Apothecien). Auf den Köpfchen befindet sich eine schwarze Sporenmasse (Mazaedium), Köpfchen unterseits gelb oder braun bereift.

Unterscheidungsmerkmale: *Calicium trabinellum*: Lager weitgehend im Substrat, sehr unscheinbar. Apothecien 0,4–1 mm hoch, auf der Köpfchenunterseite (manchmal nur am Rand) gelblich bereift. Von anderen *Calicium*-Arten durch die gelbe Bereifung unterschieden, die ähnlich bereifte *Calicium adspersum* (S. 120) hat ein deutliches Lager und kommt nicht in hohen Lagen vor. Bei *Calicium glaucellum* (S. 120) ist der Reif auf der Köpfchenunterseite weiß. Die *Chaenotheca*-Arten haben ein braunes Mazaedium.

Calicium viride: Lager deutlich entwickelt, gelbgrün, körnig bis kleinwarzig. Apothecien relativ groß und kräftig, 0,6–2 mm hoch. Köpfchenunterseite meist braun bereift. Durch die braune Bereifung auf der Köpfchenunterseite und die erhebliche Größe von den meisten anderen *Calicium*-Arten zu unterscheiden. Die Apothecien

Calicium trabinellum (2,8 mm)

von *C. salicinum* (S. 120) sind auch braun bereift, aber etwas kleiner, und der Art fehlt das grüne Lager.

Ökologie und Verbreitung: Regengeschützt wachsend (überhängende Flächen, Borkenrisse), selten, *Calicium trabinellum* in hochmontanen Lagen, auf Holz von Stämmen und Stümpfen, selten Borke von Nadelbäumen, *Calicium viride* auf saurer Borke von Nadelbäumen und Eichen in Bergwäldern, in Norddeutschland auch im Tiefland. Boreale Zone, Gebirge Mitteleuropas, selten Südeuropas.

Calicium viride (1,1 cm/3,4 mm)

9.5 Flechten auf Holz, auf Baumstümpfen und an der Basis von Bäumen

(Diese Arten können auch auf anderen Substraten gefunden werden.)

1 Flechten vom *Cladonia*-Typ mit vertikalen, hohlen, sorediösen oder schuppigen Stämmchen (Strauchflechten) 2
1* Flechten von krustigem Wuchs, aber mitunter Apothecien gestielt 6

2 Ohne Becher 3
2* Mit Bechern 4

3 Stämmchen mit Körnern und zerschlitzten Blättchen bedeckt, nicht weitgehend sorediös, K+ gelb. Oft mit braunen Apothecien. Fast nur an alten Eichenstubben .... *Cladonia parasitica* (S. 183)
3* Stämmchen mit weitgehend sorediöser Oberfläche, basal mit Blättchen besetzt. K- oder K+ gelb, häufig.......... *Cladonia coniocraea, Cl. macilenta,* (S. 184)

4 Bechergrund geschlossen .... *Cladonia digitata, Cl. fimbriata* (S. 186)
4* Bechergrund mit Öffnung. Meist R – 5

5 Stämmchen mit gänzlich sorediöser Oberfläche .... *Cladonia cenotea* (S. 188)
5* Stämmchen abstehend beschuppt .... *Cladonia squamosa* (S. 186)

6 Fruchtkörper strichförmig .... *Xylographa parallela* (S. 189)
6* Fruchtkörper gestielt oder rundlich oder fehlend 7

7 Lager mit stecknadelartig gestielten Fruchtkörpern .... *Chaenotheca brunneola* (S. 190) .... (siehe auch Arten auf S. 120–124 und S. 180)
7* Fruchtkörper nicht gestielt oder Fruchtkörper fehlend 7

8 Lager mit gelblichem bis blass gelbgrünlichem Farbton .... *Calicium tigillare, Lecanora varia* (S. 191–192)
8* Lager anders gefärbt .... *Micarea denigrata, Placynthiella icmalea, Trapeliopsis flexuosa* (S. 194–196)

Cladonia parasitica (Eichenstumpf-Säulenflechte)

Hauptmerkmale: Strauchflechten vom *Cladonia*-Typ, fast nur auf alten Eichenstubben. Das Lager besteht aus dichtstehenden, graugrünlichen, zerschlitzten Blättchen, zwischen denen kurze, bis 0,5 (-1) mm hohe Podetien vorragen (können). Diese sind stellenweise entrindet und mit Körnchen und zerschlitzten Blättchen bedeckt und enden mit braunen Apothecien. Lager K+ deutlich gelb (bei Cladonien selten!), P+ gelb.

Unterscheidungsmerkmale: Durch den Standort (fast immer alte Eichenstümpfe oder Borke basal an alten Eichen, selten an Tanne), die kurzen Podetien, die zerschlitzten Blättchen in Verbindung mit der K+ gelben Reaktion gut kenntliche Art. Die oft an ähnlichen Habitaten vorkommende, sehr häufige *Cladonia coniocraea* hat Blättchen, die mit K nicht, mit P+ zinnoberrot reagieren. Die ähnliche *Cladonia caespiticia* (S. 361) besiedelt saure Böden, vor allem an Wegrainen. Die Podetien sind noch kürzer und kaum zwischen den dichtstehenden Blättchen zu sehen und fallen nur durch die scheinbar den Blättchen aufsitzenden braunen Apthecien auf.

Ökologie und Verbreitung: Besiedelt fast nur morsche Eichenstümpfe, in Wäldern im Gebiet der Eichenverbreitung, bis ins südliche Skandinavien. Selten, in naturnahen Wäldern oder Resten davon.

Cladonia parasitica (2,1 cm/8,9 mm)

Cladonia coniocraea (Gewöhnliche Säulenflechte) – vgl. S. 356
Cladonia macilenta (Rotfrüchtige Säulenflechte) – vgl. S. 358

Hauptmerkmale: Strauchflechten vom *Cladonia*-Typ mit kleinen grauen Schüppchen/Blättchen auf dem Substrat und vertikalen, hohlen, 0,5–3 cm hohen grauen bis weißlichen Stämmchen; ohne Becher. Stämmchen sorediös.

Unterscheidungsmerkmale: Die Arten lassen sich an der Farbe der Pyknidien und Apothecien (braun oder rot) und an der P-Reaktion unterscheiden. *Cladonia coniocraea*: Stämmchen zugespitzt oder stumpf endend, stift- oder

Cladonia coniocraea (4 cm)

Cladonia macilenta (ca. 2,2 cm)

schlank hornförmig, hell grünlichgrau, am Ende oft mit braunem Punkt (Pyknidie) oder (seltener) Apothecium, mehlig-sorediös, nur an der Basis mit abstehenden Blättchen. Grundständige Blättchen meist zahlreich, klein, graugrün, unterseits weiß, mitunter sorediös. P+ rot. Die ähnliche *Cladonia subulata* (S. 356) lebt auf Mineralböden, wird höher, ist meist verzweigt und hat angedeutete Becher.

Cladonia macilenta: Stämmchen einfach bis oben schwach verzweigt, weiß bis grau, an der Spitze mit punktförmigen roten Pyknidien oder roten Apothecien, feinmehlig sorediös. Grundständige Blättchen klein, unterseits sorediös. K+ gelb, P+ gelborange. Bei der sehr ähnlichen *Cladonia floerkeana* (S. 358) sind die Stämmchen körnig sorediös und ± mit Schüppchen besetzt. Die ebenfalls rotfrüchtige *Cladonia polydactyla* hat fast immer (wenigstens verunstaltete) Becher, die Basalblättchen sind zerschlitzt. Andere rotfrüchtige Cladonien sind gelblichgrün und K–, P–.

Ökologie und Verbreitung: Auf altem Holz, basal an Bäumen, auch auf nährstoffarmen Böden. *Cladonia coniocraea* häufig, oft auch auf schräg stehenden, beregneten Baumstämmen. *Cl. macilenta* ziemlich häufig. In ganz Europa.

Cladonia floerkeana, zum Vergleich (1,8 cm)

Cladonia digitata (Finger-Becherflechte)
Cladonia fimbriata (Trompeten-Becherflechte) - vgl. S. 350
Cladonia squamosa (Schuppige Säulenflechte) - vgl. S. 355

Hauptmerkmale: Strauchflechten vom *Cladonia*-Typ mit grauen bis graugrünen Schüppchen/Blättchen auf dem Substrat und vertikalen, hohlen weißlichen, grauen bis grünlichen Stämmchen, mit deutlichen bis nur angedeuteten Bechern. Stämmchen sorediös.

Unterscheidungsmerkmale: *Cladonia digitata*: Apothecien/Pyknidien rot. Stämmchen oft schlecht entwickelt (horn- bis stiftförmig) oder fehlend, an berindeten (glatten) Stellen grau, sonst weiß und sorediös, sehr vielgestaltig. Becher ziemlich flach, Rand oft mit fingerartigen Fortsätzen. Grundständige Blättchen abgerundet, sehr groß (bis 1 cm), unterseits weiß, randlich sorediös, Basis oft orange. Lager K+ gelb, P+ orange. Charakteristisch sind die großen, am Rand sorediösen Lagerschuppen.

Cladonia fimbriata: Apothecien/Pyknidien braun. Podetien hellgrau bis leicht grünlich, aus relativ langem Stiel ziemlich unvermittelt in pokalförmige, bis 5 mm breite Becher übergehend, Oberfläche durchgehend feinmehlig-sorediös. Grundständige Blättchen klein, oft sehr spärlich. Lager P+ orangerot. Die Podetien von *Cladonia chlorophaea* und *Cladonia pyxidata* (beide S. 350) sind gedrungener (Stiel kurz, Becher relativ breit) und haben keine gänzlich mehlige, sondern mehr körnige bis teilweise warzige oder schollige Oberfläche, zumindest gegen die Basis bzw. in den Bechern.

Cladonia squamosa: Apothecien/Pyknidien braun, klein. Stämmchen 2–5 cm hoch, weißlich, dicht mit kleinen, grauen, graugrünen oder bräunlichen Blättchen besetzt, kaum verbreitert oder trichterartig erweitert, Enden offen. Grundständige Blättchen zahlreich, zerschlitzt, unterseits weiß. Sehr variabel. Durch die offenen Stämmchen ohne abgesetzte Becher und die reiche Beschuppung charakterisiert.

Ökologie und Verbreitung: *Cladonia digitata* auf morschem Holz oder an der Basis von (v. a.) Nadelbäumen; auch auf Rohhumus und humosen Böden (dort meist nur grundständige Blättchen). *Cladonia fimbriata* gewöhnlich auf sandigem Boden und morschem Holz, selten an der Basis von Baumstämmen oder auf schief stehenden Stämmen, oft mit Moosen. *Cladonia squamosa* an der Basis von (meist bemoosten) Baumstämmen oder auf Baumstümpfen; auch auf bemoosten Felsen. Häufige Arten. In Europa weit verbreitet.

Cladonia squamosa (2 cm)

Cladonia digitata (4,2 cm)

Cladonia fimbriata (3,1 cm)

Cladonia cenotea (Haken-Säulenflechte)

Hauptmerkmale: Strauchflechte vom *Cladonia*-Typ mit kleinen grauen Schüppchen/Blättchen auf dem Substrat und vertikalen, hohlen, 2–3 cm hohen grauen bis graubraunen Stämmchen, die sich an den offenen Enden zu angedeuteten Bechern erweitern. Stämmchen unverzweigt oder kaum verzweigt, an der Oberfläche ganz sorediös, am Becherrand sprossend. R–, UV+ weiß.

Unterscheidungsmerkmale: An den feinmehlig sorediösen Podetien zu erkennen, die oben zu mäßig breiten, am Grunde offenen Bechern erweitert sind (beim Hineinschauen von oben kann man in die hohlen Stämmchen blicken). Der Becherrand ist etwas nach innen gebogen, oft sprossend. Apothecien/Pyknidien braun. Durch die offenen Becher und die weiße UV-Reaktion von anderen braunfrüchtigen Cladonien unterschieden. *Cladonia squamosa* (S. 355) hat diese Merkmale auch, die Stämmchen sind aber über und über mit abstehenden Schüppchen oder groben Körnern besetzt.

Ökologie und Verbreitung: In niederschlagsreichen Lagen, auf morschem Holz und auf Baumstümpfen, ziemlich selten. Weit verbreitet in Europa. Boreale Nadelwaldzone, Gebirge Mittel-, selten Südeuropas.

Cladonia cenotea (3,1 cm)

Xylographa parallela (Holzschriftflechte, Holzrune)

Hauptmerkmale: Krustenflechte mit undeutlichem, im Holz verborgenem Lager und länglichen, meist parallel angeordneten braunen bis schwarzen, feucht etwas helleren Apothecien.
Unterscheidungsmerkmale: Gut kenntlich an den linearen, oft parallel angeordneten (der Maserung des Holzes folgend), bis über 2 × 0,3 mm großen Apothecien. Bei Vorkommen auf quer zur Maserung geschnittenem Holz (Hirnschnitte von Stümpfen) sind die Apothecien oft nur elliptisch oder sogar unregelmäßig rundlich.
Ökologie und Verbreitung: Auf zähmorschem, hartem Holz; v.a. an den Flanken entrindeter Nadelbaum-Stümpfe, an liegenden, seltener stehenden, entrindeten Stämmen. Ziemlich selten. Boreale Nadelwaldzone und Gebirge Mittel- bis Südeuropas.

Xylographa parallela (3,3 mm)

Chaenotheca brunneola (Bräunliche Stecknadelflechte)

Hauptmerkmale: Krustenflechte mit stecknadelförmigen, bis 1,5 mm hohen Apothecien mit glänzend schwarzem Stiel und kugeligen braunen Köpfchen. Lager undeutlich oder nicht erkennbar, im Substrat sitzend.

Unterscheidungsmerkmale: Charakterisiert durch die braune Sporenmasse (Mazaedium) auf dem kugeligen Köpfchen und das Fehlen eines deutlichen Lagers (wenn einmal vorhanden, dann mitunter P+ gelblich bis gelblichrötlich); gelegentlich sind die Stiele verzweigt (mehrköpfig). Die Sporen sind kugelig, einzellig, blass bis braun (3,5–4,5 µm). *Chaenotheca ferruginea* (S. 124) hat größere Sporen, kräftigere Apothecien (Köpfchen breit kreiselförmig) und ein deutlich entwickeltes graues Lager mit oft vorhandenen ocker- bis rostfarbenen Flecken. *Chaenotheca trichialis* (S. 124) hat weiß bereifte Köpfchen und ein deutliches graues Lager (P–).

Ökologie und Verbreitung: Auf morschem, meist schon weichem Holz und entrindeten Stämmen (v. a. Nadelbäume), an regengeschützten, schattigen Stellen. Ziemlich selten. In Europa weit verbreitet.

Chaenotheca brunneola (10 mm)

Calicium tigillare (Balken-Kelchflechte) (*Cyphelium tigillare*)

Hauptmerkmale: Krustenflechte mit auffallend grüngelbem bis zitronengelbem warzigem Lager und in die Lagerwarzen eingesenkten schwarzen Apothecien mit auf der Scheibe liegender Sporenmasse (Mazaedium).

Unterscheidungsmerkmale: Gut kenntlich an den eingesenkten, wie vom Lager berandeten schwarzen, bis 0,8 mm breiten Apothecien. Sporen 2-zellig, in der Mitte eingeschnürt, glatt, braun. Bei dem in den Alpen auf der Borke von Nadelbäumen vorkommenden *Calicium lucidum* sitzen die bis 1 mm großen Apothecien dem gelben Lager auf und haben einen gelb bereiften Rand.

Ökologie und Verbreitung: In niederschlagsreichen, kühlen Berglagen nahe der Waldgrenze, auf Holz (Bretterzäune, Heustadel, entrindete Nadelbäume). Selten. In der borealen Nadelwaldzone und in hohen Gebirgen des übrigen Europa, sehr selten in tieferen Lagen.

Calicium tigillare (8,0 mm)

Lecanora varia (Veränderliche Kuchenflechte)

Hauptmerkmale: Krustenflechte mit deutlich entwickeltem gelblichem, blass gelblichgrünem, blass graugrünlichem Lager und großen Apothecien (0,6–1,5 mm) mit vorstehendem, oft verbogenem Lagerrand und leicht konkaver bis flacher, gelblicher, olivgelber, gelbbrauner bis mittelbrauner Scheibe. Lager P+ gelb.

Unterscheidungsmerkmale: Recht gut kenntliche Art. Charakteristisch sind das deutlich entwickelte, warzige (bis körnige), gelbliche bis blassgrünliche Lager und recht variabel gefärbte lecanorine Apothecien. Die konkave bis flache Scheibe kann beige, blassgrünlich bis bräunlich, missfarben oliv bis schmutzig braun sein. Typisch ist ferner ein im Alter welliger, oft etwas über die Scheibe gebogener Rand, der wie das Lager deutlich P+ gelb ist. Von anderen Lecanoren durch den Gelbton im Lager und die Apotheciengröße unterschieden. *Lecanora conizaeoides* (S. 112) ist meist sorediös und P+ rot. *Lecanora symmicta* (S. 60) hat gewölbte, bald randlose Scheiben und ist P–. *Lecanora saligna* (S. 59) hat kleinere Apothecien (bis 0,7 mm) und ist P–. *Lecanora mughicola* ähnelt einer kleinen *L. varia,* hat aber schwärzliche Scheiben (siehe Foto unten).

Ökologie und Verbreitung: Auf zähem, hartem Holz (entrindete Stümpfe, Bretter, Pfähle) und saurer, glatter Rinde von Laub-, seltener Nadelbäumen, an lichten, beregneten Standorten. Selten. In Europa weit verbreitet.

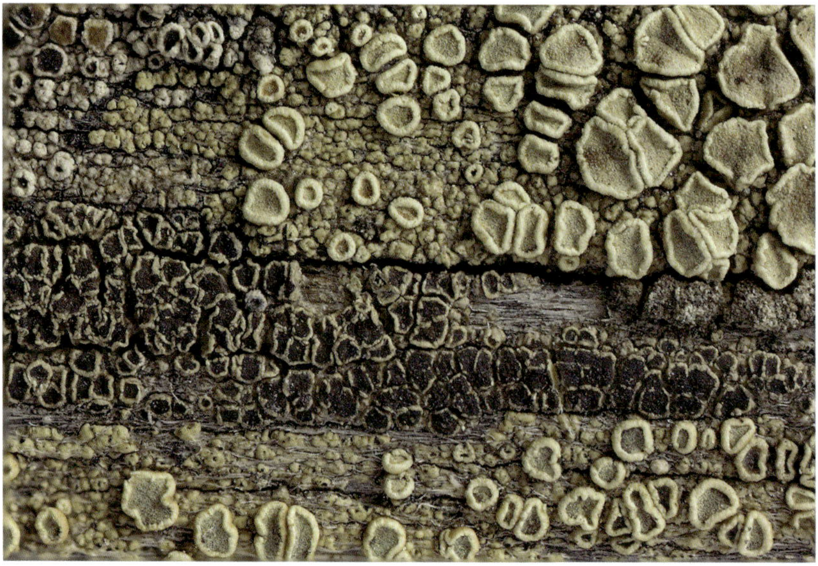

Lecanora varia; mit *L. mughicola* (schwarze Scheiben) (1,1 cm)

Lecanora saligna var. sarcopsis, zum Vergleich (9,5 mm)

Lecanora conizaeoides, zum Vergleich (oberes Apothecium P+ rot) (6,8 mm)

Lecanora symmicta, zum Vergleich (7,5 mm)

Micarea denigrata (Geschwärzte Krümelflechte)

Hauptmerkmale: Krustenflechte mit hell- bis dunkel- oder grünlichgrauem warzigem Lager mit mehr oder weniger zahlreichen schwarzen oder grauen Pyknidien, aus denen oft die weißliche Pyknosporenmasse als Pfropf austritt. Apothecien mäßig häufig, dunkelgrau bis meist schwarz, gewölbt, randlos, 0,2–0,5 mm breit.
Unterscheidungsmerkmale: Charakteristisch sind in der Regel die zahlreich vorhandenen eingesenkten bis etwas vortretenden, bis 0,15 mm breiten Pyknidien, die erst durch die oft austretende weiße Pyknosporenmasse auffallen. Lager P–, C± rosa bis orangerot, ebenso der Apothecienschnitt (Quetschpräparat genügt). Sporen (1–)2-zellig. Von ähnlichen *Micarea*-Arten in der Regel durch die weiße Spitze der Pyknidien zu unterscheiden. *Micarea nitschkeana* und *Micarea lignaria* (S. 371) haben auch schwarze Apothecien, aber 4-zellige Sporen, letztere ist P+ rot.
Ökologie und Verbreitung: An lichtreichen Standorten, auf alten Holzpfählen, Brettern, zähmorschem, oberflächlich noch hartem Holz, selten auf saurer Rinde von Nadelbäumen. Mäßig häufig. In ganz Europa.

Micarea denigrata (2,7 mm)

Placynthiella icmalea (Korallen-Schwarzscheibenflechte) – vgl. S. 373

Hauptmerkmale: Krustenflechte mit aus feinen Körnchen bestehendem, hellbraunem bis schwarzbraunem (im Tiefschatten sowie in feuchtem Zustand deutlich grünlichem) Lager und mit lange Zeit flachen, deutlich berandeten Apothecien mit rot- bis schwarzbrauner Scheibe. Lager C+ rot, KC+ rot (anschaben!).

Unterscheidungsmerkmale: Die charakteristischen Lagerkörnchen sind meist länglich und isidienartig zugespitzt bis koralloid, oft glänzend, bis 0,15 mm groß. Apothecien nicht selten fehlend, 0,2–0,6 mm. Der Apothecienrand ist oft heller als die Scheibe, kann im Alter verschwinden. Sporen 1-zellig. Bei *Placynthiella dasaea* brechen die koralloiden Körnchen sorediös auf, so dass sich auf dem Lager bräunliche bis grünliche sorediöse Flächen bilden (Reaktionen wie bei *P. icmalea*). Bei *Placynthiella uliginosa* (S. 373) sind die Körnchen noch kleiner (bis 0,1 mm), kugelig, sie stehen häufig viel lockerer und werden in feuchtem Zustand gelatinös. *Bacidina*-Arten (wie *B. sulphurella*; S. 140) haben ein ähnlich körnig-koralloides, aber grünes Lager, bilden meist weiße punktartige Pyknidien aus und sind C–. *Micarea*-Arten können ähnlich aussehen, die Apothecien sind aber stets randlos.

Ökologie und Verbreitung: Auf Stümpfen, Pfosten etc., oft auf Hirnschnitten, auch am Stamm/an der Basis von Bäumen mit saurer Rinde. Häufig, verbreitet.

Placynthiella icmalea (5 mm)

Trapeliopsis flexuosa (Holz-Trapelie)

Hauptmerkmale: Krustenflechte mit bläulich- bis grünlichgrauem, aus über 0,1 mm großen warzigen bis körnig-warzigen Areolen bestehendem, stellenweise sorediösem Lager. Sorale erst getrennt (bis 0,4 mm), später zusammenfließend, mehlig bis feinkörnig, lagerfarben, aber meist dunkler. Apothecien recht selten, dunkel grüngrau bis grünschwarz, flach, berandet, bis 0,7 mm. C+/KC+ rot.

Unterscheidungsmerkmale: Durch die dunkel bläulichgrauen bis grüngrauen Sorale düster aussehende Flechte, die zu den häufigsten Krustenflechten gehört und vielfach mit *Placynthiella icmalea* vergesellschaftet ist. In feuchtem Zustand verfärbt sich die Kruste deutlich nach graugrün. Die Art kann eventuell (helle Exemplare) mit *Trapeliopsis granulosa* (S. 372) verwechselt werden, die einen ähnlich strukturierten sorediösen, C+ roten, aber hellgrauen bis rosagrauen Thallus besitzt; diese Art kommt aber auf Erdboden und (nur selten) auf stärker morschem, aufgebrochenem Holz vor.

Ökologie und Verbreitung: Auf Holz, an Pfählen, Brettern, Stümpfen, an Nadelbaumrinde, auch an trockenen Standorten. Regelmäßiger Pionier auf den Hirnschnitten von Stümpfen. Häufig. In ganz Europa.

Trapeliopsis flexuosa (3,5 mm)

9.6 Flechten auf künstlichen Substraten (z. B. Mauern, Dächern, Grabsteinen)

1 Lager oder / und Apothecien gelb bis orange 2
1* Lager bzw. Apothecien nicht gelb bis orange 11

2 Lager bzw. Apothecien K+ rasch und deutlich rot 3
2* Lager nicht K+ rasch und deutlich rot 10

3 Lager ± rosettig wachsend, zumindest am Rand gelappt 4
3* Lager nicht rosettig wachsend, nicht gelappt 6

4 Lager tief geteilt, aus langgestreckten, getrennten, schmalen, gewölbten Lappen, orange bis orangerot, oft im Zentrum mit gleich gefärbten Apothecien .... *Rusavskia elegans* (S. 200)
4* Lager nicht tief geteilt und aus durchgehend getrennten Lappen, sondern nur am Rand aus schmalen zusammenschließenden Läppchen, durchgehend flächig mit dem Substrat verwachsen 5

5 Mit Soralen .... *Calogaya decipiens* (S. 201)
5* Ohne Sorale, mit Apothecien .... *Calogaya pusilla* (S. 298)

6 Apothecien mit deutlich entwickeltem grauem Lagerrand und areoliertem bleigrauem Lager .... *Caloplaca chlorina* (S. 202)
6* Apothecien nicht mit deutlichem grauem Lagerrand. Lager gelb, orange oder undeutlich 7

7 Lager sorediös aufgelöst oder mit begrenzten Soralen .... *Flavoplaca citrina, F. flavocitrina* (S. 203)
7* Lager nicht sorediös, mit Apothecien 8

8 Lager weitgehend undeutlich, nicht gelb. Apothecien klein, bis 0,5(–0,7) mm breit, orange, gelborange, braunorange .... *Flavoplaca oasis* (S. 204)
.... (wenn Apothecien gelb, zahlreich, bis 1 mm, Sporen mit dünner Scheidewand siehe *Xanthocarpia crenulatella*, S. 309)
8* Lager hellgelb bis orange, deutlich. Apothecien über 0,5 mm. 9

9 Lager hellgelb bis blass gelbgrünlich, Apothecienrand gelb, Scheibe orangebraun, orange, farblich deutlich zum Rand kontrastierend .... *Gyalolechia flavovirescens* (S. 205)
9* Lager orange bis orangegelb. Apothecienrand orangegelb bis orange, gleichfarben oder dunkler als die Scheibe .... *Variospora dolomiticola* (S. 206)

10 Lager am Rand deutlich gelappt, rosettig wachsend .... *Candelariella medians* (S. 207)
10* Lager am Rand nicht gelappt .... *Candelariella aurella, C. vitellina* (S. 208)

11 Lager schwärzlich bis braunschwarz, mit muschelähnlichen, am Rand aufgebogenen Läppchen, angefeuchtet geschmeidig gallertig (Gallertflechte) .... *Blennothallia crispa* (S. 212)
11* Lager nicht schwärzlich, keine Gallertflechte 12

12 Blattflechten. Lager aus schmalen grauen, verlängerten Lappen mit Soralen auf den Lappen oder an den Lappenenden .... *Physcia dubia, Ph. caesia* (S. 210)
12* Krustenflechten 13

13 Lager mit Soralen oder flächig sorediös, grauweiß bis grau 14
13* Lager ohne Sorale 16

14 Lager ohne Randlappen, grauweiß, K+ gelb. Sorale graublau bis grau .... *Lecanora pannonica* (S. 213)
14* Lager rundlich-rosettig, am Rand in der Regel wenigstens angedeutet gelappt (Lupe!) 15

15 Lager K+ gelb, mit deutlich enwickelten, flachen zusammenschließenden Lappen, mit Flecksoralen .... *Diploicia canescens* (S. 214)
15* Lager K–, flächig sorediös aufgelöst, nur am äußersten Rand mit angedeuteten schmalen Läppchen .... *Kuettlingeria teicholyta* (S. 215)

16 Lager braun bis rotbraun und Apothecienscheibe braun bis rotbraun, flach bis konkav, ins areolierte bis schuppige Lager eingesenkt .... *Acarospora fuscata, A. praeruptorum* (S. 216)
16* Mit anderen Merkmalen, wenn Lager braun, dann Apothecien schwarz (aber mitunter bereift) 17

17 Zumindest die Scheibe der Apothecien schwarz bis tiefbraun, mitunter bereift (nach Anfeuchten dunkel) 18
17* Apothecien heller 26

18 Rand der Apothecien wie das Lager gefärbt 19
18* Rand der Apothecien nicht wie das Lager gefärbt 21

19 Scheibe kraterartig ins Lager eingesenkt. Lager grünlichgrau bis grau, K- .... *Circinaria contorta* (S. 320)
19* Scheibe nicht kraterartig eingesenkt 20

20 Scheibe glänzend tiefschwarz .... *Tephromela atra* (S. 275)
20* Scheibe schwarzbraun, dunkelbraun .... *Lecanora campestris* (S. 223)

21 Fruchtkörper kraterartig (vertieft) ins Lager eingesenkt .... *Circinaria contorta* (S. 320)
21* Fruchtkörper anders 22

22 Lager hellbraun, rotbraun, braun, dunkelbraun 23
22* Lager anders gefärbt 24

23 Fruchtkörper mit gewölbtem Scheitel aus dem Lager vortretend, randlos, sichtbarer Teil 0,2–0,3 mm breit. Lager braun bis dunkelbraun, R–, gewöhnlich auf kalkhaltigen Substraten .... *Verrucaria nigrescens, V. macrostoma* (S. 217)

23* Fruchtkörper flach bis gewölbt, zumindest anfangs berandet, 0,5–2 mm breit, mattschwarz, mitunter leicht bereift. Lager braungrau, braun, rotbraun, C+ rosa (Reaktion mitunter schwer erkennbar, mit KC deutlicher, Lager zum Prüfen anschneiden) .. *Lecidea fuscoatra* s. lat. (S. 279)

24 Apothecien in der Regel bereift, meist bald gewölbt, bis 0,8 mm, anfangs oft auch mit angedeutetem Lagerrand. Lager grauweiß, uneben bis areoliert .... *Diplotomma alboatrum* (S. 220)

24* Apothecien nicht bereift, lange Zeit oder dauernd ± flach. Lager K–, K+ gelb oder K+ rot 25

25 Lager aus kleinen flachen Areolen auf schwarzem Vorlager, meist klein, K+ gelb, dann gewöhnlich rot. Apothecien eingesenkt, bis 0,5 mm .... *Buellia aethalea* (S. 274)

25* Lager nicht auf schwarzem Vorlager, K– oder K+ gelb. Apothecien über das Lager ragend .... *Lecidella carpathica, L. stigmatea, Catillaria chalybeia* (S. 218)

26 Lager am Rand deutlich gelappt, meist rosettig wachsend, blassgrünlich, grünlichweiß, oft groß, bis 10 cm. Lappen schmal, zusammenschließend. Apothecien angedrückt sitzend, flach, braun, gelbbraun, schmutzig braun .... *Protoparmeliopsis muralis* (S. 222)

26* Lager nicht gelappt oder nur angedeutet gelappt 27

27 Lager bzw. Lagerrand der Apothecien blassgrünlich bis gelbgrün, Apothecien deutlich berandet, Scheibe blassgelblich, gelblich-beige, gelbgrünlich, hellbraun (wenn ohne erkennbares Lager, Scheibe hellgelblichgrün, oliv, hellbraun, hellrötlichbraun, siehe *Polyozosia dispersa*-Gruppe) .... *Lecanora polytropa* (S. 264)

27* Lager nicht blassgrünlich bis gelbgrün 28

28 Lager undeutlich entwickelt, Apothecien braun, rotbraun, gelbbraun, weiß (seltener gelblich) berandet, Rand oft leicht gekerbt .... *Polyozosia dispersa* (S. 221)

28* Lager entwickelt, weißlich, grauweiß 29

29 Apothecienscheibe beige, gelbbraun, hellbraun bis oliv, braun, oft bereift. Lager meist nur bis 1,5 cm im Durchmesser, rundlich, dicht gedrängt mit Apothecien besetzt, dadurch dicklich wirkend. Lager weißlich, am Rand mitunter aus vergrößerten Areolen, K– .... *Polyozosia albescens* (S. 221)

29* Apothecienscheibe dunkelbraun, dunkel rotbraun, braunschwarz. Lager oft ausgedehnt, bis über 10 cm, grauweiß, uneben, K+ gelb. Apothecien zahlreich, aber meist nicht dicht gedrängt .... *Lecanora campestris* (S. 223)

Rusavskia elegans (Zierliche Gelbflechte) (*Xanthoria elegans*)

Hauptmerkmale: Lager orangerot, gelb- bis braunorange, rosettig wachsend, aus schmalen, getrennten bis etwas überlappenden, gewölbten Abschnitten, oft mit lecanorinen Apothecien. Scheibe von gleicher Farbe wie das Lager oder etwas dunkler. Lappen bis um 1 mm breit. Lager meist bis ca. 4 cm breit. K+ tiefrot.

Unterscheidungsmerkmale: An der orangefarbenen bis orangeroten Färbung, den schmalen gewölbten, unterseits hellen, an einzelnen Stellen festgewachsenen Lappen und am Vorkommen auf kalkhaltigem Gestein gut kenntliche Art. *Xanthoria parietina* (S. 34 und 289) und *Xanthoria calcicola* (S. 289) werden viel größer und haben breitere, flache, zusammenschließende bis überlappende Lappen, erstere ist meist gelb bis orangegelb (Apothecien orange), letztere gelb bis tieforange und hat in der Mitte eine sehr unebene, warzig-knotige Oberfläche (Apothecien selten). *Variospora*- und *Calogaya*-Arten haben am Rand dicht zusammenschließende Lappen, die unterseits nicht an einzelnen Haftstellen, sondern flächig mit der Unterlage verwachsen sind.

Ökologie und Verbreitung: Besonders auf Kunststein (Beton, Waschbeton, Terrazzo, Asbestzement etc.), ferner an gedüngten Kuppen von Kalkfelsen sowie an Steilflächen und unter Überhängen von Felsen aus Kalk und leicht kalkhaltigem Silikatgestein. An lichtreichen Standorten verbreitet. In ganz Europa.

Rusavskia elegans (1,7 cm)

Calogaya decipiens (Trügerischer Schönfleck) - vgl. S. 300 (*Caloplaca decipiens*)

Hauptmerkmale: Gelbe bis orangegelbe, oft bereifte, rosettig wachsende Krustenflechte mit gelapptem Rand, mit gelben Soralen, nur sehr selten mit Apothecien. Randlappen sehr schmal, an den Enden um 1 mm breit. Lager gewöhnlich bis 2,5 (–3) cm. K+ tiefrot.

Unterscheidungsmerkmale: Es gibt nur wenige gelappte Arten in der ehemaligen Großgattung *Caloplaca*, die sorediös sind. Nur *Calogaya decipiens* ist von ihnen auf vom Menschen geschaffenen Substraten öfter zu finden, die ähnliche *Leproplaca cirrochroa* (S. 300) fast nie; diese hat zitronengelbe fleckförmige Sorale, die sich farblich auffallend vom übrigen orangegelben bis orangefarbenen Lager abheben und auf der Fläche der kleinen Lappen/Areolen entstehen, während die Sorale von *C. decipiens* nicht viel heller sind als der Thallus und (bei genauer Analyse) nicht auf der Fläche, sondern am Rande oder an den Enden von Läppchen entstehen und lippenförmig bis fast kopfig gestaltet sind.

Ökologie und Verbreitung: An ziemlich bis sehr nährstoffreichen Standorten, oft an staubigen Mauern, neben Misthaufen, an lichtreichen Standorten. *Calogaya decipiens* war vor allem in Süddeutschland eine häufige Flechte, ist aber durch Dorfsanierungen (z. B. Abnahme von Misthaufen mit ihren gedüngten Betoneinfassungen) stark zurückgegangen. Von der mediterranen bis in die gemäßigte Zone verbreitet, in Nordeuropa fehlend.

Calogaya decipiens (1,6 cm)

Caloplaca chlorina (Blaugrüner Schönfleck)

Hauptmerkmale: Krustenflechte mit areoliertem, bleigrauem bis dunkel bläulichgrauem Lager und sitzenden Apothecien mit flacher orangegelber bis orangen- bis ockerfarbener Scheibe und deutlichem Lagerrand. Scheibe K+ tiefrot. Areolen an den Rändern, stellenweise auch auf die Fläche übergreifend, körnig isidiös-sorediös, mitunter das ganze Lager körnig aufgelöst erscheinend, K+ leicht violett, C–, P–.
Unterscheidungsmerkmale: Es gibt nur recht wenige gesteinsbewohnende Arten mit orangenfarbener Scheibe und grauem Lagerrand, davon ist nur *C. chlorina* einigermaßen häufig. Die ähnlich aussehende *Caloplaca cerina* (S. 92) findet sich hauptsächlich an Bäumen.
Ökologie und Verbreitung: An nährstoffreichen Stellen von Mauern, meist auf vermauertem Silikatgestein, selten an natürlichen Standorten (dann auf basischem Silikatgestein), an besonnten bis halbschattigen Flächen. Auch auf eutrophierte Borke übergehend. Ziemlich selten. In Europa weit verbreitet.

Caloplaca chlorina (ca. 5 mm)

Flavoplaca citrina (Zitronen-Schönfleck)
Flavoplaca flavocitrina (Zitronengelber Schönfleck)
(*Caloplaca citrina, C. flavocitrina*)

Flavoplaca citrina (ca. 2,5 cm)

Hauptmerkmale: Grünlichgelbe bis gelbe, sorediös aufbrechende, körnige bis areolierte Krustenflechten ohne vergrößerte Randareolen. Apothecien mit Lagerrand und gelborangefarbener Scheibe. K+ rot. An nährstoffreichen Stellen auf Kalk-, seltener Silikatgestein.

Unterscheidungsmerkmale: Die beiden Arten gehören zu einer schwierigen Gruppe mit mehreren Arten. Sie sind die häufigsten Vertreter.

Flavoplaca citrina: Lager mehr oder weniger gleichmäßig körnig-sorediös, kann, wenn es sehr kräftig und dick entwickelt ist, grob rissig areoliert sein; Apothecien bis 1,5 mm, Rand oft sorediös.

Flavoplaca flavocitrina: Lager aus (Lupe!) deutlich entwickelten flachen bis unebenen Areolen, die randlich zu Soralen aufbrechen, nicht einheitlich körnig sorediös. Apothecien meist bis 0,8 mm, Rand gewöhnlich nicht sorediös.

Ökologie und Verbreitung: *Flavoplaca citrina* vor allem an der Basis und an Vertikalflächen von Mauern, oft im Urinierbereich von Hunden, oft an schwach vom Regen erreichten Stellen; *Flavoplaca flavocitrina* an weniger stark eutrophierten Stellen, oft mehr an Schräg- und Horizontalflächen, meist an beregneten Flächen. Häufig. In ganz Europa.

Flavoplaca flavocitrina (4,5 mm)

Flavoplaca oasis (Beton-Schönfleck) (*Caloplaca oasis*)

Hauptmerkmale: Krustenflechte mit kleinen, bis 0,6 mm großen orange, gelborange bis orangebraun gefärbten Apothecien und undeutlichem bis fehlendem Lager. Apothecien berandet, K+ rot. Rand wie die Scheibe oder etwas heller gefärbt.

Unterscheidungsmerkmale: Unter den zahlreichen Arten der Gattung *Caloplaca* im weiten Sinn ist *Flavoplaca oasis* eine der häufigsten und eine der wenigen, die regelmäßig auf kalkhaltigen anthropogenen Substraten zu finden sind, besonders auf Beton. Eine Bestimmung ohne Vergleich mit anderen Arten bleibt ohne eingehende mikroskopische Untersuchung zwar etwas unsicher, auf künstlichem Substrat kommt aber kaum eine andere Art infrage, wenn auf die Farbe (orange, nicht gelb!), die Größe der Apothecien und das undeutliche bis fehlende Lager geachtet wird.

Ökologie und Verbreitung: Weit verbreitet und häufig, besonders auf Beton und Mörtel, oft zusammen mit *Candelariella aurella*. In ganz Europa.

Flavoplaca oasis; mit *Candelariella aurella* (links, gelb) und *Polyozosia dispersa* (5,3 mm)

Gyalolechia flavovirescens (Gelbgrüner Schönfleck) (*Caloplaca flavovirescens*)

Hauptmerkmale: Krustenflechte mit hellgelbem, graugelbem bis blass grüngelbem areoliertem Lager und farblich deutlich kontrastierenden Apothecien mit orangebrauner bis braunorangefarbener Scheibe und gelbem Lagerrand.

Unterscheidungsmerkmale: Es gibt zahlreiche, zum Teil schwer zu unterscheidende Arten innerhalb der „alten" Großgattung *Caloplaca* auch auf anthropogenen Substraten. *Gyalolechia flavovirescens* gehört dabei zu den selteneren Flechten, ist aber eine der besser zu erkennenden Arten. Typisch ist der „dreifarbige" Aspekt: Das Lager ist meist blassgelb bis graugelb gefärbt, der Lagerrand der Apothecien oft intensiver gelb, ohne Orangeton, die Apothecienscheiben kräftig orange, orangebraun bis braunorange, der Eigenrand oft etwas heller. Die Apothecien sind ziemlich groß, meist über 0,6 mm breit. Auch der Standort ist typisch (und daher die Art recht selten): Die Art zieht schwach kalkhaltige Gesteine vor. Sowohl kalkfreie als auch kalkreiche Substrate werden gemieden. *Xanthocarpia crenulatella* hat rein gelbe, berandete Apothecien, das Lager ist gelb, aber meist undeutlich, die Sporen haben ein dünnes Septum, *Gyalolechia flavovirescens* ein dickes.

Ökologie und Verbreitung: Auf kalkhaltigem, aber nicht kalkreichem Substrat, vor allem an vermörteltem Silikatgestein an Mauern; naturnahe Standorte sind Felsen aus kalkhaltigem Silikatgestein und entkalkten Karbonatgesteinen, oft Dolomit, Sandgesteine. Selten. In ganz Europa.

Gyalolechia flavovirescens (1,3 cm)

Variospora dolomiticola (Dolomit-Schönfleck) (*Caloplaca dolomiticola*)

Hauptmerkmale: Lager tiefgelb bis orangegelb, kräftig entwickelt bis dünn, areoliert bis rissig, sehr variabel. Areolen bis 2 mm, mit unebener, gegliederter Oberfläche (oft durch Schnecken abgefressen und „geglättet"). Apothecien sitzend bis ziemlich eingesenkt, orange, flach bis leicht gewölbt, mit gleichfarbenem oder hellerem Rand. Sporenseptum dick, über ¼ der Sporenlänge. Alle Teile K+ rot.

Unterscheidungsmermale: Schwierig zu umgrenzende Art. *Gyalolechia flavovirescens* hat ein dünnes hellgelbes bis zitronengelbes Lager. Das Lager von *Flavoplaca oasis* ist kaum erkennbar, grau. Vorsicht: Die Artengruppe um *V. dolomiticola* ist schwierig und erfordert weitgehende Kenntnisse.

Ökologie und Verbreitung: An lichtreichen Standorten auf Kalkgesteinen und auf anthropogenen Substraten, wie nährstoffreiche Mauerkronen. In Europa vom Mittelmeergebiet bis in die gemäßigte Zone, im nördlichen Mitteleuropa schon selten.

Variospora dolomiticola (ca. 2 cm)

Candelariella medians (Gelappte Dotterflechte)

Hauptmerkmale: Rosettig wachsende, am Rand gelappte, hellgelbe Krustenflechte, gegen die Mitte körnig bis körnig isidiös, fast stets ohne Apothecien. Lager bis um 3 cm, matt, mit etwas rauer Oberfläche (Lupe), Randlappen langgestreckt, bis um 1 mm breit, dicht zusammenschließend, flach bis gewölbt. R–.

Unterscheidungsmerkmale: Die Art hat ganz den Habitus von gelappten Arten der früheren Großgattung *Caloplaca*, z. B. *Calogaya*-Arten, wie *C. decipiens*, ist aber K–, nicht K+ blutrot; mit Hilfe der K-Reaktion leicht eindeutig bestimmbar, da die anderen *Candelariella*-Arten nicht gelappt sind. Der Orangeton vieler *Calogaya- oder Variospora*-Arten fehlt völlig.

Ökologie und Verbreitung: An warmen, besonnten, sehr nährstoffreichen Standorten auf Kalkgesteinen und kalkhaltigem Kunststein (Mörtel, Beton etc.), besonders am Fuß von staubimprägnierten oder gedüngten Mauern; an naturnahen Standorten (Vogelsitzplatz-Felsen) selten. Südliche Art, vom Mediterrangebiet bis in wärmere Lagen Mitteleuropas.

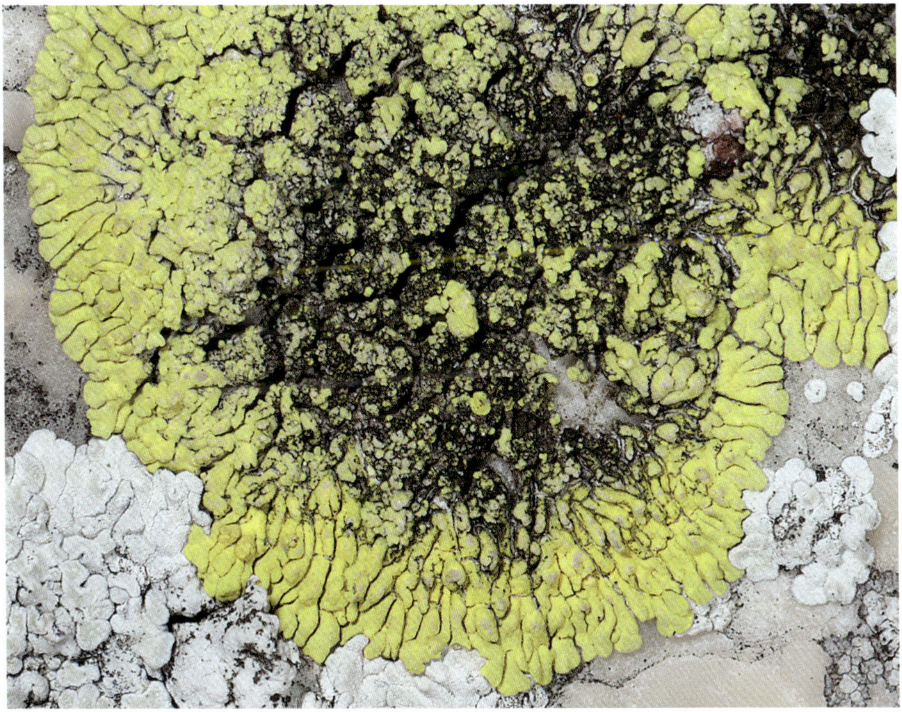

Candelariella medians (ca. 1,5 cm). Die Schwärzung ist durch einen flechtenbewohnenden Pilz verursacht.

Candelariella aurella (Goldfarbene Dotterflechte) *Candelariella vitellina* (Gewöhnliche Dotterflechte)

Hauptmerkmale: Krustenflechten. Apothecien mit gelbem Rand und gelber, schmutzig gelber, bräunlichgelber Scheibe, bis 1,5 mm. Lager undeutlich oder körnig bis areoliert, gelb, grüngelb, bräunlichgelb, selten orangebräunlich, K–, C–, P–.

Unterscheidungsmerkmale: *Candelariella aurella*: Auf kalkhaltigen Gesteinen, vor allem auf anthropogenen Substraten, wie Mauern, Waschbeton, selten auch an Holz und staubimprägnierten Stämmen wachsend. Apothecien bis 1(–1,2) mm, Scheibe hellgelb, grünlichgelb, schmutzig gelb, grünstichig gelb, seltener goldgelb. Lager oft undeutlich, seltener deutlich und körnig, gelb.

Candelariella vitellina: Auf kalkfreiem Gestein. Apothecien bis 1,5 mm, Scheibe gelb, schmutzig gelb, braungelb. Lager undeutlich bis kräftig entwickelt, körnig, warzig bis areoliert.

Die Unterscheidung gelingt in den meisten Fällen schon über die ökologischen Verhältnisse. Auf Kunststein, Mörtel, Kalkstein handelt es sich um *C. aurella*, auf Silikatgestein, wie Grabsteinen, Denkmälern oder Mauerkronen aus Granit, Porphyr, Basalt und Ähnlichem, um *C. vitellina*, auch auf natürlichen Felsen und Blöcken sowie Trockenmauern (ohne Mörtel) aus Silikatgestein. Schwierigkeiten kann es bei vermörteltem Silikatgestein oder leicht kalkhaltigen Gesteinen geben, deren intermediäre

Candelariella aurella (ca. 2,2 cm)

oder variable Eigenschaften beiden Arten ein Fortkommen erlaubt; hier hilft sehr der Charakter der unmittelbar begleitenden Flechtenflora (Kap. 9.7 bzw. 9.8). *Candelariella vitellina* hat größere, intensiver gelb gefärbte Apothecien und vielfach ein gut entwickeltes, areoliertes Lager, *C. aurella* eher hellgelbe bis schmutzig hellgelbe Apothecien und allenfalls ein körniges Lager, das oft auf schwarzem Vorlager sitzt. Im Zweifelsfall muss mikroskopiert werden (*C. vitellina* hat 12–16 Sporen in den Asci, *C. aurella* 8 Sporen).

Die *Candelariella*-Arten haben habituell etliche Doppelgänger in der Gattung *Caloplaca* im weiten Sinn; diese haben ähnlich gefärbte Apothecien, die aber mit K sofort blutrot reagieren, während bei *Candelariella* sich allenfalls allmählich eine schwach rötliche Färbung einstellt.

Ökologie und Verbreitung: *Candelariella aurella* auf kalkhaltigen, *C. vitellina* auf kalkfreien Gesteinen, beide an lichtreichen, nicht zu nährstoffarmen Standorten. Ziemlich häufig. In ganz Europa.

Candelariella vitellina (ca. 2,5 cm)

Physcia dubia (Unsichere Schwielenflechte) *Physcia caesia* (Blaugraue Schwielenflechte)

Hauptmerkmale: Graue Blattflechten mit langgestreckten, schmalen, ± getrennten Lappen und Soralen. Sorale entweder lippenförmig an den Lappenenden oder halbkugelig bis fast kugelig auf der Oberseite, seltener am Rand, grauweiß bis blaugrau. Oberseite K+ gelb, grünlichgelb, Unterseite weißlich, mit zerstreuten Rhizinen. Lager meist bis 3 cm, gelegentlich bis 5 cm im Durchmesser, Lappen bis etwa 1,2 mm breit.

Unterscheidungsmerkmale: *Physcia dubia* hat helle Lippensorale an den etwas aufgebogenen Enden der Lappen, die Oberseite ist grau, nicht oder nur sehr schwach weißlich gefleckt; bei *Physcia caesia* ist die Oberseite grauweiß bis blaustichig hellgrau, mit zahlreichen weißlichen Flecken bzw. Punkten versehen (Lupe). Die Sorale sind bei *Ph. caesia* flächenständig, kopfig bis fast kugelig, grauweiß bis blaugrau, manchmal stehen sie auch an den Enden kur-

Physcia dubia (3,7 cm)

zer Lappen. Das Mark von *Physcia caesia* reagiert mit K+ gelb, das von *Ph. dubia* negativ (am besten von der Unterseite her das Mark mit Rasierklinge anschneiden und prüfen, dann stört die in beiden Fällen positive Reaktion der Rinde weniger).

Ökologie und Verbreitung: Vor allem an nährstoffreichen Horizontalflächen, auf Mauern, Grabsteinen etc., an Vogelsitzplätzen, im Tropfwasserbereich von Bäumen, selten auf Baumrinde. Mäßig häufig. In ganz Europa.

Physcia caesia (oben 1,8 cm, unten in feuchtem Zustand, 3 cm)

Blennothallia crispa (Krause Leimflechte) (*Collema crispum*)

Hauptmerkmale: Schwärzliche bis braunschwärzliche, in feuchtem Zustand quellende und oft einen oliven Farbstich annehmende Blattflechte mit tief geteilten Lagern und zahlreichen ohr- bis muschelförmigen, dachziegelig überlappenden, an den Rändern aufgebogenen Läppchen. Lager oft zu größeren Sammellagern zusammenwachsend. Apothecien treten selten auf, kugelige bis rasch flächig-schuppige Isidien oft vorhanden.

Unterscheidungsmerkmale: Unter den Gallertflechten ist diese Art an den rundlichen, muschelförmigen, am Rand aufgebogenen, oft dachziegelig überlappenden Läppchen zu erkennen, wodurch sie sich von dem ebenfalls nicht seltenen *Enchylium tenax* (S. 328) unterscheidet. An Mauern kann auch *Lathagrium fuscovirens* (S. 293) vorkommen, die aber breit gerundete, ± dicht isidiöse Lappen und keine muscheligen Läppchen besitzt.

Ökologie und Verbreitung: An schattigen bis halbschattigen oder etwas feuchten Mauern. Mittel- und Südeuropa, im Norden etwa bis zur Grenze des Laubwaldgebietes.

Blennothallia crispa, in feuchtem Zustand (1,3 cm)

Lecanora pannonica (Pannonische Kuchenflechte)

Hauptmerkmale: Lager krustig, weißlich, uneben bis warzig areoliert, mit getrennten bis stellenweise zusammenfließenden grauen bis fast blauen Soralen, K+ gelb, C–, P–, in der Regel steril, fast stets an Vertikalflächen.

Unterscheidungsmerkmale: Diese Flechte findet man fast nur an vom Menschen geschaffenen Substraten, und zwar auf Naturstein (oft Sandstein) an Gebäudemauern und an Grabsteinen. An solchen Orten kommt auch *Tephromela grumosa* vor, die ebenfalls weißliche Lager und graue Sorale besitzt, doch bildet sich bei dieser Art eine graue bis blaugraue sorediöse Fläche, die das Lager bis auf einen relativ schmalen nichtsorediösen Randteil durchgehend bedeckt, während die Sorale von *L. pannonica* überwiegend getrennt bleiben oder nur zu kleinen Gruppen zusammenfließen. Typisch ist für *L. pannonica* ein kräftiges, areoliertes Lager mit warzig-unebener Oberfläche.

Ökologie und Verbreitung: Ziemlich selten, am häufigsten an alten Grabsteinen. Mediterranes bis gemäßigtes Europa.

Lecanora pannonica (1,2 cm)

Diploicia canescens (Graue Burgenflechte)

Hauptmerkmale: Krustiges, dicht angepresstes, grauweißes bis hellgraues, rosettig wachsendes Lager mit flachen, wie geplätteten Randlappen, innen rissig areoliert, mit länglichen, auch zusammenfließenden, blassgrünlichen bis grünlichgrauen Soralen. Apothecien in Zentraleuropa sehr selten (v. a. in Küstennähe), schwarz, anfangs berandet. Lappen um 0,6–1 mm breit. Lager K+ gelb, C–, P–, UV± orange.
Unterscheidungsmerkmale: Randlich strahlig gelappte Krustenflechten-Lager haben auch *Lobothallia radiosa* (S. 305, Lager grauweiß bis grau) und *Protoparmeliopsis muralis* (Lager blassgrünlich, grünlichweiß), diese Arten bilden aber keine Sorale, sondern regelmäßig Apothecien. *Kuettlingeria teicholyta* (S. 215) ist bis auf eine schmale Randzone mit angedeuteten kurzen, schmalen Randläppchen flächig sorediös und ist K–.
Ökologie und Verbreitung: Die Art ist selten. Sie kommt auf kalkhaltigem oder vermörteltem Silikatgestein vor, benötigt also Substrate, die annähernd neutral bis schwach basisch sind. Recht oft wächst sie am Gemäuer von Burgen und alten Kirchen. Sie zeigt eine ausgeprägt atlantisch-subatlantische Verbreitung und kommt im Gebiet vor allem in Nord- und Westdeutschland vor, extrem selten in Süddeutschland. Mediterrangebiet und Westeuropa.

Diploicia canescens (ca. 2,8 cm)

Kuettlingeria teicholyta (Ziegel-Schönfleck) (*Caloplaca teicholyta*)

Hauptmerkmale: Grauweiße, randlich angedeutet schmallappige, sonst einheitlich körnig sorediöse sterile Krustenflechte, meist bis 2,5 cm breit, oft regelmäßig rundlich. R–.

Unterscheidungsmerkmale: Charakteristische Merkmale sind einerseits der Standort (fast nur Mauern, Ziegel und ähnliche anthropogene Standorte), andererseits der kreisrunde Wuchs (allerdings können benachbarte Lager unregelmäßig zusammenwachsen), die nur angedeuteten Randläppchen (Lupe) und die ansonsten komplett sorediöse Oberfläche. Wenn letzteres Merkmal beachtet wird, kaum zu verwechseln. *Diploicia canescens* hat deutlich entwickelte breitere, zu den Enden hin keilförmig verbreiterte Randlappen, und die sorediösen Stellen sind zumindest gegen die Peripherie des Lagers auf begrenzte, rundliche bis längliche Flecksorale beschränkt, das Lager ist deutlich K+ gelb. Zur Verwechslungsmöglichkeit mit *Lepraria caesioalba* (S. 250) siehe dort; diese Art findet sich nur auf kalkfreien Substraten und fast nie an typisch anthropogenen Standorten.

Ökologie und Verbreitung: An besonnten bis halbschattigen, warmen Standorten, v. a. an Steilflächen. Sehr stark konzentriert auf anthropogene Substrate, weil die Anforderungen der Art auf ein subneutral-neutrales Substrat an natürlichen Standorten selten erfüllt werden (z. B. oberflächlich entkalkte Karbonatgesteine, Dolomit, Keupersandstein). Mediterranes und gemäßigtes Europa.

Kuettlingeria teicholyta (ca. 7 cm)

Acarospora fuscata (Gewöhnliche Kleinsporenflechte) ***Acarospora praeruptorum*** (Steilflächen-Kleinsporenflechte) (*Acarospora nitrophila* auct.)

Hauptmerkmale: Areolierte bis fast schuppig gegliederte, hellbraune bis dunkelbraune Krustenflechten mit in die Areolen eingesenkten, konkaven bis flachen braunen, rot- bis dunkelbraunen Apothecien, C+ rot oder C–, K–, P–.

Unterscheidungsmerkmale: Als *Acarospora*-Arten relativ leicht zu identifizieren: Typisch sind die eingesenkten (oft dunkler braunen) konkaven Apothecien, die einzeln oder zu mehreren in den Schuppen sitzen, und das braune areolierte bis fast schuppige Lager. Die Unterscheidung von anderen *Acarospora*-Arten kann schwierig sein.

Acarospora fuscata: Apothecien relativ groß (0,2–1 mm), meist einzeln, seltener zu 2–4 in den Areolen, etwa bis auf Thallusniveau eingesenkt, anfangs punktförmig, dann breit, konkav bis flach, oft eckig, rotbraun bis dunkelbraun. Lager areoliert bis schuppig, hellbraun bis braun, Areolen etwa 0,5–3 mm breit, flach bis uneben, nicht deutlich gewölbt, die kleineren eher in der Lagermitte, eckig, größere am Lagerrand, dort angedeutet gelappt, C+ rot. Mit Abstand die häufigste Art, die mit C+ rot reagiert.

Acarospora praeruptorum: Apothecien klein, kraterartig eingesenkt, bis 0,5 mm breit, dunkelbraun, z. T. mit gleichfarbigem oder hellerem Lagerrand. Lager areoliert, einheitlich braun bis dunkelbraun, Areolen etwa 0,4–0,6 mm breit, gewölbt, meist zu größeren Lagern zusammenschließend, C–.

Ökologie und Verbreitung: Auf Silikatgestein an lichtreichen Orten weit verbreitet, auch an anthropogenen Standorten (Grabsteinen, Mauerkronen etc.), *Acarospora fuscata* besonders auf sauren Substraten, häufig auch an naturnahen Standorten, *A. praeruptorum* mäßig häufig auf basischem Silikat oder Kunststein, vorwiegend an anthropogenen Standorten (Grabsteine, Ziegel, etc.).

Name: bezieht sich auf die ungewöhnlich kleinen, oft nur 5 µm großen Sporen der Gattung.

Acarospora fuscata (1,4 cm)

Acarospora praeruptorum (6 mm)

Verrucaria nigrescens (Schwärzliche Warzenflechte) ***Verrucaria macrostoma*** (Großmündige Warzenflechte)

Hauptmerkmale: Rissig areolierte Krustenflechten mit mehr oder weniger zur Hälfte bis ¾ eingesenkten, nur mit der Kuppe hervorschauenden schwärzlichen Perithecien (Fruchtkörper mit sehr feiner punktueller Öffnung, Lupe!).

Unterscheidungsmerkmale: Zur Gattung *Verrucaria* gehören einige häufige Flechten. *Verrucaria*-Arten sind jedoch, wie die meisten perithecienbildenden Flechten, im Prinzip sehr schwierig zu bestimmen. Zunächst einmal sollte man sich davon überzeugen, dass man es bei den Fruchtkörpern mit Perithecien zu tun hat, was man äußerlich am gewölbten Scheitel der Fruchtkörper mit Pore erkennen kann (die charakteristisch kugelige Form der Perithecien kann man nur mit einem scharfen vertikalen Schnitt durch den Fruchtkörper ermitteln). *Verrucaria nigrescens* ist eine der häufigsten Arten auf Kalkgestein und auf anthropogenen Substraten. Sie hat ein dunkelbraunes bis schwarzbraunes, rissig areoliertes Lager und oft ein schwarzes linienartiges Vorlager. Die Areolen sind etwa 0,3–0,8 mm breit, der sichtbare schwarze Scheitel der Perithecien etwa 0,2–0,4 mm. *Verrucaria macrostoma* hat ein meist helleres, braungraues, mittelbraunes, selten dunkelbraunes oder olivfarbenes Lager, deutlich größere, 0,3 bis 0,5 mm breite Perithecienscheitel und größere Areolen (0,2 bis 1,5 mm), ein schwarzes Vorlager fehlt in der Regel. Bei beiden Arten können die Areolenränder körnig-sorediös aufbrechen. Beide Arten sind sehr variabel.

Ökologie und Verbreitung: *Verrucaria nigrescens* ist auf kalkhaltigem Substrat häufig und sehr weit verbreitet, *V. macrostoma* seltener, tendenziell mehr auf niedere und mittlere Höhenlagen beschränkt; beide Arten kommen an nährstoffreichen Stellen vor und wachsen auch auf Mörtel.

Verrucaria nigrescens (ca. 8 mm)

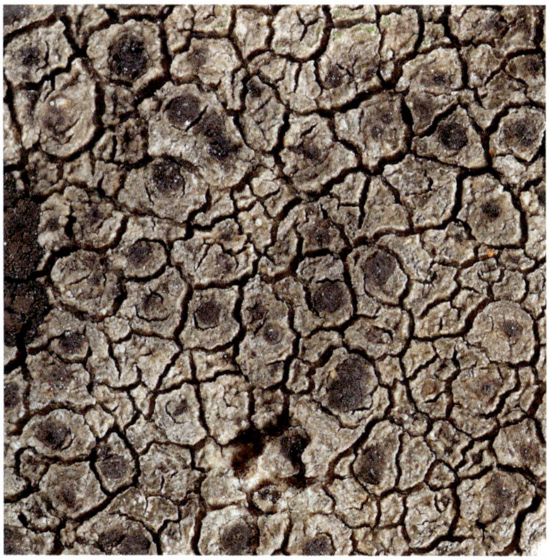

Verrucaria macrostoma (7,5 mm)

Lecidella carpathica (Karpaten-Schwarzscheibenflechte) *Lecidella stigmatea* (Fleck-Schwarzscheibenflechte) *Catillaria chalybeia* (Stahl-Kesselflechte, Stahl-Catillarie)

Hauptmerkmale: Krustenflechten mit schwarzen, meist flachen, berandeten, unbereiften Apothecien, weißlichem, grauem bis braungrauem oder undeutlichem Lager. Apothecienrand oft etwas glänzend. Lager C–, K+ gelb oder Reaktion undeutlich, P–, J–.

Unterscheidungsmerkmale: Es gibt nicht wenige Arten, die die genannten Hauptmerkmale erfüllen. Daher ist normalerweise eine mikroskopische Untersuchung nötig. Aber es kann auch, wie hier, der Standort bei der Eingrenzung der in Frage kommenden Arten helfen. Nur diese Arten finden sich einigermaßen häufig auf künstlichen Substraten an lichtreichen Standorten. *Lecidella carpathica* hat ein deutlicher entwickeltes grauweißes, regelmäßig rissig- bis

Lecidella carpathica (ca. 1 cm)

Lecidella stigmatea (5,6 mm)

warzig-areoliertes Lager, das deutlich K+ gelb reagiert, die Apothecien werden bis 1 mm groß, ihr Rand glänzt meistens etwas.

Die beiden anderen Arten haben ein graues bis graubräunliches, oft undeutliches, schorfiges, kaum einmal kräftig entwickeltes, nur selten rissig areoliertes Lager, die K-Reaktion ist negativ (bei *C. chalybeia*) oder (oft undeutlich) K+ gelb (bei *L. stigmatea*). Die Apothecien sind oft matt, bei *C. chalybeia* klein (nur 0,2–0,5 mm), bei *L. stigmatea* 0,5 bis 1,5 mm breit. Eindeutig sind die drei Arten mikroskopisch zu unterscheiden, wobei ein Quetschpräparat genügt. *Catillaria chalybeia* hat kleine, schmale, längliche zweizellige Sporen, die *Lecidella*-Arten einzellige ellipsoide Sporen. Bei *Catillaria chalybeia* und *Lecidella carpathica* ist das Hypothecium dunkel, bei *Lecidella stigmatea* hell, bei ersterer sind die Paraphysen stark kopfig verbreitert und auffallend dunkel gefärbt.

Ökologie und Verbreitung: *Catillaria chalybeia* und *Lecidella carpathica* auf (oft SiO_2-armem) Silikatgestein. *Lecidella stigmatea* auf kalkhaltigen bis kalkreichen Gesteinen an lichtreichen Standorten. Erstere beide Arten mäßig häufig, letztere häufig. In ganz Europa.

Lecidella stigmatea; mit *Protoparmeliopsis muralis* (5,8 cm)

Catillaria chalybeia (3,7 mm)

Diplotomma alboatrum (Schwarzweiße Buelliflechte)

Hauptmerkmale: Krustenflechte mit weißem bis grauem, dünnem bis mäßig dickem, unebenem bis rissig areoliertem oder auch körnigem Lager und eingesenkten bis etwas hervortretenden, flachen bis bald gewölbten schwarzen, meist bereiften Apothecien, diese jung oft weißlich berandet (Lagerrand), bis 1 mm, selten bis 1,5 mm. Lager R–.

Unterscheidungsmerkmale: Gute Erkennungsmerkmale sind (in Kombination) die (allerdings nicht immer) bereiften, jung weißlich berandeten Apothecien, die negative Reaktion des Lagers und der Standort (Mauern und dergleichen). Wenn ein Mikroskop zur Verfügung steht, kann die Zugehörigkeit zur Gattung bzw. zur Art mit einem einfachen Quetschpräparat der Apothecien ermittelt werden (Sporen mehrzellig, mit Quer- und ein bis zwei Längswänden, braun). Innerhalb der Gattung ist eine Verwechslung mit *Diplotomma hedinii* (S. 318) möglich, die oft ein mehr gleichmäßig dünnes Lager hat und kaum auf künstlichem Substrat vorkommt, sondern an Kalkblöcken und -felsen (sie hat nur 4-zellige Sporen ohne Längswände).

Ökologie und Verbreitung: Kalkhaltige Gesteine an besonnten bis halbschattigen Orten, besonders oft an alten Mauern (auch direkt auf Mörtel). Weit verbreitet, mäßig häufig.

Name: Namensgebung zu Ehren von E. Buelli, italienischer Winzer (19. Jh.)., Freund des Beschreibers der Gattung *Buellia*, des italienischen Lichenologen De Notaris. Die Art war früher in der Gattung *Buellia* untergebracht.

Diplotomma alboatrum (1 cm)

Polyozosia albescens (Weiße Kuchenflechte)
Polyozosia dispersa (Zerstreutfrüchtige Kuchenflechte)
(*Lecanora* und *Myriolecis albescens/dispersa*)

Hauptmerkmale: Krustenflechten mit weißlichem bis undeutlichem Lager und Apothecien mit beiger bis brauner, olivbrauner, gelbbrauner bis braungrauer Scheibe und weißem Lagerrand, auf kalkhaltigem Gestein. Apothecien bis 1,5 mm breit. R–.

Unterscheidungsmerkmale: In guter Ausbildung sind die beiden Arten recht gut zu unterscheiden. Schwierigkeiten bereitet die Variabilität von *Polyozosia albescens* und die Existenz nahe verwandter Arten bei *P. dispersa*.

Polyozosia albescens: Lager wenigstens stellenweise deutlich erkennbar, dicklich, in guter Entwicklung am Rand scharf begrenzt und mitunter schwach gekerbt-gelappt. Apothecien eingesenkt bis angedrückt sitzend, oft sehr blass, beige, hellbräunlich, missfarben, seltener dunkler braun.

Polyozosia dispersa: Lager undeutlich, im Substrat, nur als Lagerrand der Apothecien entwickelt, selten auch als zerstreute Körnchen präsent. Apothecien 0,3–1 (–2) mm, mit verengter Basis aufsitzend, Scheibe flach, variabel gefärbt, beige, gelblichbraun, hellbraun, graubraun, oliv, rotbraun, selten bereift. Apothecienrand weißlich, kräftig entwickelt, ganz bis gekerbt oder wellig verbogen.

Weitere ähnliche Arten: *Polyozosia semipallida*: Scheibe hellgelblichgrün, oliv, hellbraun, hellrötlichbraun, ± flach, K+ gelb, C+/KC+ gelblich oder C–/KC–, Rand der Apothecien dick, vorstehend, oft wellig, ± glatt bis fein gekerbt, , meist weißlich bis gelblich. Lager grau, grünlichgrau bis schwärzlich. *Polyozosia crenulata* (S. 319) hat dunkel rotbraune bis blauschwarze, meist stark weiß bereifte Scheiben und einen stark vorstehenden, tief gespaltenen (nicht nur leicht gekerbten) weißen bis beigefarbigen Rand. R–.

Ökologie und Verbreitung: Auf kalkhaltigem Gestein, Mörtel, Kunststein, *Polyozosia albescens* weitgehend beschränkt auf gedüngte oder staubige Stellen (besonders an der Basis von Mauern, Mauerkronen, an und unter Felsüberhängen). Häufig. In ganz Europa.

Polyozosia albescens (1,6 cm); *Polyozosia dispersa* (0,8 cm)

Protoparmeliopsis muralis (Mauerflechte) (*Lecanora muralis*)

Hauptmerkmale: Rosettig wachsende Krustenflechte mit radial ausgerichteten, schmalen, dicht aneinanderschließenden, verlängerten flachen Randareolen, blassgrünlich, blass weißgrünlich, vor allem zentral mit flachen, angedrückten bräunlichen Apothecien mit Lagerrand. Lager bis um 10 cm im Durchmesser, Randlappen 0,4–0,8 mm breit, Apothecien um 0,5–1,5 mm breit. Lager K–, C–, P ± gelb.

Unterscheidungsmerkmale: Am rosettigen Wuchs, den schmalen verlängerten zusammenschließenden Randareolen (Randlappen), der leicht grünlichen bis graugrünen Farbe und den flachen braunen Apothecien leicht zu erkennen. Sehr charakteristische Art, die zu den häufigsten Flechten u. a. in Siedlungen gehört, wo sie auf Pflaster, Asphalt, Waschbeton, Dachziegeln usw. vorkommt. Die nahe Verwandte *P. versicolor* unterscheidet sich durch mehr oder weniger weiß bereifte Lager und die Ökologie. Sie kommt auf Kalkfelsen vor. Verwechseln werden kann *Pr. muralis* auch mit der sehr seltenen *Protoparmeliopsis garovaglii*, die eine ähnliche Wuchsform zeigt, aber gewölbte, innen hohle, manchmal schon etwas vom Substrat gelöste Randareolen hat, intensiver gelbgrünlich gefärbt ist (diese Art kommt fast nur an naturnahen Standorten vor). Geringe Verwechslungsgefahr mit *Lobothallia radiosa* (S. 305), die zwar eine sehr ähnliche Wuchsform aufweist, aber weiß (bei starker Bereifung) bis grau gefärbt ist, eingesenkte bis dicht angedrückte dunkelbraune bis fast schwarze Apothecien hat, mitunter K+ rot reagiert; ein Grünton fehlt bei ihr gänzlich.

Ökologie und Verbreitung: Weit verbreitet und vor allem auf künstlichen Stein-Substraten häufig, auf Beton, Asphalt (auf nicht zu stark begangenen Wegen), Mauerwerk, Kalkfelsen, selten auf gedüngten oder kalkhaltigen Silikatfelsen, an lichtreichen Standorten. In ganz Europa.

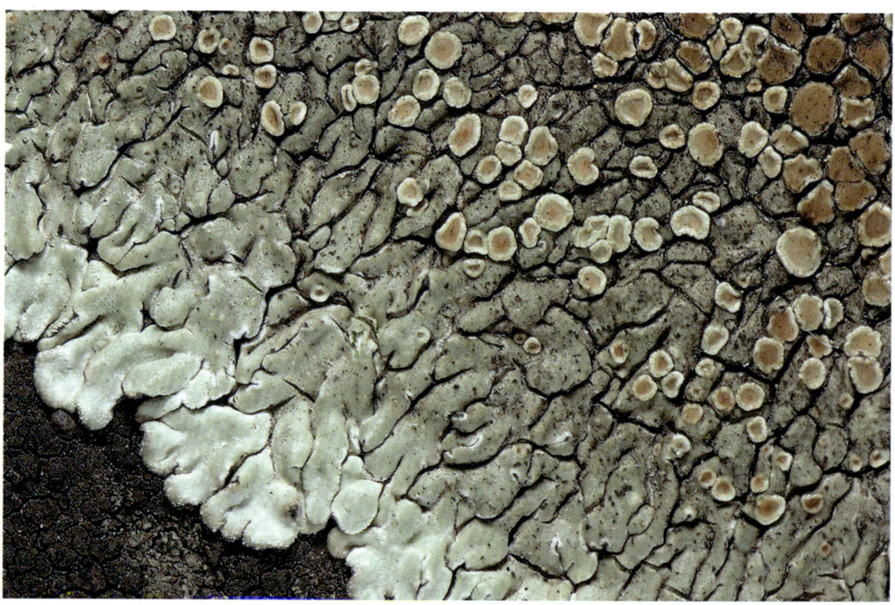

Protoparmeliopsis muralis (ca. 2 cm)

Lecanora campestris (Feld-Kuchenflechte)

Hauptmerkmale: Krustenflechte mit grauweißem bis mittelgrauem Lager und meist reichlich vorhandenen Apothecien mit brauner bis schwarzbrauner, flacher Scheibe. Apothecien um 0,6–1,4 mm, mit deutlich entwickeltem Lagerrand, an der Peripherie des Lagers spärlich bis fehlend. Lager deutlich entwickelt, warzig bis warzig areoliert, Vorlager hell. K+ gelb.

Unterscheidungsmerkmale: Kaum zu verwechseln, wenn auf die Farbe der Apothecien geachtet wird, die auch bei dunklen Exemplaren nie rein schwarz ist, sondern immer einen braunen bis rotbraunen Ton hat (anfeuchten). *Lecanora cenisia* hat mitunter dunkelbraun gefärbte Apothecien, doch finden sich im selben Lager immer auch etwas anders gefärbte, oft missfarbene Apothecien; ferner kommt *L. cenisia* nur im höheren Bergland vor, bevorzugt saure Silikatgesteine (fast stets findet sich am selben Fels die Landkartenflechte), während *L. campestris* auch (und vor allem) im Tiefland zu finden ist und saure Silikate meidet (fast nie mit Landkartenflechte). *Tephromela atra* (S. 275) hat glänzend schwarze Apothecien.

Ökologie und Verbreitung: Kommt auf Silikatgestein an lichtreichen, oft voll besonnten Standorten vor, besonders auf anthropogenen Substraten (v. a. Mauern, auch vermörtelten). Substrat oft leicht kalkbeeinflusst, nie sehr sauer. Mäßig häufig. In Europa weit verbreitet, nach Norden zu seltener.

Lecanora campestris (1,2 cm)

9.7 Flechten auf Felsen, Blöcken und Steinen aus Silikatgestein

1 Flechte aus sehr feinen Fäden, dicht verfilzte schwarze Teppiche bildend, an sehr schattigen Stellen .... *Cystocoleus ebeneus, Racodium rupestre* (S. 231)
1* Thallus keine schwarzen verfilzten Teppiche bildend 2

2 Lager blättrig-lappig oder strauchig 3
2* Lager krustig, bis an den Rand mit dem Substrat verwachsen, ohne ausdifferenzierte Unterseite 24

3 Lager strauchig vom Substrat abstehend 4
3* Lager blättrig-lappig (Blattflechten) 8

4 Lager aus flachen, ± schmalen, bandförmigen, gegabelten Abschnitten, locker verzweigt 5
4* Lager anders 6

5 Lager oberseits grau, mit zylindrischen Isidien, unterseits weißlich, rosa oder schwarz .... *Pseudevernia furfuracea* (S. 117)
5* Lager beidseitig blassgrünlich bis gelbgrünlich, mit Flecksoralen .... *Ramalina farinacea* (S. 33)

6 Flechte aus glatten, nicht mit Schuppen oder Körnern bedeckten stielrunden Abschnitten, dicht strauchig verzweigt, ohne auf dem Substrat ausgebreitetes schuppiges oder körniges Lager, extrem seltene Art niederschlagsreicher Standorte .... *Sphaerophorus globosus* (S. 159)
6* Flechte aus weißlichen, dicht mit weißlichen bis grauen Schuppen oder grünlichen Körnern bedeckten, verzweigten Stämmchen 7

7 Flechte mit weißgrauen Schüppchen bedeckt, mit deutlichem bis kaum entwickeltem Lager aus weißlichen Schüppchen auf dem Substrat .. *Stereocaulon dactylophyllum, St. vesuvianum* (S. 232)
7* Flechte ± dicht mit spangrünen wollig-diffusen Körnchen bedeckt, mit leprösem Lager auf dem Substrat, insgesamt von spangrünem Habitus .... *Leprocaulon quisquiliare* (S. 234)

8 Lager (trocken) schwarz, oft rundlich, breitlappig, trocken membranartig dünn, feucht deutlich aufquellend, gallertig. Dicht mit stiftförmigen, bald verflachten, horizontal bis aufrecht stehenden Isidien bedeckt .... *Collema flaccidum* (S. 235)
8* Lager trocken nicht schwarz, feucht nicht gallertig 9

9 Lager groß und breitlappig (Lappen gewöhnlich über 1,5 cm breit und 2 cm lang), grau bis braun, auf der Unterseite mit deutlichen Adern 10
9* Lager ohne solche Adern, Lappen kleiner 11

10 Lager feucht (apfel-)grün .... *Peltigera leucophlebia* (S. 236)
10* Lager feucht dunkelgrau bis schwärzlich .... Arten der Gattung *Peltigera* (Kap. 9.10)

11 Lager unterseits weitgehend frei, nur an einer oder wenigen Stellen festgeheftet, ohne oder mit (nicht der Anheftung dienenden) Rhizinen, oberseits grau bis dunkelbraun. Lappen nicht dicht anliegend, nie schmal und gestreckt 12

11* Lager ± anliegend, mit Rhizinen festgeheftet. Lager rosettig bis unregelmäßig, aus Lappen, die deutlich länger als breit sind. Mit Isidien, Soralen oder Apothecien 16

12 Lager feucht kräftig grün, trocken grau bis braun, mit glatter Oberfläche, derb, aus gerundeten, oft in größeren Gruppen zusammenstehenden Lappen, unterseits hellbraun, ohne Rhizinen, an einer oder mehreren Stellen punktuell angewachsen. An nassen Felsen, an Bächen .... *Dermatocarpon luridum* (S. 237)

12* Lager feucht unverändert oder allmählich oliv oder mit grünlichem Ton, nicht tiefgrün, unterseits braun bis schwarz, mit oder ohne Rhizinen, nur an einer ± zentralen Stelle festgewachsen, sonst frei über dem Substrat, oberseits glatt oder rau oder mit Pusteln besetzt (Nabelflechten) 13

13 Lager dicht mit blasig aufgetriebenen Pusteln besetzt, denen auf der Unterseite deutliche Gruben entsprechen, oft über 2,5 cm .... *Umbilicaria pustulata* (S. 240)

13* Ohne solche Pusteln bzw. Gruben, Einzellager meist nur bis 3 cm breit, aber oft in ganzen „Herden" zusammenstehend 14

14 Lager rein braun bis dunkelbraun, glatt oder rußig-isidiös, unterseits schwarz, ohne Rhizinen .... *Umbilicaria deusta, U. polyphylla* (S. 390)

14* Lager grau, mitunter randlich bräunlich getuscht, unterseits rosa, braun oder schwarz 15

15 Lager unterseits rosa bis braun, ohne Rhizinen, oberseits oft mit winzigen schwarzen Punkten (Perithecien) .... *Dermatocarpon miniatum* (S. 291)

15* Lager unterseits braun, mit Rhizinen, oder schwarz, fein areoliert, mit oder ohne Rhizinen .... *Umbilicaria grisea, U. hirsuta* (S. 238)

16 Lager braun, graubraun 17

16* Lager nicht braun 21

17 Lager ohne Isidien oder Sorale 18

17* Lager mit Isidien, Isidiengruppen oder Soralen, fast stets ohne Apothecien 19

18 Oberseite ohne weißliche, kurz strichförmige bis vernetzte Pseudocyphellen, meist mit flachen bis konkaven braunen Apothecien, glänzend, runzelig bis glatt. Mark K–. Lager gewöhnlich rosettig wachsend .... *Xanthoparmelia pulla* (S. 242)

18* Oberseite mit weißlichen, kurz strichförmigen bis vernetzten Pseudocyphellen, oft ohne Apothecien. Mark K– oder K+ rot, P+ orange bis rostrot .... *Parmelia omphalodes* (S. 246)

19 Lager gegen die Mitte dicht samtig erscheinend durch zahlreiche dicht, aber einzeln stehende feine zylindrische Isidien, braun, dunkelbraun, meist bis 3 cm im Durchmesser. Mark C+ rot .... *Melanelixia fuliginosa* (S. 74)

19* Lager mit deutlich voneinander entfernt stehenden Isidiengruppen oder isidiösen Soralen, C– oder C+ rosa 20

20 Lager aus schmalen, bis 1(–1,5) mm breiten Lappen, bis 3 cm breit, dunkelbraun, mit warzig vorstehenden, dunklen (seltener weißlichen) Soralen (unter 1 mm breit), die auch als Warzen mit rauer Oberfläche erscheinen können .... *Montanelia disjuncta* (S. 241)

20* Lappen 1–3 mm breit. Lager größer, bald über 3 cm, bis über 10 cm im Durchmesser, rosettig wachsend, hellbraun, braun, rotbraun, dunkelbraun, mit breiten, über 1 mm großen Isidiengruppen, bei denen die einzelnen Isidien deutlich unterscheidbar sind .... *Xanthoparmelia loxodes, X. verruculifera* (S. 242)

21 Lager blass gelbgrünlich 22

21* Lager grau 23

22 Lager mit zylindrischen Isidien oder glatt, ohne Isidien, glänzend. Lappen strahlig-rosettig oder unregelmäßig bis dachziegelig angeordnet, unterseits schwarz oder braun. Mark K+ orange oder rot, P+ orange. Apothecien vorhanden oder fehlend .... *Xanthoparmelia conspersa, X. stenophylla* (S. 244)

22* Lager ohne Isidien, mit groben Soralen, matt bis glänzend, Lappen oft rosettig, nie dachziegelig angeordnet, unterseits schwarz (schmaler Randbereich braun). Mark K+ schmutzig gelblich bis fast K–, P+ orangerot. Apothecien fehlend .... *Flavoparmelia caperata* (S. 43)

23 Lager unterseits schwarz, nur randlich auch braun, mit zahlreichen Rhizinen, mit oder ohne Isidien, ohne Sorale. Lappen breit (Parmelia-Typ) ...... *Parmelia omphalodes, P. saxatilis* (S. 246)

23* Lager unterseits blass, weißlich, cremefarben, hellbräunlich, mit zerstreuten Rhizinen, aus verlängerten, oft rosettig strahlig angeordneten Lappen, mit Soralen, ohne Isidien. Lappen schmal (Physcia-Typ) .... *Physcia caesia, Ph. dubia* (S. 210)

24 Lager mit zylindrischen Isidien oder mit Soralen oder gänzlich mehlig bis feinkörnig sorediös. Apothecien selten/fehlend 25

24* Lager ohne Isidien, ohne Sorale, meist mit Apothecien 36

25 Lager dicht mit kräftig entwickelten, bis über 1 mm langen Isidien bedeckt, grauweiß, ausgedehnt, K+ intensiv gelb .... *Lepra corallina* (S. 248)

25* Lager sorediös 26

26 Lager gänzlich sorediös-leprös 27

26* Lager zumindest anfangs mit begrenzten Soralen oder nicht komplett sorediös 30

27 Lager mit weißem, auffallend verzweigt-faserigem Vorlager, cremefarben bis grau oder blassgelblich bis blass grüngelblich .... *Haematomma ochroleucum* (S. 249)

27* Nicht mit solchem Vorlager 28

28 Lager scharf begrenzt, bei ungestörtem Wachstum rundlich .... *Lepraria caesioalba, L. membranacea* (S. 250)

28* Lager diffus begrenzt, nicht rundlich 29

29 Lager gelb .... *Chrysothrix chlorina, Psilolechia lucida* (S. 251)
29* Lager grau bis grünlich, vollkommen leprös aufgelöst ....
.... Vertreter der Gattung *Lepraria* (nicht weiter behandelt)

30 Apothecien gelb bis orange, K+ blutrot. Lager grau, areoliert, Areolen vom Rand her sorediös aufbrechend .... *Caloplaca chlorina* (S. 202)
30* Apothecien anders 31

31 Lager mit weißem aufgefasertem Vorlager, Randbereich warzig, nicht sorediös, sonst gänzlich sorediös. Apothecien selten, rot ....
.... *Haematomma ochroleucum* (S. 249)
31* Lager nicht mit weißem aufgefasertem Vorlager 32

32 Lager mit blassgelblichem bis grüngelblichem Ton .... *Lecanora soralifera* (S. 252)
32* Lager weiß bis grau oder braun, ohne jeden gelblichen bis grüngelblichen Ton 33

33 Lager mittel- bis dunkelbraun oder braun- bis ziegelrot, beim Anritzen orange bis ocker, von dunkler Vorlagerlinie begrenzt .... *Enterographa zonata, Gyrographa gyrocarpa* (S. 253)
33* Lager grau, weiß, höchstens leicht bräunlich überlaufen 34

34 Lager ausgedehnt, grauweißlich bis weiß, mit weißlichen Soralen, C+ rot.....................
.... *Varicellaria lactea* (S. 254)
34* Lager nicht C+ rot 35

35 Lager ausgedehnt, mit weißlichem Vorlager, mit unregelmäßigen, über 1 mm breit werdenden Soralen, Mark J–, Lager K+ schmutzig gelbbraun bis rotbraun, P+ rostrot ....
.... *Lepra aspergilla* (S. 254)
35* Lager mit kleinen weißlichen bis grauen Flecksoralen, weißlich bis hellgrau, meist nicht ausgedehnt, Mark J– oder J+ blau, Sorale bzw. Lager K– bis K+ gelb, P– bis P+ orange .... *Porpidia soredizodes, P. tuberculosa* (S. 255)

36 Lager gelb, K- bis leicht! rötlich (wenn K+ rot vgl. Arten der früheren Sammelgattung *Caloplaca,* z.B. *Blastenia,* nicht behandelt) 37
36* Lager nicht gelb, allenfalls gelbgrün mit deutlichem Grünton 39

37 Apothecien schwarz, eingesenkt .... *Rhizocarpon geographicum, Rh. lecanorinum* (S. 256)
37* Apothecien nicht schwarz 38

38 Lager dick, tiefrissig areoliert, mit körnig erscheinender Oberfläche der Areolen, ohne oder mit gelben Apothecien, auf Vogelsitzplätzen .... *Candelariella coralliza* (S. 258)
38* Lager dünn bis mäßig dick, körnig bis areoliert, aber nie tiefrissig, nicht mit körniger Oberfläche der Areolen, mit gelben Apothecien, K– bis langsam rötlich . *Candelariella vitellina* (S. 208)

39 Fruchtkörper nicht schwarz 40
39*Fruchtkörper schwarz, aber mitunter bereift 53

40 Fruchtkörper sind kugelige, weitgehend eingesenkte, nur mit der gewölbten Kuppe über das Lager ragende Perithecien mit winziger zentraler Öffnung (starke Lupe), braun, rotbraun, seitlich weitgehend vom Lager bedeckt. Lager braungrau, ocker, orangebraun, glatt bis rissig, an nassen Felsen oder zeitweise überschwemmten Stellen .... *Porina lectissima* (S. 259)
40*Fruchtkörper sind Apothecien 41

41 Apothecien gewölbt-randlos, braun bis braunschwarz. Lager sehr unterschiedlich entwickelt, körnig, warzig bis warzig areoliert, grau, graugrün, braungrün, schwarz, R– .... *Scoliciosporum umbrinum* (S. 270)
41*Apothecien anders, wenn gewölbt, dann zumindest anfangs berandet 42

42 Lager braun, ocker, braungrau 43
42*Lager weiß, grau, grünlich, gelbgrün 46

43 Lager schuppig bis deutlich areoliert, P–, C+ rot oder C–. Apothecien eingesenkt, braun, flach bis konkav, meist undeutlich berandet, hellbraun, dunkelbraun .... *Acarospora fuscata, A. praeruptorum* (S. 216)
43*Lager rissig bis zusammenhängend, P– oder P+ rot, C– 44

44 Lager an feuchten bis zeitweise nassen Felsen (z. B. an Bächen), ocker bis beige. Apothecien eingesenkt, Scheibe konkav, ocker, braun, rosa bis beige .... *Hymenelia lacustris* (S. 260)
44*Lager nicht an feuchten Standorten, Scheibe nicht konkav 45

45 Lager braun bis graubraun, meist glänzend, oft uneben-warzig, P–. Apothecien angedrückt bis sitzend, mit dunkelbrauner, glänzender Scheibe und Lagerrand .. *Protoparmelia badia* (S. 385)
45*Lager graubraun, meist matt, rissig, eben, P+ orangerot. Apothecien aufsitzend, mit dunkelbrauner matter Scheibe und meist etwas hellerem wulstigem Eigenrand .... *Fuscidea cyathoides* (S. 261)

46 Apothecien weiß, grau, beige, leicht ocker, ± dicht bereift, Scheibe C+ gelb, orange oder rosarot oder P+ rot. Lager weiß, beige bis grau oder sehr leicht gelbstichig 47
46*Apothecien anders, Scheibe C–, P–, unbereift oder wenn bereift, dann Lager grünlich 48

47 Apothecien 2–4 mm groß, zahlreich, mit rosabrauner, ± dicht grau bis weißgrau bereifter Scheibe, Reif C+ rosa. Thallus weißlich, C+ gelblich .... *Ochrolechia parella* (S. 267)

47*Apothecien kleiner. Scheibe/Reif C+ gelb bis orange oder P+ rot .... *Lecanora rupicola, L. swartzii, L. subcarnea* (S. 262)

48 Lager oder Lagerrand der Apothecien grünlich bis gelbgrünlich 49
48*Lager weißlich, grau, grauschwarz, bleigrau, beige 50

49 Apothecien sitzend, mit deutlichem Lagerrand, flach bis schließlich gewölbt. Apothecienscheibe blassgelblich bis blass gelblichgrün, beige, hell bräunlich. Lager sehr variabel (wenn randlich mit verlängerten, radialen Areolen: *Protoparmeliopsis muralis* S. 222) ..... *Lecanora polytropa* (S. 264)

49* Apothecien ± eingesenkt, bald gewölbt und ± randlos. Scheibe bleigrau, grünlich, grünschwarz, rosabraun, braun, braunschwarz, missfarben, oft leicht bereift. Lager kräftig entwickelt, rissig bis rissig areoliert, grünlich, gelbgrün (wenn Apothecien flach, berandet, eingesenkt, Flechte im Gebirge, vgl. *L. intricata*; 55*) .... *Lecanora sulphurea* (S. 266)

50 Apothecien gelb bis ocker, mit grauem Rand, K+ rot .... *Caloplaca chlorina* (S. 202)

50* Apothecien anders, braun, rosabraun bis braunrot oder dunkelbraun, K– 51

51 Lager grau bis braungrau, C–, P+ rot. Apothecienrand P+ rot, vorstehend, wulstig. Apothecien groß, 0,8–1,5 mm, Scheibe braun bis dunkelbraun................. *Fuscidea cyathoides* (S. 261)

51* Lager weißlich, beige, grauweiß, P– oder P+ gelblich, C– oder C+ rot, Apothecien meist bis 1 mm, Scheibe braun, dunkelbraun, dunkel rotbraun, braunrot 52

52 Lager, K+ gelb, C–, hellgrau, warzig uneben bis warzig areoliert, oft rundlich. Apothecien 0,6–1,1 (1,4) mm, dicht stehend, mit bleibendem Lagerrand ...... *Lecanora campestris* (S. 223)

52* Lager C+ rosa, K–, weißlich, beige, hellbräunlich, dünn und wenig differenziert oder aus gekerbten oder angedeutet gelappten (Lupe!) Areolen. Apothecien 0,4–0,6 (0,8) mm, jung oft mit weißlichem Lagerrand, später oft nur mit Eigenrand, braun, braunrot, braunrosa .... *Trapelia coarctata, T. glebulosa, T. involuta* (S. 268)

53 Fruchtkörper sind kleine, weitgehend eingesenkte, punktförmig erscheinende Perithecien (sichtbarer Scheitel 0,1–0,2 mm). Lager rissig, rosabraun, hellbraun, selten dunkler braun, an zeitweise nassen Felsen oder spritzwasserfeuchten Blöcken an Bächen .... *Verrucaria praetermissa* (S. 271)

53* Fruchtkörper sind Apothecien 54

54 Lager gelbgrün bis grüngelb oder blassgrünlich. Apothecien ins Lager eingesenkt 55

54* Lager weiß, grau, braun, ocker, rostrot, rot 56

55 Apothecien ohne Lagerrand, rund oder eckig, tiefschwarz. Lager gelbgrün bis grüngelb, Mark J+ blau .... *Rhizocarpon geographicum, Rh. lecanorinum* (S. 256)

55* Apothecien mit Lagerrand und fast schwarzer, grünbrauner bis brauner Scheibe. Lager gelbgrün bis blassgrünlich .... *Lecanora intricata* (S. 264)

56 Lager gänzlich rostbraun bis rot .. *Lecidea silacea, Rhizocarpon oederi, Tremolecia atrata* (S. 272)

56* Lager höchstens teilweise rostbraun überlaufen, sonst grau 57

57 Lager K+ gelb, dann rot. Apothecien konkav bis flach 58

57* Lager K– oder K+ gelb 59

58 Apothecien groß, über 0,5 mm, Lager ausgedehnt, zusammenhängend warzig, rissig bis rissig areoliert (Areolen 0,4–1,2 mm). Mark C–.............................. *Aspicilia cinerea* (S. 276)

(wenn Apothecien mit Eigenrand, Mark J+ blau, Flechte höherer Lagen, vgl. *Lecidea lactea* ....S. 382)

58* Apothecien gewöhnlich bis 0,5 mm, eingesenkt, Lager klein, meist nur bis 1,5 cm groß, areoliert, Areolen meist klein, bis 0,5 mm, auf schwarzem Vorlager, K+ rot, Mark J+ blau .... *Buellia aethalea* (S. 274)

59 Apothecien mit Lagerrand 60

59* Apothecien ohne Lagerrand 62

60 Apothecien aufsitzend, mit wulstigem Lagerrand und glänzender schwarzer Scheibe, flach. Lager weiß bis grauweiß, K+ gelb, C–, P– .... *Tephromela atra* (S. 275)

60* Apothecien weitgehend eingesenkt, konkav bis flach. Lager grauweiß bis grau, K– oder leicht gelblich, C– oder C+ rot 61

61 Apothecien unbereift, eingesenkt, aber nicht vertieft im Lager sitzend, mit dünnem Lagerrand. Lager grau bis weißlich, C– ....*Circinaria caesiocinerea* (S. 276)

61* Apothecien meist leicht grau bereift, Scheibe vertieft sitzend, mit dickem Lagerrand (und angedeutetem Eigenrand). Lager grau bis braungrau, warzig uneben bis rissig, C+ rot .... *Diploschistes scruposus* (S. 277)

62 Apothecien sehr uneben, mit oft unterbrochenem Eigenrand und genabelter bis buckeliger Scheibe, bis 0,8 mm. Lager fehlend oder bräunlich (oder Apothecien auf Fremdlager) .... *Acarospora privigna, A. subfuscescens* (S. 278)

62* Apothecien mit glatter Scheibe 63

63 Lager graubraun bis braun, selten fast grau, C+ (besser KC+) rosa (Lager zur Reaktion schräg anschneiden oder ankratzen) .... *Lecidea fuscoatra, L. grisella* (S. 279)

63* Lager weißlich, grau bis (grau)braun, aber mitunter stellenweise rostig überlaufen, C– 64

64 Lager deutlich areoliert, mit schwarzem Vorlager, Mark J+ blau. Areolen flach bis mäßig gewölbt, graubraun, braun. Apothecien bis 0,6 mm, am Rand von bzw. zwischen den Areolen stehend, flach bis mäßig gewölbt, mit dünnem, unauffälligem Rand .... *Rhizocarpon distinctum* (S. 281)

64* Lager zusammenhängend bis rissig oder rissig areoliert, Mark J–. Apothecien nicht am Rand von Areolen, in der Regel mindestens 0,5 mm breit 65

65 Apothecien eingesenkt bis eng angedrückt sitzend, oft gruppiert und sich gegenseitig abplattend, mitunter mit welligem Umriss, schwarz bis braunstichig schwarz, meist leicht grau bereift. Rand deutlich, wenig erhaben, im Schnitt kein U-förmiges schwärzliches Gehäuse zeigend. Lager grau bis oft stellenweise rostig überlaufen, R– .... *Lecidea lithophila* (S. 280)

65* Apothecien sitzend, wulstig berandet, flach bis gewölbt, bereift oder unbereift, im Schnitt ein U-förmiges (weil schüsselförmiges) schwärzliches Gehäuse zeigend (Lupe), mitunter konzentrisch angeordnet. Lager weißlich bis grau, auch stellenweise rostig überlaufend, R– oder Mark K+ gelblich, P+ orange .... *Porpidia crustulata, P. macrocarpa, Rhizocarpon reductum* (S. 282)

(weitere Arten mit schwarzen Apothecien vgl. *Lecidella carpathica, Catillaria chalybeia*, S. 218)

Cystocoleus ebeneus (Gewöhnlicher Schwarzfilz) *Racodium rupestre* (Berg-Schwarzfilz)

Hauptmerkmale: Bildet verfilzte schwarze bis braunschwarze Teppiche aus sehr dünnen Fäden von etwa 0,015 mm Dicke (Lupe!), stets an sehr bis extrem schattigen (nie besonnten) Vertikalflächen und Überhängen.

Unterscheidungsmerkmale: Bei Beachtung des sehr schattigen und luftfeuchten Standorts kommen nur zwei Arten in Frage, die sich aber äußerst ähnlich sehen: *Cystocoleus ebeneus* und *Racodium rupestre*. Letzteres ist deutlich seltener und stärker auf niederschlagsreiche Mittelgebirgslagen beschränkt. Habituell sind die Arten nur mikroskopisch sicher zu trennen. Beide bilden Fäden mit einem Hyphenmantel aus rechteckigen Zellen. Bei *R. rupestre* sind die Zellwände gerade und die Zellen gleichmäßig angeordnet; bei *C. ebeneus* sind die Wände stellenweise wellig uneben und die Zellen verlaufen vereinzelt auch schräg oder sind verbogen.

Ökologie und Verbreitung: An sehr luftfeuchten, regengeschützten bis mäßig beregneten Standorten bis in montane Lagen, vor allem Mittelgebirge, selten. Recht oft miteinander vergesellschaftet. *Cystocoleus* ist in Europa sehr weit verbreitet, *Racodium* ist im hohen Norden Europas selten.

Cystocoleus ebeneus (7,5 mm)
Racodium rupestre ist von gleichem Habitus wie *Cystocoleus ebeneus;* daher ohne Bild.

Stereocaulon dactylophyllum (Fingerblättrige Korallenflechte) ***Stereocaulon vesuvianum*** (Vesuv-Korallenflechte)

Hauptmerkmale: An einer Stelle festgewachsene Strauchflechten mit zähen, soliden, spärlich verzweigten weißlichen bis grauen Stämmchen, die von kleinen, grauweißen, verflachten oder zylindrischen bis koralloiden Schüppchen bedeckt sind, auf Silikatgestein, bis ca. 3, selten 5 cm hoch. Apothecien dunkel- bis schwarzbraun, feucht braun, bald gewölbt, bis 1,5 mm breit, zumindest anfangs mit Eigenrand, ohne Lagerrand. P+ orange.

Unterscheidungsmerkmale: *Stereocaulon dactylophyllum:* Schüppchen überwiegend zylindrisch bis koralloid oder finger-/handförmig geteilt. Ohne Sorale. Apothecien häufig. *Stereocaulon vesuvianum*: Schüppchen rundlich, schildförmig, in der Mitte vertieft und dunkler,

Stereocaulon dactylophyllum (ca. 2,8 cm/1,1 cm)

nie zylindrisch-koralloid. Mitunter mit weißlichen Soralen. Apothecien selten.
Gegenüber den *Cladonia*-Arten zeichnen sich die *Stereocaulon*-Arten durch solide, oft zäh-knorpelige Stämmchen aus, während die *Cladonia*-Podetien hohl (röhrig) sind. Eine ähnliche Wuchsform können auch *Sphaerophorus*-Arten aufweisen, die ebenfalls mehr oder weniger verzweigte grauweiße Lager (oft mit gebräunten Teilen) haben, die aber glatt berindet und nie von Schüppchen bedeckt sind.

Ökologie und Verbreitung: Auf Silikatgestein vor allem in Berglagen, mitunter beide vergesellschaftet, *Stereocaulon vesuvianum* aber tendenziell mehr auf basischen Silikatgesteinen, *Stereocaulon dactylophyllum* auch auf sauren Silikatgesteinen, oft an niedrigen, lange taufeuchten Felsen und Blöcken, auf Steinhaufen, konsolidierten Blockhalden und in Blockmeeren. Selten, aber in Europa weit verbreitet, in Südeuropa im Gebirge.

Stereocaulon vesuvianum (ca. 2,6 cm/7,1 mm)

Leprocaulon quisquiliare (Spangrüne Korallenflechte) (*Leprocaulon microscopicum*)

Hauptmerkmale: Kleine zarte, bis 1 cm hohe spangrüne Sträuchlein aus dünnen weißen, unregelmäßig verästelten Stämmchen, die locker von wattigen spangrünen Körnchen/Soredien bedeckt sind; auf dem Substrat ausgebreitet entsprechende Körnchen, ein pulveriges Lager bildend. Apothecien fehlen. An mehr oder weniger regengeschützten Stellen von anstehenden Felsen oft in ganzen Rasen wachsend. R–.
Unterscheidungsmerkmale: Unverkennbar, wenn man auf die dünnen weißlichen, soliden Stämmchen und die spangrüne Farbe achtet. *Stereocaulon*-Arten sind weißlich bis grau und haben nie eine spangrüne Farbe. *Cladonia*-Arten haben hohle, röhrige Stämmchen.
Ökologie und Verbreitung: An erdverkrusteten Felsabsätzen an/unter Überhängen und Vertikalflächen, meist an ziemlich lichtreichen und recht warmen Standorten. Selten. Vom Mittelmeergebiet bis ins südliche Skandinavien.

Leprocaulon quisquiliare (1,2 cm)

Collema flaccidum (Schlaffe Leimflechte)

Hauptmerkmale: Lager schwarz, aus breiten gerundeten Lappen, dicht mit bald verflachten und schuppenartigen, horizontal bis aufrecht stehenden Isidien bedeckt, trocken membranartig dünn, befeuchtet quellend und biegsam gallertig und oft mit dunkelolivfarbenem Stich, meist rundlich, aber oft in größeren Beständen zusammenwachsend. Lappen bis 15 mm breit. Unterseits meist heller. Apothecien selten.

Unterscheidungsmerkmale: Wie für Gallertflechten typisch, in feuchtem Zustand aufquellend, weich und biegsam. Eine an den dichtstehenden flachen Isidien und den dünnen membranartigen, breiten Lappen leicht erkennbare Gallertflechte. Nur wenige gesteinsbewohnende Arten haben über 8 mm breite Lappen. Kommt zudem nicht auf Kalk vor, aber gelegentlich auf Borke alter Laubbäume. *Blennothallia crispa* (S. 212) hat wesentlich derbere Lappen (nicht membranartig) und muschelförmige, aufgebogene Läppchen. *Scytinium*-Arten auf Silikatgestein haben keine so breiten, gerundeten Lappen.

Ökologie und Verbreitung: An längere Zeit sickerfeuchten, meist vertikalen Felsflächen auf mineralreichem Silikatgestein, selten auf alten bemoosten Laubbäumen. In nahezu ganz Europa.

Collema flaccidum (4,2 cm)

Peltigera leucophlebia (Apfelflechte)

Hauptmerkmale: Großlappige graue bis graubraune, angefeuchtet intensiv grüne Blattflechte mit dunkel geaderter Unterseite und Rhizinen auf den Adern. Lager groß, 5–20 cm, Lappen 2–4 cm breit, an den Rändern aufsteigend, auf der Oberseite mit zerstreuten kleinen braunen (feucht fast schwarzen) Warzen, unterseits am Rand hell (bis weiß), gegen die Mitte dunkel. Mark K–, C± rot, P–. Apothecien selten, an kurzen aufsteigenden Lappen, braun, rotbraun.

Unterscheidungsmerkmale: An der geaderten Unterseite und der feucht „apfelgrünen" Farbe sehr gut kenntliche Flechte. In der alpinen Stufe kommt ein Doppelgänger vor (*Peltigera aphthosa*), der sich durch eine stark filzige, fast einheitlich braune bis schwarzbraune Unterseite ohne deutlich abgegrenzte Adern unterscheidet.

Ökologie und Verbreitung: An feuchten Silikat- und Kalkfelsen, in hohen Lagen auch auf Erde an frischen Böschungen. Sehr selten, zu schonen. Weit verbreitet.

Historisches: wurde früher als Mittel gegen Eingeweidewürmer verwendet.

Peltigera leucophlebia, links in trockenem, rechts in feuchtem Zustand (ca. 8,5 cm)

Dermatocarpon luridum (Bach-Lederflechte)

Hauptmerkmale: Braungraue bis braune, feucht rein grüne Blattflechte aus gedrängten, aufsteigenden, gerundeten, unterseits bis auf einzelne Anheftungsstellen freien Lappen, dichte Bestände bildend, unterseits ohne Rhizinen, glatt, hellbraun. Perithecien punktfein, eingesenkt, mit schwarzem Scheitel. Lappen etwa 0,5–2 cm im Durchmesser. An sicker- oder spritzwasserfeuchten oder zeitweise überschwemmten Felsen.

Unterscheidungsmerkmale: Durch die Wuchsform (Anheftung nur an wenigen Stellen), die feucht deutlich grüne Färbung und den Standort hinreichend gekennzeichnete Art. V. a. im Hochgebirge gibt es *Dermatocarpon*-Arten mit ähnlicher Ökologie, die jedoch nicht viel-, sondern einblättrig wachsen.

Ökologie und Verbreitung: In Mitteleuropa an feuchten Felsen, z. B. in ± klaren Bächen der Mittelgebirge sowie der Alpen weit verbreitet, aber ziemlich selten, von Nord- bis Südeuropa.

Dermatocarpon luridum (3,9 cm/2,8 cm)

Umbilicaria grisea (Graue Nabelflechte) *Umbilicaria hirsuta* (Zottige Nabelflechte)

Hauptmerkmale: Graue, unterseits nur an einer Stelle festgewachsene, meist bis 3 cm breite Blattflechten (Nabelflechten).

Unterscheidungsmerkmale: *Umbilicaria grisea* hat eine sehr regelmäßig kleinwarzig gegliederte schwarze bis braunschwarze Unterseite und keine oder nur sehr spärliche Rhizinen, die Oberseite ist hellgrau bis leicht braun getuscht, gegen die Mitte oft fast weiß. *Umbilicaria hirsuta* ist unterseits braun bis dunkelbraun, seltener schwarz und hat einen dichten Besatz mit Rhizinen; sie wird in Zentraleuropa größer als *U. grisea* und kann auch 5 cm erreichen. Mit *U. hirsuta* verwechselt werden kann die sehr seltene *Umbilicaria vellea.* Sie wird wesentlich größer (oft über 10 cm), hat lederig dicke, fast

Umbilicaria grisea (2,8 cm)

Umbilicaria hirsuta (4,5 cm)

starre, beim Entfernen leicht einreißende Lager, die oberseits oft leicht violett oder bräunlich getuscht sind; oft wachsen an kleinen Brüchen von der Unterseite her schwarze Rhizinen an die Oberseite durch und erscheinen als schwarze raue Flecken. Die Lager von *U. hirsuta* sind dünner, weicher und gegen die meist etwas herabgebogenen Ränder mehlig sorediös.

Ökologie und Verbreitung: An lichtreichen, oft besonnten Felsflächen, bevorzugt Steil- und Vertikalflächen, *Umbilicaria hirsuta* auch an etwas eutrophierten (z. B. Vogelsitzplätze) oder kurzzeitig sickerfeuchten Stellen. *Umbilicaria hirsuta* selten, weit verbreitet in Europa, *U. grisea* selten, subatlantisch, in Deutschland nur im Westen.

Umblilicaria vellea, zum Vergleich (ca. 6 cm)

Umbilicaria pustulata (Pustelflechte) (*Lasallia pustulata*)

Hauptmerkmale: Einblättrige, nur an einer Stelle festgewachsene Blattflechte (Nabelflechte), braun bis braungrau, gegen die Mitte auch grauweiß, mit zahlreichen ovalen blasigen Aufwölbungen, denen auf der braunschwarzen kahlen Unterseite deutliche Gruben entsprechen. Oberseite mit Gruppen schwarzer koralloider Isidien, besonders an Löchern und Rissen und am Rand. Lager meist bis um 5 cm, aber bis über 15 cm Größe erreichend, spröde. Apothecien schwarz, mit Eigenrand, bis 2,5 mm, ziemlich selten.

Unterscheidungsmerkmale: Aufgrund der Wuchsform (Nabelflechte) und der ausgeprägten ovalen Pusteln unverkennbare Art.

Ökologie und Verbreitung: An besonnten Felsflächen; üppige Lager sind besonders an gelegentlich sickerfeuchten Vertikalflächen zu finden. Ziemlich selten. Südeuropa bis südliches und westliches Skandinavien.

Umbilicaria pustulata (8 cm)

Montanelia disjuncta (Disjunkte Braunflechte)

Hauptmerkmale: Dunkelbraune Blattflechte mit schmalen linearen Lappen und warzenförmig hervorstehenden, dunklen, abgerieben weißlichen Isidiengruppen/Soralen, matt, gegen die Enden glänzend, unterseits schwarz, mit spärlichen einfachen Rhizinen. Gewöhnlich ohne Apothecien. Lager selten über 3 cm Durchmesser, aber oft zu größeren Beständen zusammenwachsend. Lappen 0,4–1(–1,5) mm breit. Mark K–, C–, KC± flüchtig rosa, P–.

Unterscheidungsmerkmale: Die braunen isidiösen *Xanthoparmelia*-Arten *X. loxodes* und *X. verruculifera* (S. 242) haben viel größere Lager und breitere Lappen (1–3 mm breit), die Isidiengruppen sind viel größer und gröber (1–3,5 mm breit, bei *Montanelia disjuncta* bis 1 mm), das Mark reagiert mit C+ oft rosa. *Xanthoparmelia loxodes* ist viel heller gefärbt, gelbbraun, mittelbraun, rotbraun. Bei *Melanelixia fuliginosa* (S. 74) stehen die sehr zarten zylindrischen Isidien nicht in warzigen Gruppen zusammen, sondern einzeln und bedecken das ganze Zentrum gleichmäßig.

Ökologie und Verbreitung: Besonnte Felsen, ziemlich selten vor allem in den Mittelgebirgen, kaum auf anthropogenen Substraten. In Europa weit verbreitet.

Name: Disjunkt bedeutet „in voneinander getrennten Gebieten vorkommend".

Montanelia disjuncta (1 cm)

Xanthoparmelia loxodes (Grobwarzige Braunflechte) ***Xanthoparmelia pulla*** (Dunkle Braunflechte) ***Xanthoparmelia verruculifera*** (Warzen-Braunflechte)

Hauptmerkmale: Große Durchmesser (bis über 10 cm) erreichende mittel- bis dunkelbraune, rosettig wachsende Blattflechten. Lappen 1–3 mm breit, Oberseite oft leicht runzelig-dellig, mitunter wie gehämmert, meist glänzend, Unterseite schwarz (bis randlich braun), mit entsprechend gefärbten Rhizinen. Mark KC– oder KC+ rot, C– oder C+ rosa.

Unterscheidungsmerkmale: *Xanthoparmelia loxodes* und *Xanthoparmelia verruculifera* bilden

Xanthoparmelia loxodes (3,6 cm)

Xanthoparmelia pulla (2 cm)

grobe knäuelige Isidiengruppen, *Xanthoparmelia pulla* ist isidienlos und bildet dafür regelmäßig Apothecien, die in etwa wie das Lager gefärbt sind und ca. 8 mm breit werden. Schwieriger ist die Trennung der beiden erstgenannten Arten. Bei *X. loxodes* sind die Isidiengruppen sehr grob, die einzelnen Isidien 0,1–0,5 mm dick, ziemlich weich und hohl, ferner ist das Lager eher mittelbraun und glänzt stärker als bei *X. verruculifera*, bei der die einzelnen Isidien tendenziell starrer und selten hohl sind und nur 0,1–0,2 mm breit werden; das Lager ist eher dunkelbraun und glänzt weniger. Beim Darüberstreichen mit dem Finger erodieren die Isidien von *X. verruculifera* (trockene Lager) leicht und werden weißlich, bei *X. loxodes* weniger leicht. Auch ökologisch zeichnen sich Tendenzen ab: *Xanthoparmelia loxodes* findet sich an stärker gedüngten Stellen (z.B. auf Vogelsitzplätzen) und nur selten an anthropogenen Substraten, die häufigere *X. verruculifera* ist öfter auch auf Mauerkronen, Grabsteinen, Dachziegeln etc. zu finden. Chemisch sind die Arten verschieden, dies äußert sich auch bei der C-Reaktion. Erstere ist C–/+ gelblich, KC+ rot bis rotorange, letztere C– und KC– oder C+ und KC+ rosa. *Melanelixia fuliginosa* (S. 74) hat sehr feine zylindrische, dichtstehende Isidien und ist kleiner, kleiner ist auch *Montanelia disjuncta* (S. 241) mit servediösen Isidienwarzen und schmalen linearen, nur bis 1 mm breiten Lappen.

Ökologie und Verbreitung: Auf Blöcken und Felsen auf besonntem Silikatgestein, ziemlich selten bis selten, *Xanthoparmelia verruculifera* öfter auch auf anthropogenem Substrat (s. oben), häufiger als die beiden anderen. In ganz Europa.

Xanthoparmelia verruculifera (2,7 cm)

Xanthoparmelia conspersa (Gesprenkelte Schüsselflechte) *Xanthoparmelia stenophylla* (Schmallappige Schüsselflechte)

Hauptmerkmale: Große Durchmesser (bis über 10 cm) erreichende blassgrünliche bis gelbgrünliche Blattflechten. Oberseite (bis auf vorhandene Isidien) glatt, schwach glänzend, Unterseite schwarz oder braun, mit Rhizinen. Apothecien groß, braun. Mark P+ gelb bis orange, K+ gelborange oder K+ rot.

Unterscheidungsmerkmale: *Xanthoparmelia conspersa* hat zylindrische bis koralloide Isidien, vor allem in der Lagermitte; meist stehen sie dicht und erscheinen ohne Lupe als raue Oberfläche, manchmal sind sie auch so spärlich, dass sie sorgfältig gesucht werden müssen. Sie wächst gewöhnlich rosettig, die Randlappen sind gebuchtet, die Unterseite ist (bis auf die Randpartien) schwarz, die Lager liegen recht dicht dem Substrat an. Mark K+ gelb, allmählich orange. *Xanthoparmelia stenophylla* bildet keine Isidien und hat mitunter zerstreute schwarze Punkte auf dem Lager (Pyknidien). Lager meistens aus unregelmäßig übereinander wachsenden linearen Lappen, die eher locker aufliegen, so dass die Lager auch mit dem Messer abgehoben werden können. Unterseite meist braun bis schmutzig braun. Mark K+ gelb, dann rot. Mit der K-Reaktion kann auch eine weitere, *X. conspersa* sehr ähnlich sehende, aber sehr seltene Flechte sehr warmer Standorte unterschieden werden: *Xanthoparmelia tinctina*; sie reagiert K+ rot und hat warzige bis eiförmige, nicht länglich zylindrische Isidien. Mitunter kann auch die gewöhnlich auf Rinde wachsende *Flavoparmelia caperata* auf Gestein vorkommen (Mark K–, siehe S. 43).

Xanthoparmelia conspersa (ca. 6 cm)

Ökologie und Verbreitung: Beide Arten kommen auf besonnten Blöcken und Felsen vor und sind in ganz Europa bis zur polaren Waldgrenze verbreitet. *Xanthoparmelia conspersa* wächst auch öfter auf Denkmälern, alten Grabsteinen und Mauerkronen aus entsprechendem Substrat. Sie ist nicht selten. *Xanthoparmelia stenophylla* geht auch auf steinigen Boden über.

Xanthoparmelia stenophylla (4,2 cm)

Parmelia omphalodes (Gebirgs-Schüsselflechte) *Parmelia saxatilis* s. lat. (Felsen-Schüsselflechte, Steinmoos) – vgl. S. 44

Hauptmerkmale: Blattflechten mit grauem, graubraunem bis braunem, tief geteiltem Lager mit gestreckten, verzweigten, flachen bis leicht konkaven Lappen, ohne oder mit Isidien, ohne Sorale, mit strichförmigen weißen Pseudocyphellen, unterseits schwarz, dicht mit Rhizinen besetzt. Lappen mehr oder weniger strahlig zu einem rosettig-rundlichen Lager oder unregelmäßig angeordnet. Apothecien schüsselförmig, braun, oft fehlend. Lager bis 15 cm, wenn nicht rosettig wachsend, dann oft in ausgedehnten Beständen. Mark K+ gelb, dann rot, P+ orange bis rostrot.

Unterscheidungsmerkmale: Die beiden Arten können recht ähnlich aussehen, sind aber am Fehlen bzw. an der Existenz von Isidien gut zu unterscheiden; *Parmelia omphalodes* hat keine Isidien, ist farblich sehr variabel, tritt häufiger auch in Formen mit unregelmäßig bis dachziegelig angeordneten kleineren Lappen auf. Oberseite ± glatt bis netzrunzelig, mit wenigen zerstreuten kurz strichförmigen oder dicht vernetzten weißen Pseudocyphellen, grau bis graubraun, glänzend. *Parmelia discordans* ist sehr ähnlich, ist aber im Mark K–; diese Art ist oft braun gefärbt. Solche Formen können mit *Xanthoparmelia pulla* verwechselt werden, die aber keine Pseudocyphellen aufweist, nie K+ rot oder P+ orange-rostrot ist und dichter dem Substrat anliegt.

Parmelia saxatilis ist mehr oder weniger dicht von zylindrischen bis koralloiden Isidien bedeckt, ist deutlich netzrunzelig (vernetzte Pseudocyphellen) und grau bis stellenweise braungrau gefärbt.

Parmelia omphalodes (2 cm)

Ökologie und Verbreitung: *Parmelia omphalodes* vorwiegend in montanen Lagen an absonnigen Vertikalflächen oder an exponierten Felsen und in Blockmeeren, selten. *Parmelia saxatilis* weit verbreitet, mäßig bis ziemlich häufig. Von Nord- bis Südeuropa, im Süden mehr im Gebirge.

Parmelia omphalodes (ca. 4 cm)

Parmelia saxatilis (3,1 cm)

Lepra corallina (Korallen-Porenflechte) (*Pertusaria corallina*)

Hauptmerkmale: Krustenflechte, Lager grauweiß, ziemlich dick, bis zum Rand dicht mit zylindrischen, einfachen bis verzweigten, 0,1–0,3 mm dicken und bis zu ca. 1,2 mm langen Isidien bedeckt, ausgedehnt, K+ gelb, dann intensiv gelb bis gelborange, P+ gelb bis orangerot. Apothecien extrem selten.

Unterscheidungsmerkmale: Bei Beachtung der Lagerfarbe und dem dichten Besatz mit recht kräftigen, bis zum Rand des Lagers stehenden, bis in die Spitzen grauweißen Isidien sowie der K+ intensiv gelben, dann gelborangefarbenen Reaktion kaum zu verwechseln. *Pertusaria pseudocorallina* ist zwar auch isidiös, doch sind die Isidien kürzer, stets oben gebräunt und oft keulig verdickt, ferner ist das Lager eher grau als grauweiß und reagiert mit K+ tiefrot.

Ökologie und Verbreitung: In niederschlagsreichen Lagen an lichtoffenen bis absonnigen Felsen, in Blockmeeren und an niedrigen Blöcken. Ziemlich selten. Weit verbreitet insbesondere in den gemäßigten und kühlen Gebieten Europas.

Lepra corallina (9,5 mm)

Haematomma ochroleucum (Gewöhnliches Blutauge) var. *ochroleucum* und var. *porphyrium*

Hauptmerkmale: Weitgehend sorediöse, cremefarbene bis weißgraue oder blass gelblichgrüne Krustenflechte mit weißem, bei guter Entwicklung aufgefasertem Vorlager. Lager oft ausgedehnt, K± gelb, C–, P– bis gelblich. Apothecien ziemlich selten, rot. Sporen lang spindelförmig, 4–8-zellig.

Unterscheidungsmerkmale: Wenn die roten, K+ violettroten Apothecien vorhanden sind, ist *Haematomma ochroleucum* mit anderen Flechten nicht zu verwechseln. Bei guter Entwicklung ist die Art auch steril an dem gefaserten Vorlager leicht zu erkennen. Die beiden Varietäten unterscheiden sich lediglich in der Farbe des Lagers; var. *ochroleucum* ist gelbgrünlich bis blass graugrün, var. *porphyrium* cremefarben bis weißgrau. *Phlyctis argena* (S. 101) ist weißlich, hat ein nicht gefasertes weißes Vorlager und ist K+ rot. Rotfrüchtige Arten der früheren Großgattung *Caloplaca* haben andere Sporen und kein gefasertes Vorlager.

Ökologie und Verbreitung: Vertikalflächen von Felsen, auch an Mauern, ziemlich selten, vor allem im atlantischen und subatlantischen Europa.

Haematomma ochroleucum var. *ochroleucum* (ca. 3 cm)

Haematomma ochroleucum var. porphyrium (ca. 2,2 cm)

Lepraria caesioalba (Weißgraue Lepraflechte) *Lepraria membranacea* (Häutige Lepraflechte)

Hauptmerkmale: Einheitlich aus kleinen Körnchen zusammengesetzte (lepröse), zusammenhängende, deutlich begrenzte, bei ungestörtem Wuchs rundliche Krustenflechten, ohne Apothecien. Oberfläche ungegliedert.

Unterscheidungsmerkmale: Unter den zahlreichen *Lepraria*-Arten sind die beiden Arten durch ihre rundlichen, begrenzten, nie diffusen Lager und den Standort auf Silikatgestein gekennzeichnet. Weitere scharf begrenzte, rosettig wachsende lepröse Arten finden sich auf Kalkgestein.

Lepraria caesioalba: Lagerrand nie gelb, nie erhaben. Lager grauweiß, nach der Mitte zu oft dunkler als am Rand. K± gelblich, C–, P+ gelb bis rotorange (Achtung: Reagenz muss mit der Flechte Kontakt bekommen), bis 3 cm. An voll beregneten Standorten (auf Horizontal-, Neigungs- und Steilflächen). Habituell besteht eine Verwechslungsmöglichkeit mit *Kuettlingeria teicholyta* (S. 215), diese wächst jedoch fast nur auf anthropogenen Substraten (Mauern, Ziegel etc.), nur sehr selten auf schwach kalkhaltigem Fels, nicht auf kalkfreiem Silikatgestein. Sie ist P–.

Lepraria membranacea: Lager am Rand wulstig erhaben, gelblich, gegen die Mitte auch grauweiß. An sehr schattigen Standorten kann die gelbliche Färbung weitgehend fehlen oder nur am Rand vorhanden sein. K+ gelb bis orange, C+ gelb, P+ orange (Achtung: Reagenz muss mit der Flechte Kontakt bekommen, wasserabweisende Oberfläche). An mehr oder weniger regengeschützten Vertikal- und Überhangflächen von Felsen, selten auch auf saurer Borke.

Lepraria caesioalba ist häufigster Repräsentant einer Gruppe von Arten gleichen Aussehens, die sich chemisch unterscheiden, darunter *Lepraria neglecta*, die C+/KC+ rosa-orange reagiert.

Ökologie und Verbreitung: Auf kalkfreiem Silikatgestein nicht selten. In ganz Europa.

Lepraria caesioalba (ca. 2,6 cm)

Lepraria membranacea (3,1 cm)

Chrysothrix chlorina (Fels-Schwefelflechte) *Psilolechia lucida* (Gelbfrüchtige Schwefelflechte)

Hauptmerkmale: Leuchtend gelbe bis schwefelgelbe Krustenflechten mit gleichmäßig mehliger bis feinkörniger, wasserabweisender Oberfläche, an regengeschützten Flächen auf Silikatgestein, mit K nicht rot, C–, P–.

Unterscheidungsmerkmale: Die beiden Arten sind in der Regel farblich gut unterschieden. *Psilolechia lucida* hat oft einen Grünton bzw. ein sehr helles Zitronengelb und ist feiner mehlig. Sie ist auch oft an von Menschen geschaffenen Habitaten zu finden, während bei *Chrysothrix chlorina* der Grünton fehlt. Sie ist eher eine Flechte der großen Felsen in Tälern und Schluchten und der Blockmeere.

Chrysothrix chlorina (2,8 cm)

Psilolechia lucida (7 mm)

Chrysothrix chlorina: Lager meist dick und rissig, aber auch stellenweise dünn und diffus, intensiv gelb bis goldgelb, ganz aus feinen Körnchen zusammengesetzt, mitunter von wattigem Aspekt, nie mit Apothecien, mit K+ oft leicht orange und KC± rötlich, nur an naturnahen Standorten, nicht als Pionier an frisch freigelegten Felsen an Wegen und Straßen.

Psilolechia lucida: Lager dünn, pulverig, diffus, selten rissig, schwefelgelb bis grüngelb, häufig steril, bisweilen mit gelben gewölbten Apothecien, K–, an Silikatfelsen, oft als Pionier an frischen Felsabbrüchen, oft an absonnigen anthropogenen Standorten (vor allem an alten Grabsteinen). Die Verwechslungsgefahr ist bei sterilem Lager mit *Chaenotheca furfuracea* (S. 122) sehr groß; letzten Endes kann nur eine chemische oder mikroskopische Untersuchung helfen (*Ps. lucida* hat kugelige, *Ch. furfuracea* ovale Algenzellen); oft aber verhilft eine genaue Nachsuche am Standort, ob gestielte Fruchtkörper von *Ch. furfuracea* vorhanden sind.

Ökologie und Verbreitung: Auf regengeschützten Flächen von Silikatgestein (siehe oben), *Psilolechia lucida* häufiger als *Chrysothrix*, in Europa verbreitet.

Lecanora soralifera (Sorediöse Kuchenflechte)

Hauptmerkmale: Krustenflechte mit blass gelbgrünen bis grünlichgrauen oder gelblichgrauen, flachen, am Rand oft gekerbten Areolen, mit flächenständigen, helleren (blassgelblichen), diskreten bis zusammenfließenden Soralen, K–, C–, KC+ gelb, P–.

Unterscheidungsmerkmale: Auf eisenschüssigem oder schwermetallreichem Gestein kommen weitere gelbliche sorediöse Krusten vor. *Lecanora subaurea* ist intensiver grüngelb gefärbt, hat flache bis gewölbte, am Rand sorediös aufbrechende Areolen, die P+ orangerot reagieren. *Lecanora epanora* kommt fast nur an Vertikalflächen und Überhängen vor, hat stark gewölbte, kräftig gelbe, an der Kuppe sorediös aufbrechende Areolen, P–. Beide Arten sind KC–.

Ökologie und Verbreitung: Bevorzugt an langzeitig taufeuchten Stellen und eisenreichem Substrat, vor allem an Steinen und niedrigen Felsen, auf Lesesteinhaufen, in Blockmeeren, ziemlich selten, vor allem in Mitteleuropa.

Lecanora soralifera (8 mm)

Enterographa zonata (Mosaikflechte, Mosaik-Zeichenflechte) ***Gyrographa gyrocarpa*** (Rillenfrüchtige Zeichenflechte) (*Opegrapha gyrocarpa*)

Hauptmerkmale: Servediöse Krustenflechten mit braunem bis ziegelrotem Lager, dunklem Vorlager und *Trentepohlia*-Algen (Lager beim Anritzen häufig goldgelblich bis orange oder grünorange), an schattigen, luftfeuchten Standorten an senkrechten bis überhängenden Flächen von Silikatfelsen lebend. Apothecien schwarz.

Unterscheidungsmerkmale: *Enterographa zonata*: Lager dunkelbraun, mit zahlreichen begrenzten, punktuellen, weißlichen bis bräunlichen Soralen, oft zu vielen nebeneinanderwachsend und von schwarzen Vorlagerlinien durchkreuzte Mosaike bildend, daran leicht kenntlich. Sorale C–. Apothecien selten, klein, bis 0,4 mm, rundlich, fast perithecienartig, mit punktuell enger Scheibe.

Gyrographa gyrocarpa: Lager rotbraun bis ziegelrot, sich sorediös auflösend (Randpartien meist nicht sorediös), mit schwarzbraunem, oft relativ breitem und wenig scharf begrenztem Vorlager. Sorale C+ rot. Apothecien knollig aufsitzend, mit gerillter, unregelmäßiger Scheibe, bis 1,5 mm breit, selten.

Die Apothecien von *G. gyrocarpa* haben mit denen von *Opegrapha dolomitica* Ähnlichkeit, die jedoch auf beschatteten Dolomit- und Kalkfelsen vorkommt und ein unscheinbares Lager hat (kaum zu sehen oder dünn, grau, orange, grünlich).

Ökologie und Verbreitung: An sehr schattigen, kaum oder nicht beregneten Silikatfelsflächen, in Schluchten, an Schatthängen, in Wäldern. Verbreitet vor allem im atlantischen und subatlantischen Europa, von Nord- bis Südeuropa, *Enterographa zonata* im hohen Norden fehlend.

Enterographa zonata (1,3 cm)

Gyrographa gyrocarpa (1,4 cm)

Lepra aspergilla (Gesprenkelte Porenflechte) (*Pertusaria aspergilla*) ***Varicellaria lactea*** (Milchweiße Porenflechte)

Hauptmerkmale: Grauweiße bis weißgraue, ausgedehnte Lager bildende Krustenflechten mit weißen begrenzten Soralen, ohne Apothecien. Lager am Rand oft heller und fast weiß.

Unterscheidungsmerkmale: Wichtigstes Unterscheidungsmerkmal ist die C-Reaktion, bei *Varicellaria lactea* C+ rosarot, bei *Lepra aspergilla* C–. Die Lager von *V. lactea* können erheblich dicker werden als die von *L. aspergilla* und sind dann deutlich rissig areoliert, während die von *L. aspergilla* in der Regel dünn und kontinuierlich bis rissig (nicht deutlich areoliert) sind und eine oft unebene, die Gesteinsoberfläche im Relief nachzeichnende Lageroberfläche haben. *Varicellaria lactea* kann mit *Ochrolechia androgyna* (S. 148) verwechselt werden. Diese Art ist meist mehr grau gefärbt, die Oberfläche warzig-knollig uneben, die Lager kontinuierlich, nicht rissig areoliert bis deutlich areoliert wie oft bei *V. lactea*, die Sorale sind weißlich bis oft gelblich oder leicht grünlich.

Es gibt weitere weißgraue Gestein bewohnende *Lepra*-Arten mit Soralen, die jedoch sehr selten sind. Die hauptsächlich epiphytisch lebenden *Phlyctis argena* (S. 101) und *Lepra amara* können auch auf Gestein vorkommen, letztere reagiert KC+ violett, C–, erstere K+ rot, C– und hat diffuse Sorale.

Ökologie und Verbreitung: Auf Neigungs-, Steil- und Vertikalflächen von Silikatfelsen an ziemlich lichtreichen bis halbschattigen Standorten, in nahezu ganz Europa, nach Osten zu seltener.

Lepra aspergilla (4,2 cm)

Varicellaria lactea (2 cm)

Porpidia soredizodes (Sorediöse Porpidie) *Porpidia tuberculosa* (Höckerige Porpidie)

Hauptmerkmale: Gewöhnlich sterile Krustenflechten mit weißem bis hellgrauem, selten teilweise rostfarbenem feinrissigem bis fast ungegliedertem Lager, mit rundlichen bis etwas unregelmäßigen Flecksoralen. Apothecien mit Eigenrand, bei *Porpidia tuberculosa* ziemlich selten, schwarz, bereift oder unbereift, bei *Porpidia soredizodes* sehr selten, schwarz bis braunschwarz, immer unbereift.

Unterscheidungsmerkmale: Es gibt eine ganze Anzahl von sorediösen weißen Krusten; sind Apothecien vorhanden, schränkt sich die Zahl bedeutend ein. Wie bei *Porpidia macrocarpa* haben beide Arten Apothecien mit schwarzem Eigenrand und ein dunkles schüsselförmiges Gehäuse, das man mit der Lupe gut erkennen kann, wenn man die Apothecien anschneidet. *Porpidia tuberculosa* hat ferner fast ein Alleinstellungsmerkmal: das Mark des Lagers reagiert mit Jod violett. Sie hat bis 0,7 mm große, konkave, flache oder über das Lager ragende grünlichweiße bis hellgraue Sorale, die K–, P– reagieren, *P. soredizodes* konkav ausgehöhlte bis flache, graue Sorale, die P+ orange und K+ gelblich reagieren. Letztere Art findet man an Steinen, z. B. in Wäldern, aber auch als Pionier auf Kieselsteinen in Kiesgruben, sie geht auch auf Dachziegel etc. über. *Porpidia tuberculosa* lebt an Blöcken im Wald, in Block- und Steinansammlungen, vor allem an lange taufeuchten und schattigen Felsflächen, kaum auf anthropogenen Substraten.

Ökologie und Verbreitung: Weit verbreitet in ganz Europa, auf Silikatgestein.

Porpidia soredizodes (ca. 9 mm)

Porpidia tuberculosa (wenn Apothecien vorhanden, sind Sorale spärlich) (ca. 2 cm)

Rhizocarpon geographicum (Gewöhnliche Landkartenflechte)

vgl. S. 379

Rhizocarpon lecanorinum (Kragen-Landkartenflechte)

Hauptmerkmale: Krustenflechten mit gelbem bis grüngelbem areoliertem Lager und zahlreichen schwarzen Apothecien, dadurch schwarzgelb gescheckt, von schwarzer Vorlagerlinie begrenzt. Oft in größeren, von den schwarzen Vorlagerlinien durchlaufenen Beständen, daher „landkartenartig“. Apothecien nicht oder kaum über das Lager ragend, bis 1(–1,5) mm breit, konkav, flach oder leicht gewölbt.

Unterscheidungsmerkmale: *Rhizocarpon geographicum*: Apothecien sitzen zwischen den Areolen, nicht sichel- bis kragenartig umschlossen. Areolen 0,4–1,5 mm. Mark P– bis P+ gelborange.

Rhizocarpon lecanorinum: Apothecien werden sichelartig bis kragenförmig von den Areolen umschlossen. Areolen 1–2 mm. Mark P+ orange oder gelb.

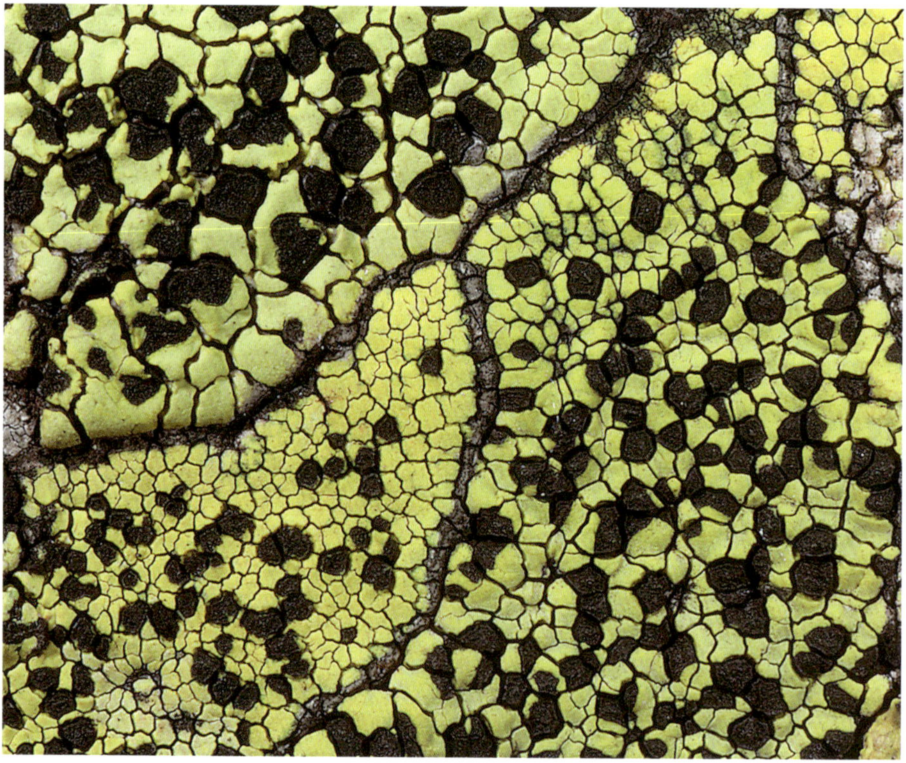

Rhizocarpon geographicum (1,2 cm)

Rhizocarpon geographicum ist eine Sammelart mit mehreren schwer zu unterscheidenden Sippen, die sich ohne gute Kenntnis der Gruppe nicht bestimmen lassen. Ähnlich *Rh. lecanorinum* ist *Rhizocarpon ferax*; auch bei dieser deutlich selteneren Art sind die Apothecien sichelmondartig umschlossen, die Areolen schließen aber nicht zusammen, sondern sitzen sehr zerstreut auf dem dominierenden schwarzen Vorlager. *Rhizocarpon viridiatrum* hat mehr grüne, oft nur kleine Lager und zwischen den Areolen stehende runde, gewölbte, vorragende Apothecien; diese Art wächst oft parasitisch auf *Circinaria caesiocinerea*.

Ökologie und Verbreitung: An lichtreichen Standorten auf Silikatgestein weit verbreitet, v. a. *Rhizocarpon geographicum* auch auf alten Grabsteinen, Mauerkronen, Dachziegeln; sie ist gebietsweise häufig und charakteristische „Leitart" der Silikatfelsen; färbt Geröllhalden und Felsbereiche in den Gebirgen grünlichgelb ein, in ganz Europa. *Rhizocarpon lecanorinum* seltener.

Rhizocarpon lecanorinum (1 cm/6 mm)

Candelariella coralliza (Korallen-Dotterflechte)

Hauptmerkmale: Gelbe, dicklagerige, tiefrissig areolierte Krustenflechte mit unebener, regelmäßig kleinwarzig-körniger Oberfläche, selten mit gelben Apothecien mit Lagerrand. Areolen aus dicht gepackten körnigen bis koralloiden Strukturen aufgebaut (Lupe), im Anbruch weißlich. R– oder K+ leicht rötlich.

Unterscheidungsmerkmale: von den Arten der früheren Großgattung *Caloplaca* (z. B. *Flavoplaca*) durch die negative oder nur sehr schwach rötliche K-Reaktion unterschieden. Von der verwandten *Candelariella vitellina* (S. 208) durch das sehr dicke, tiefrissige, an der Oberfläche kleinwarzige, meist sterile Lager unterschieden. Das Lager von *C. vitellina* ist viel dünner, körnig bis warzig oder areoliert, nie tiefrissig, an der Oberfläche nicht regelmäßig körnig-feinwarzig.

Ökologie und Verbreitung: Auf der Kuppe von exponierten Silikatfelsen, charakteristisch für stärker gedüngte Vogelsitzplätze. Oft auf und neben *Circinaria caesiocinerea*. Ziemlich selten. In Europa weit verbreitet.

Candelariella coralliza (ca. 11 mm)

Porina lectissima (Wasser-Kernflechte)

Hauptmerkmale: Krustenflechte mit zusammenhängendem oder rissigem Lager und weitgehend vom Lager bedeckten, ± halbkugelig hervorstehenden rotbraunen bis schwarzbraunen Perithecien, angeritzt mit orangefarbener Ritzspur, feucht orangerötlich verfärbend. Charakteristisch für langzeitig feuchte Felsen oder zeitweise überschwemmte Blöcke an Bächen.

Unterscheidungsmerkmale: Wichtig ist, dass man die Fruchtkörper als Perithecien identifiziert (abgesehen von der porenfeinen Mündung ist der kontinuierliche Übergang vom Lager zum Perithecienscheitel ohne jede Einschnürung oder Zäsur charakteristisch). Es gibt nur wenige gesteinsbewohnende Krustenflechten mit nichtschwarzen Perithecien, unter diesen ist *P. lectissima* durch den feuchten bis amphibischen Standort gut charakterisiert; alle anderen ähnlichen Arten sind extrem selten.

Ökologie und Verbreitung: V. a. in den Mittelgebirgen, selten. In Europa besonders im temperaten Laubwaldgebiet mit Schwerpunkt Westeuropa.

Porina lectissima (6,5 mm)

Hymenelia lacustris (Wasser-Hautflechte)

Hauptmerkmale: Krustenflechte an langzeitig spritz- oder sickerwasserfeuchten oder überschwemmten Felsen und Blöcken. Apothecien eingesenkt, konkav, rosa, orange, ocker, orangebraun bis rotbraun gefärbt, bis 0,6 mm breit. Lager beige, blass braungelblich, gelbrötlich bis ocker, zusammenhängend bis feinrissig, mit glatter Oberfläche, R–.

Unterscheidungsmerkmale: Durch die ganz bis halb eingesenkten konkaven, rosa bis ocker gefärbten Apothecien mit schwach bis deutlich entwickeltem Eigenrand und das Vorkommen an Bächen und nassen Felsen gut gekennzeichnet. Ähnlich sieht die nur im Hochgebirge an entsprechenden Standorten vorkommende *Ionaspis odora* aus, deren Lager orangefarbene *Trentepohlia*-Algen enthält; wenn man es anritzt, bleibt eine orangefarbene Spur zurück, bei *Hymenelia lacustris*, die rein grüne Algen enthält, eine grüne Spur.

Ökologie und Verbreitung: Amphibisch, Ökologie wie oben skizziert. Selten in den Mittelgebirgen, in den Alpen häufiger. Weit verbreitet vor allem in Mittel- und Nordeuropa.

Hymenelia lacustris (1 cm)

Fuscidea cyathoides (Wulstrandflechte)

Hauptmerkmale: Krustenflechte, Lager grau bis graubräunlich, rissig bis rissig areoliert, oft mit dunklem Vorlager, P+ rot, K– oder K+ bräunlichgelb, C–. Apothecien aufsitzend, wulstig berandet, bis 1,5 mm, rund bis unregelmäßig geformt, auch zu zweien oder dreien zusammenstehend. Scheibe flach, schwarzbraun bis braunschwarz, gequollen heller; Eigenrand wulstig vorstehend, im Alter oft wellig verbogen oder eingebuchtet, wie die Scheibe oder meist heller braun gefärbt.

Unterscheidungsmerkmale: An den wulstig (oft etwas heller) berandeten, dunkelbraunen Apothecien und der P-Reaktion gut zu erkennen. Die sehr seltene *Fuscidea austera* hat fast stets in Gruppen zusammenstehende Apothecien mit stark verbogenen und verfalteten Rändern, ein eher graues Lager mit negativer P-Reaktion. *Fuscidea kochiana* hat eingesenkte Apothecien von meist eckiger Form, ohne oder mit sehr dünnem Rand.

Ökologie und Verbreitung: Auf kalkfreiem Silikatgestein, meist an Steil- und Vertikalflächen halbschattiger Felsen, oft mehrere Lager mit dunklen Vorlagerlinien aneinandergrenzend, auch auf glatter Rinde, besonders von Rotbuche, besonders in feuchten Lagen. Im gemäßigten und warmen Europa, vor allem Westeuropa und Mediterrangebiet, bis ins mittlere Skandinavien.

Fuscidea cyathoides (8,5 mm)

Lecanora rupicola (Fels-Kuchenflechte) *Lecanora subcarnea* (Fleischfarbene Kuchenflechte) *Lecanora swartzii* (Swartz' Kuchenflechte)

Hauptmerkmale: Krustenflechten mit weißlichem, cremefarbenem bis beigem Lager und weißlich bis blassgelblich bereiften Apothecien mit Lagerrand, die mit C+ gelb bis orange oder mit P+ rot reagieren. Lager zusammenhängend, ungegliedert bis rissig. Apothecien 0,5–1,5 mm. Lager K+ gelb.

Unterscheidungsmerkmale: Bei *Lecanora rupicola* und *Lecanora swartzii* ist die C-Reaktion der Apothecien charakteristisch, dazu kommt bei *L. swartzii* auch eine positive tiefgelbe bis gelborange C-Reaktion des Lagers, die bei *L. subcarnea* und im Allgemeinen (nicht immer) bei *L. rupicola* fehlt. *Lecanora subcarnea* ist leicht zu

Lecanora rupicola (1 cm)

Lecanora subcarnea (1,6 cm)

unterscheiden an der charakteristischen roten P-Reaktion von Lager und Apothecien.

Lecanora swartzii ist durch relativ kleine, meist rundlich-rosettige Lager ausgezeichnet, bei denen die Lagerperipherie gewöhnlich radialrissig ist. Die Apothecien sind bei *L. swartzii* und *L. subcarnea* zumindest jung wulstig (später aber oft nicht mehr), bei *L. rupicola* oft dünn und wenig auffällig berandet, bei ersteren beiden sitzen sie bald mit verengter Basis auf, bei letzterer sind sie in das Lager ± eingesenkt oder sitzen angedrückt. Bei *L. subcarnea* sind die Apothecienscheiben unter dem Reif rosabraun, hellbraun, graubraun, bei *L. swartzii* hellbraun bis gelbbraun, bei *L. rupicola* rosabraun, braun bis schwarz.

Ökologie und Verbreitung: Alle drei Arten sind weit verbreitet. *Lecanora rupicola* siedelt an Horizontal- bis Vertikalflächen, während die deutlich selteneren *Lecanora swartzii* und *Lecanora subcarnea* an leicht regengeschützten Vertikalflächen und unter Überhängen vorkommen. Erstere wächst an Volllicht-Standorten, die beiden anderen bevorzugen Halbschatten.

Lecanora swartzii (8,5 mm)

Lecanora intricata (Verworrene Kuchenflechte) *Lecanora polytropa*-Aggregat (Vielgestaltige Kuchenflechte)

Hauptmerkmale: Krustenflechten mit blassgrünlichem, leicht gelbgrünlichem oder grünlichgrauem Lager und Apothecien mit Lagerrand. Apothecien meist bis 1 mm breit, flach bis (mäßig) gewölbt.

Unterscheidungsmerkmale: Bei *Lecanora intricata* sind die Apothecien eingesenkt oder sitzen angedrückt und haben im typischen Fall eine schwärzliche bis grüne (aber auch bräunliche), flache bis mäßig gewölbte, dünn berandete Scheibe, während bei *Lecanora polytropa* die Apothecien eher aufsitzen, gewöhnlich an der Basis verengt sind und eine blassgelbliche, beige bis blassgrünliche Scheibe (ähnlich wie die Farbe des Lagers) oder seltener eine bräunliche Scheibe haben; bei ihr sind die Apothecien jung deutlich berandet, im Alter oft stärker gewölbt und fast randlos. Bei *L. intricata* ist immer ein gut ausgebildetes Lager vorhanden. Bei der nicht einheitlichen und daher sehr variablen *L. polytropa* fallen oft nur die Apothecien auf, da das Lager sehr reduziert entwickelt sein kann; im Gebirge treten Formen mit über 2 mm großen Apothecien auf.

Protoparmeliopsis muralis (S. 222) hat ähnlich aussehende Apothecien, aber ein gelappt erscheinendes, deutlich entwickeltes Lager. Nur bei sehr schlechter Entwicklung könnte man die Art mit *L. polytropa* verwechseln. Sehr selten ist *Lecanora silvae-nigrae*; bei ihr ist die Scheibe in-

Lecanora intricata (1,6 cm)

tensiver (meist braun bis rotbraun) gefärbt und der Apothecienrand reagiert mit P rot.

Ökologie und Verbreitung: *Lecanora polytropa* ist weit verbreitet und recht häufig; sie ist auch auf Grabsteinen, Denkmälern und ähnlichem zu finden. *Lecanora intricata* ist eine Flechte des Berglandes und kommt in montanen bis alpinen Lagen vor und ist viel seltener als *L. polytropa*, die oft mit ihr vergesellschaftet ist. Beide Arten bevorzugen lichtreiche Standorte. Sie sind in Europa weit verbreitet.

Lecanora polytropa (1,2 cm/0,5 cm)

Lecanora sulphurea (Schwefelgelbe Kuchenflechte)

Hauptmerkmale: Krustenflechte mit ziemlich dickem, blassgrünem bis gelbgrünem oder gelbgrauem, rissig areoliertem Lager und anfangs mehr oder weniger eingesenkten, bald gewölbten, unterschiedlich gefärbten, bleigrauen bis grüngrauen, braunen bis grünbraunen oder blauschwarzen Apothecien. Apothecien 1–1,5(–2) mm, ± eingesenkt, Lagerrand bald verschwindend. Lager K± gelbbraun, C–, KC+ gelb, P–.

Unterscheidungsmerkmale: Kennzeichnend ist das kräftige, gelblichgrüne, graugrüne bis gelblichgraue, nicht sorediöse Lager mit oft in einem Lager unterschiedlich gefärbten, oft missfarbenen, mitunter bereiften Apothecien. *Lecanora polytropa* (S. 264) hat verengt sitzende, zumindest anfangs deutlich berandete Apothecien mit heller, blassgelblicher bis blassgrünlicher oder bräunlich gefärbter, nicht missfarbener und nicht bereifter Scheibe. *Lecanora intricata* hat ± einheitlich gefärbte, schwarze oder fast schwarze, aber mitunter auch wie bei *L. polytropa* gefärbte, bleibend flache und berandete Apothecien und ein gut entwickeltes Lager.

Ökologie und Verbreitung: Auf leicht gedüngtem oder basischem Silikatgestein an lichtreichen Standorten, mitunter parasitisch auf *Tephromela atra*. Selten. Mittelmeergebiet bis ins südliche Skandinavien.

Lecanora sulphurea (1 cm)

Ochrolechia parella (Parelleflechte)

Hauptmerkmale: Lager oft ausgedehnt, grauweiß, dünn bis dick, zusammenhängend bis rissig oder warzig. Apothecien groß (bis 3 mm), zahlreich, gedrängt, mit Lagerrand, Scheibe beigebraun bis rosabraun, oft dicht weiß bereift. Lager C+ gelb, Scheibe C+ rosarot.

Unterscheidungsmerkmale: Durch die hellen, bereiften und auffallend großen, mit C+ roten Apothecien kaum zu verwechseln. Eine sehr ähnliche, extrem selten gewordene Art wächst auf Rinde (*Ochrolechia pallescens*). *Ochrolechia androgyna* (S. 148) hat Sorale, auch der Lagerrand der selten auftretenden, mehr rosa bis orangerosa gefärbten Apothecien ist oft sorediös, das Lager (Mark) reagiert mit C+ rosa. *Lecanora rupicola* (S. 262) hat viel kleinere, meist bis 1 mm große, dicht weiß bereifte, oft halb eingesenkte Apothecien, die mit C+ gelb reagieren. *Diploschistes scruposus* (S. 277) hat ähnlich große Apothecien wie *Ochrolechia parella*, aber schwarze, grau bereifte, eingesenkte Scheiben.

Ökologie und Verbreitung: Auf lichtoffenen Silikatfelsen und Natursteinmauern in milden, atlantisch getönten Lagen; Süd- und Westeuropa.

Name: Aus *Ochrolechia parella* wurden im 19. Jahrhundert rote bis violette Farbstoffe hergestellt, unter anderem Persio und (in Frankreich) Erdorseille oder Parelle.

Ochrolechia parella (3,5 cm)

Trapelia coarctata (Weißrand-Trapelie)
Trapelia glebulosa (Schollige Trapelie)
Trapelia involuta (Eingebogene Trapelie)

Hauptmerkmale: Vor allem auf Steinen wachsende, wenig auffallende Krustenflechten mit beige bis weißlich oder rosaweißlich gefärbtem Lager und kleinen rosabraunen, braunen bis braunroten Apothecien, die anfangs oft noch von einem Lagerrand umgeben sind, der später verschwindet. Lager C+ rot, K–, P–. Apothecien bis 0,8 mm, flach bis mäßig gewölbt.

Unterscheidungsmerkmale: Die drei Arten sind trotz ihrer Kleinheit am hellen, C± roten Lager mit braunen bis braunroten Apothecien zu erkennen.

Trapelia coarctata: Thallus dünn zusammenhängend oder etwas rissig. Apothecien zahlreich, oft mit ausgeprägtem (mitunter ausgefranstem) Thalluskragen um die Scheibe, auch mit Eigenrand.

Trapelia glebulosa und *T. involuta*: Thallus aus zerstreuten bis zu Gruppen zusammenstehenden, am Rand gekerbten bis angedeutet gelapp-

Trapelia coarctata (8 mm)

ten Schuppen/Areolen. Areolen bis um 0,5 mm groß.

Trapelia glebulosa: Apothecien meist schon auf kleinen Schüppchen-Gruppen vorhanden, Rand meist bald verschwindend, Eigenrand dünn, kaum erhaben.

Trapelia involuta: Apothecien öfter fehlend oder nur vereinzelt vor allem in der Mitte der Lager, weißer Lagerrand lange bleibend, Schüppchen/Areolen werden größer als bei *T. glebulosa*.

Ökologie und Verbreitung: An kleinen bis größeren Steinen aus Silikatgestein (bei Nachsuche) oft zu finden, vor allem an Böschungen, Steinhaufen, Kiesgruben etc., auch in Wäldern, besonders an häufig taufeuchten Standorten, oft mit *Porpidia crustulata* (S. 282) vergesellschaftet. Auch an anthropogenen Standorten, z. B. auf Ziegel. In Europa weit verbreitet.

Trapelia glebulosa (6,5 mm)

Trapelia involuta (9,5 mm)

Scoliciosporum umbrinum (Braune Krummsporenflechte)

Hauptmerkmale: Krustenflechte mit 0,4–0,8 mm breiten, gewölbten und randlosen rotbraunen bis schwarzbraunen, jung etwas glänzenden Apothecien und sehr unterschiedlich entwickeltem graugrünem, grünbraunem, dunkelgrauem bis schwarzem, dünnem schorfigem bis gut entwickeltem, warzigem Lager, R–.
Unterscheidungsmerkmale: Kennzeichnend sind die gewölbten randlosen Apothecien. Auf Silikatgestein gibt es trotz der erheblichen Variabilität dieser Flechte keine sehr ähnlichen Arten, nur an schattig-luftfeuchten Standorten kommen *Micarea*-Arten in Frage, von denen die weniger seltenen rein schwarze oder aber noch kleinere Apothecien haben.
Ökologie und Verbreitung: Eine offenbar sehr resistente Art, eine breite Standortsamplitude einnehmend, auch an eisenreichem Gestein, an Grabsteinen, Denkmälern, meist an lichtoffenen trockenen Standorten, oft mit *Candelariella vitellina* (S. 208) vergesellschaftet, mäßig häufig. In ganz Europa.

Scoliciosporum umbrinum (6,5 mm)

Verrucaria praetermissa (Übersehene Warzenflechte)

Hauptmerkmale: Hellbraune bis hell rosabraune, aber auch dunkler braune Krustenflechte mit rissigem bis regelmäßig rissig-areoliertem Lager und schwarzen, eingesenkten bis kaum vorragenden Perithecien (sichtbarer Scheitel 0,1–0,2 mm), stets an zeitweise feuchten Felsen oder an spritzwasserfeuchten oder gelegentlich überschwemmten Blöcken an Bächen.

Unterscheidungsmerkmale: Die Verrucarien sind größtenteils sehr schwierige Arten. *Verrucaria praetermissa* kann nur in gut entwickelten Exemplaren mit rissigem bis rissig areoliertem, hellbraunem bis leicht rosastichigem Lager ohne mikroskopische Untersuchung einigermaßen sicher angesprochen werden; Voraussetzung ist eine stimmige Ökologie.

Ökologie und Verbreitung: An zeitweise durch Sicker- oder Spritzwasser feuchtem Silikatgestein; selten, weit verbreitet im Bereich des sommergrünen Laubwaldgebietes.

Verrucaria praetermissa (8 mm)

Lecidea silacea (Rostfarbene Schwarzscheibenflechte) ***Rhizocarpon oederi*** (Öders Landkartenflechte) ***Tremolecia atrata*** (Tremolecie, Rotlagerflechte)

Hauptmerkmale: Krustenflechten mit rissigem bis rissig areoliertem rotem bis dunkelrotem oder gänzlich rostfarbenem Lager und schwarzen lecideinen Apothecien, auf schwermetallhaltigem Silikatgestein lebend, K–, P–, C–.

Unterscheidungsmerkmale: Hauptsächlich unterschieden durch die Gestalt der Apothecien.

Lecidea silacea: Apothecien mit flacher bis gewölbter, glatter Scheibe, deutlich berandet, zuletzt auch randlos, eingesenkt bis aufsitzend, relativ groß, 0,5–1,5 mm. Lager areoliert bis warzig, rostbraun bis rostrot, Areolen oft gewölbt, Mark J+ blau. Sporen einzellig.

Rhizocarpon oederi: Apothecien mit rilliger bzw. genabelter, nie glatter Scheibe, relativ klein, bis 0,5 mm. Lager rostbraun bis rostrot, (v.a. am Rand) mehr rissig als deutlich areoliert, Mark J–. Sporen 4-zellig.

Tremolecia atrata: Apothecien mit deutlich konkaver, glatter oder selten geteilter oder genabelter, aber nie rilliger Scheibe, mit deutlichem Eigenrand, 0,2–0,7 mm breit, zwischen den Areolen ± eingesenkt sitzend. Lager rissig areoliert, rot bis dunkelrot, seltener rostfarben, Mark J–. Sporen einzellig.

Ökologie und Verbreitung: Selten/sehr selten in den Mittelgebirgen, häufiger in den Silikatgebieten der Alpen, an schwermetallhaltigem, oft schwarz bis rostig überlaufenem Gestein, *T. atrata* auch als Pionier auf schwermetallarmem Silikatgestein. In Europa verbreitet, in Mittel- und Südeuropa vor allem in den Gebirgen.

Rhizocarpon oederi (5,7 mm)

Lecidea silacea (1,6 cm)

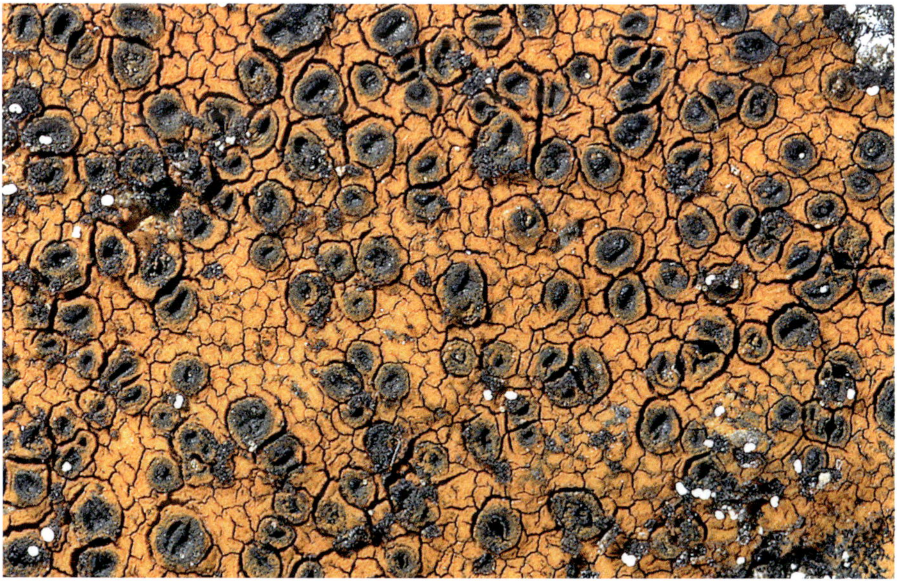

Tremolecia atrata (1 cm)

Buellia aethalea (Pionier-Buelliflechte)

Hauptmerkmale: Krustenflechte mit grauweißem bis grauem, rissig areoliertem bis deutlich areoliertem, K+ gelbem, dann rotem Lager und eingesenkten flachen schwarzen Apothecien. Areolen klein, 0,3–0,8 mm, flach bis schwach gewölbt, auf schwarzem Vorlager. Apothecien bis 0,5 mm, mit undeutlichem dünnem oder ohne Eigenrand, mitunter wie vom Lager berandet erscheinend. Meist unauffällig in kleinen Lagern zwischen anderen Krusten wachsend. C–, P± gelborange.

Unterscheidungsmerkmale: An dem deutlich areolierten hellen, kleinen Lager auf schwarzem Vorlager mit eingesenkten flachen schwarzen Apothecien in Verbindung mit der roten K-Reaktion zu erkennen. Letztere ist nicht immer sehr deutlich und setzt auch nur allmählich ein (Lupe!). Als *Buellia* auch mit einfachen mikroskopischen Mitteln an den 2-zelligen braunen Sporen zu erkennen,

Ökologie und Verbreitung: Wächst meist auf hartem Silikatgestein als Pionier, oft in Blockhalden und an Natursteinmauern, fast regelmäßig an flechtenbewachsenen Grabsteinen aus Silikatgestein. Mäßig häufig. In ganz Europa verbreitet.

Name: Zu Ehren von E. Buelli, ital. Winzer.

Buellia aethalea (4,5 mm)

Tephromela atra (Schwarze Kuchenflechte)

Hauptmerkmale: Krustenflechte mit kräftigem unebenem, grauweißem Lager und großen aufsitzenden Apothecien mit wulstigem, oft verbogenem oder welligem Lagerrand und tiefschwarzer glänzender Scheibe. Apothecien um 1–2,5 mm. Lager K+ gelb, C–, P–.

Unterscheidungsmerkmale: Die Art ist sehr charakteristisch und normalerweise leicht anzusprechen, da andere, ähnliche Arten sehr selten sind. *Lecanora gangaleoides* hat ein mehr graues Lager (P± gelb), die Apothecien bleiben kleiner (gewöhnlich bis 1 mm), ihr Lagerrand ist kaum einmal verbogen bis wellig; diese Art kommt nur im atlantischen Europa vor, in Mitteleuropa nur im Westen. Zweifelsfrei kann sie von *T. atra* unterschieden werden, wenn man mit einer Rasierklinge die Apothecien schräg anschneidet und das Hymenium mit der Lupe anschaut; es ist bei *L. gangaleoides* farblos bis leicht grünlich, bei *T. atra* dunkel (rotbraun) gefärbt. Die im Gebirge vorkommende *Lecanora cenisia* (P+ gelb) hat mitunter schwärzliche, olivschwarze, braunschwarze, aber praktisch nie rein schwarze Apothecien.

Ökologie und Verbreitung: In ganz Europa verbreitet, auch auf Silikatgestein, das Spuren von Kalk enthalten kann, auch an anthropogenen Standorten; sehr saure (SiO_2-reiche, mineralarme) Silikate werden gemieden, leichte Düngung wird toleriert. Die Art kann auch auf Rinde vorkommen, ist aber heute auf diesem Substrat extrem selten.

Tephromela atra (1,2 cm)

Aspicilia cinerea (Graue Kraterflechte) *Circinaria caesiocinerea* (Graublaue Kraterflechte)

Hauptmerkmale: Grauweiße oder graue Krustenflechten mit rissigem bis rissig areoliertem Lager und eingesenkten Apothecien mit flacher bis konkaver schwarzer Scheibe und Lagerrand. Auf Silikatgestein.

Aspicilia cinerea (1,2 cm)

Unterscheidungsmerkmale: *Aspicilia cinerea* hat ein relativ helles, grauweißes (nie grünlich- oder bläulichgraues) Lager, das mit K rot reagiert. *Circinaria caesiocinerea* hat ein weißgraues bis graues, oft auch leicht grün- oder blaustichig graues Lager, das nicht mit K reagiert (nach langer Zeit schmutzig bräunlich). Bei *C. caesiocinerea* kann das Lager sehr ausgedehnt sein (bis weit über 10 cm im Durchmesser). *Circinaria contorta* (S. 320) unterscheidet sich durch ein areoliertes, nicht nur rissiges bis rissig areoliertes Lager; es ist grau gefärbt, aber oft weißlich bereift. Sie kommt nur selten auf kalkfreiem Gestein vor, *Circinaria calcarea* (S. 320) nie; diese hat ein weißes, oft kaum gegliedertes, schwach bis manchmal deutlich rissiges, oberflächlich oft raues Lager und unregelmäßig begrenzte Apothecien.

Circinaria caesiocinerea (9 mm)

Ökologie und Verbreitung: Auf kalkfreiem Silikatgestein an lichtreichen Standorten, *Circinaria caesiocinerea* auch auf zeitweise leicht sickerfeuchten sowie auf gedüngten Flächen (z. B. Vogelsitzplätzen).

Diploschistes scruposus (Silikat-Krugflechte)

Hauptmerkmale: Graue, manchmal etwas braunstichige Krustenflechte mit zusammenhängendem bis rissig areoliertem Lager und unebener, oft warzig-knolliger Oberfläche, mit angedrückt sitzenden bis eingesenkten Apothecien mit vertieft sitzender, flacher, grau bereifter Scheibe und deutlichem Lagerrand, auf Silikatgestein. Apothecien 1–3 mm, Scheibe meist grau, unter dem Reif schwarz. Lager oft ausgedehnt, dick, C+ rot, K+ gelblich.

Unterscheidungsmerkmale: Gut kenntlich; eine verwandte Art, *Diploschistes gypsaceus*, wächst auf Kalkgestein und selten auch an vermörtelten Mauern, an Steilflächen und Überhängen, sie hat ein weißliches Lager und ähnliche, 2–5 mm große Apothecien.

Ökologie und Verbreitung: An kalkfreiem Silikatgestein an halbschattigen bis lichtoffenen Standorten an Blöcken und Felsen in ganz Europa.

Diploschistes scruposus (2,2 cm)

Acarospora privigna (Einfacher Vielsporer) (*Polysporina simplex*) ***Acarospora subfuscescens*** (Bräunlicher Vielsporer) (*Polysporina subfuscescens*)

Hauptmerkmale: Mit kleinen schwarzen, lecidein berandeten Apothecien mit sehr unebener, oft mit einem Nabel versehener oder rilliger Scheibe, rundlich bis breit elliptisch oder eckig, angedrückt sitzend, 0,3–0,6(–1 mm).

Unterscheidungsmerkmale: An den schwarzen Apothecien mit rilliger Scheibe zu erkennen. Bei *Acarospora privigna* haben die Apothecien meist einen groben, dicken gekerbten bis gespaltenen Rand und folgen oft in Reihen den Ritzen des Gesteins, bei *Acarospora subfuscescens* haben sie eher einen dünnen ganzen Rand. Bei ersterer Art ist kein Lager zu erkennen, bei letzterer oft ein deutliches, bräunliches Lager, in das die Apothecien halb eingesenkt sein können. Es wird vielfach als parasitiertes Fremdlager interpretiert.

Ökologie und Verbreitung: Pionierflechten auf sonst noch kaum von Flechten besiedelten Stellen von Steinen und Felsen aus Silikat-, selten oberflächlich entkalktem Kalkgestein. Ziemlich selten. In Europa weit verbreitet.

Acarospora privigna (8 mm); *Acarospora subfuscescens* (9 mm)

Lecidea fuscoatra (Braune Schwarzscheibenflechte) ***Lecidea grisella*** (Graue Schwarzscheibenflechte)

Hauptmerkmale: Krustenflechten mit meist kräftigem, rissig areoliertem bis areoliertem, hell- bis mittelbraunem, rotbraunem, graubraunem oder grauem Lager und schwarzen, matten, mitunter leicht bereiften, flachen bis gewölbten, oft zu mehreren gruppierten, eingesenkten bis halbeingesenkten, 0,5–2 mm breiten Apothecien. Lager K–, C+ rot (deutlicher: KC+ rot, Lager ankratzen/anschneiden), P–, J–.

Unterscheidungsmerkmale: Diagnostisch bedeutsam ist die positive C-Reaktion des Lagers, das bei *Lecidea fuscoatra* braun, bei *Lecidea grisella* eher grau ist und allenfalls einen leichten Braunstich aufweist; bei letzterer ist das Lager gegen den Rand nur leicht rissig, während es bei *L. fuscoatra* bis zum Rand deutlich rissig areoliert ist. Die Lageroberfläche von *L. fuscoatra* glänzt oft, die von *L. grisella* ist eher matt. *Immersaria athroocarpa* hat ein ähnlich aussehendes Lager wie *L. fuscoatra*, reagiert aber mit C negativ, mit J+ blau (Mark).

Ökologie und Verbreitung: Sehr vielgestaltiges Arten-Aggregat, an lichtreichen und oft etwas nährstoffreichen Felsstandorten mäßig häufig, auch in anthropogenen Habitaten, in ganz Europa verbreitet.

Lecidea fuscoatra (1,2 cm); *Lecidea grisella* (2,2 cm)

Lecidea lithophila (Stein-Schwarzscheibenflechte)

Hauptmerkmale: Krustenflechte mit dünnem grauem, fast immer teilweise rostig oxidiertem, zusammenhängendem bis etwas rissigem Lager und eingesenkten bis angedrückt sitzenden, flachen, berandeten, schwarzen bis braunschwarzen, oft etwas bereiften und zu mehreren zusammenstehenden Apothecien. R–.

Unterscheidungsmerkmale: Sehr charakteristisch ist das teils graue, teils rostfarbene, dünne, oft ausgedehnte Lager mit recht großen flachen, berandeten, oft etwas bereiften Apothecienscheiben (Rand meist unbereift), die in gequollenem Zustand etwas aufhellen (bräunen). Die Apothecien stehen einzeln oder oft zu mehreren gedrängt und platten sich dann gegenseitig ab. Die an ähnlichen Standorten vorkommende *Lecidea plana* ist sehr ähnlich, hat aber nie rostbraune Partien, sondern ist rein grau, die Apothecien sind unbereift und verändern sich farblich im gequollenen Zustand nicht. Ähnlich kann *Porpidia macrocarpa* (S. 282) sein, deren Apothecien sind aber dicker, stehen in der Regel vor (sitzen auf dem Lager und sind nicht halb bis fast ganz eingesenkt); auch diese Art kann partiell rostig oxidierte Lager haben. Beim Querschnitt der Apothecien dieser Art ist ein schwarzes Gehäuse zu sehen, das das Hymenium schüsselartig umgibt (Lupe!), ein solches Gehäuse fehlt *L. lithophila*, unter dem Hymenium ist das Apothecium hell.

Ökologie und Verbreitung: An windgeschützten, niedrigen Felsen und Blöcken in geologisch geeigneten Gebieten, vor allem in den Mittelgebirgen und in den Alpen, Schwerpunkt in montanen Lagen. In Nord-, West- und Mitteleuropa verbreitet, in Kalkgebieten fehlend.

Lecidea lithophila (9 mm)

Rhizocarpon distinctum (Abgegrenzte Landkartenflechte)

Hauptmerkmale: Thallus areoliert, braun, mit schwarzem Vorlager. Areolen flach bis mäßig gewölbt, Mark J+ blau. Apothecien am Rande der Areolen oder zwischen diesen, schwarz, (oft undeutlich) berandet.

Unterscheidungsmerkmale: Von den *Porpidia*-Arten, die einzellige Sporen haben, unterscheiden sich die *Rhizocarpon*-Arten durch zwei- bis meist vielzellige Sporen. *Rhizocarpon distinctum* und *Rh. reductum* (S. 282) haben oft einen Braunton im Lager und sind nie rostfarben, die behandelten *Porpidia*-Arten sind grau, gelegentlich rostfarben; erstere Art hat ein areoliertes Lager und relativ kleine, bis 0,6 mm breite Apothecien mit dünnem bzw. undeutlichem Rand, letztere ein rissiges bis uniformes, selten areoliertes Lager und 0,4–0,8 mm große, deutlich und breit berandete Apothecien.

Es gibt etliche weitere habituell ähnliche *Rhizocarpon*-Arten, die ohne mikroskopische Untersuchung nicht sicher bestimmbar sind. Die beiden genannten sind mit Abstand die häufigsten dieser Gruppe. Sie haben wie die beiden erwähnten *Porpidia*-Arten (S. 282) ein schwarzes Vorlager. Als Hinweise auf *Rh. distinctum* können gelten: der graubraune Thallus mit meist leicht gewölbten Areolen, flache bis gewölbte, wenig auffallend berandete Apothecien sowie die violette Reaktion des Marks mit Jod. Ein wichtiges Hilfsmittel, die Bestimmung einzuengen, ist auch die Vergesellschaftung und der Standort der Art. Mikroskopische Daten: Sporen querseptiert 4-zellig bis meist mit einer oder wenigen Längswänden, d. h. schwach mauerförmig, farblos bis im Alter leicht gefärbt. *Rhizocarpon reductum* findet sich wie die beiden *Porpidia*-Arten meist an beschatteten Standorten, *Rhizocarpon distinctum* zieht besonnte, oft etwas mit Nährstoffen angereicherte Habitate vor und wächst oft auch auf anthropogenen Unterlagen. *Porpidia crustulata* ist ein ausgeprägter Pionier auf am Boden liegenden kleinen Steinen.

Ökologie und Verbreitung: Auf leicht eutrophierten (Staubeinfluss, Vogeldüngung etc.) Flächen von Blöcken und Felsen aus Silikatgestein, auch auf Mauerkronen, Grabsteinen, Dachziegeln. Mäßig häufig. Weit verbreitet, vor allem im gemäßigten und submediterranen Europa.

Rhizocarpon distinctum (9,5 mm)

Porpidia crustulata (Kiesel-Porpidie)
Porpidia macrocarpa (Großfrüchtige Porpidie)
Rhizocarpon reductum (Dunkle Landkartenflechte)

Hauptmerkmale: Krustenflechten mit dünnem, ungegliedertem bis rissigem, grauweißem bis grauem, selten auch stellenweise rostfarben überlaufenem oder mit graubraunem Lager. Apothecien schwarz, mitunter (bei *Porpidia macrocarpa*) bereift, berandet. Hypothecium und Eigenrand im Schnitt sehr dunkel bis schwarz, das helle Hymenium schüsselartig umschließend (Schrägschnitt unter Binokularlupe anschauen). Lager nicht sorediös, K– oder K+ gelblich, C–, P– oder P+ orange.

Porpidia crustulata (ca. 2,5 cm)

Porpidia macrocarpa (1 cm)

Unterscheidungsmerkmale: Die drei Arten gehören zu den zahlreichen Krustenflechten mit schwarzen Apothecien mit Eigenrand und sind nicht ohne Weiteres von anderen zu unterscheiden. Sie gehören zu den häufigsten Arten dieses Typs und wachsen vorwiegend an absonnigen Flächen und treten oft als sich rasch einstellende Pioniere auf. Absolute Bestimmungssicherheit gibt nur eine mikroskopische Untersuchung mit entsprechend weiterführender Literatur. Wichtiges Merkmal der beiden Porpidien ist das dünne Lager, das nie richtig areoliert ist. Weiter ist der Standort ein guter Anhaltspunkt (siehe unten); das Lager von *Porpidia macrocarpa* ist mitunter stellenweise rostig braun, das von *Porpidia crustulata* fast nie. Ansonsten muss man zur Trennung der beiden Arten fast statistische Bemühungen anstellen. Die maximal in einem Lager zu findende Apotheciengröße von *Porpidia crustulata* beträgt 0,55–1,6 mm (in der Regel bis 1 mm), die von *Porpidia macrocarpa* 1–3,8 mm, die maximale Breite des Randes (Aufsicht) bei ersterer 0,07–0,17 mm, bei letzterer 0,13–0,25 mm. Die Porpidien haben einzellige Sporen. Manche *Rhizocarpon*-Arten, so auch *Rh. reductum*, können ähnlich aussehen, ihr Apothecienrand ist aber meist gerundet, weniger scharf, die Sporen sind zwei- oder vielzellig. *Rhizocarpon reductum* hat angedrückt sitzende Apothecien und oft einen Braunstich im glatten bis rissigen, seltener areolierten Lager.

Ökologie und Verbreitung: *Porpidia crustulata* wächst fast immer auf kleineren Steinen im Halbschatten, an feuchten Böschungen und in Wäldern; mitunter sind die Apothecien konzentrisch oder wenigstens in Halbkreisen angeordnet; diese Art ist nicht selten mit *Rhizocarpon reductum* vergesellschaftet. *Porpidia macrocarpa* wächst auch meist an absonnigen Stellen, aber an größeren Blöcken und Felsen. Die Standortsamplitude von *Rhizocarpon reductum* umfasst die beider *Porpidia*-Arten. *Rhizocarpon reductum* und *Porpidia crustulata* mäßig häufig. *Porpidia macrocarpa* ziemlich selten. In Europa weit verbreitet.

Rhizocarpon reductum (6 mm)

9.8 Flechten auf Felsen, Blöcken und Steinen aus Karbonatgestein (vor allem Kalkstein, Dolomit)

(Wird man hier nicht fündig, kommen auch Arten anthropogener Substrate und kalkhaltiger Böden in Frage, Schlüssel 9.6 und 9.9.)

1 Lager blättrig-lappig, mit deutlich differenzierter Unterseite, nicht völlig mit dem Substrat verwachsen (Blattflechten) 2
1* Lager krustig bis schuppig; Unterseite gänzlich mit dem Substrat verwachsen (Krustenflechten) 11

2 Lager gelb bis orange oder braunorange, K+ blutrot.... *Xanthoria calcicola, X. parietina* (S. 289)
2* Nicht gelb bis orange gefärbt, nicht K+ rot 3

3 Lager hellgrau bis bräunlichgrau, angefeuchtet bald rein grün, aus rundlichen Lappen. Apothecien deutlich vertieft in Gruben sitzend, groß, braun bis braunschwarz ... *Solorina saccata* (S. 290)
3* Lager angefeuchtet nicht rasch grün. Fruchtkörper nicht in Gruben, oft fehlend 4

4 Lager ein- bis wenigblättrig, nur an einer Stelle festgewachsen (Nabelflechte), grau bis braungrau, unterseits braun bis rosabraun, kahl. Mit punktförmig kleinen eingesenkten schwarzen Perithecien.......... *Dermatocarpon miniatum* (S. 291)
4* Lager nicht nur an einer Stelle festgewachsen, keine Nabelflechte 5

5 Lager grauweiß bis hellgrau, K+ gelb, schmallappig, meist rundlich-rosettig, unterseits weißlich bis beige; Lappen ± linear, spärlich verzweigt, mit weißen bis blaugrauen Soralen .... *Physcia caesia, Ph. dubia* (S. 210)
5* Lager anders, nicht K+ gelb, unterseits nicht weißlich 6

6 Lager unterseits dicht mit Rhizinen besetzt, schwärzlich (nur am Rand heller), oberseits grau bis dunkelgrau, mit Soralen oder schwärzlichen Isidiengruppen, angefeuchtet nicht gallertig .... *Phaeophyscia sciastra* (S. 292), *Ph. orbicularis* (S. 42)
6* Lager unterseits nicht dicht mit Rhizinen besetzt, mit wenigen zerstreuten Haftstellen, oberseits grau bis schwärzlich oder braun, ohne Sorale, mit oder ohne Isidien, angefeuchtet gewöhnlich schwärzlich und ± gallertig aufquellend und geschmeidig (Gallertflechten) 7

7 Lager mit flächenständigen halbkugeligen bis kugeligen Isidien/Auswüchsen, relativ derb, schwarz, olivschwarz, feucht deutlich quellend 8
7* Lager ohne derartige Isidien, Lappen derb oder dünn und dann feucht fast durchscheinend, mit oder ohne Apothecien 9

8 Lagerlappen langgestreckt, schmal, rinnig, mitunter mit Apothecien.......... *Lathagrium cristatum* (S. 294)

8* Lagerlappen breit gerundet, nicht rinnig, dicht mit Isidien bedeckt. Apothecien sehr selten ... . *Lathagrium auriforme, L. fuscovirens* (S. 293)

9 Lappen rinnig, meist deutlich getrennt, langgestreckt. Apothecien spärlich .... *Lathagrium cristatum* (S. 294)

9* Lager anders, nicht aus langgestreckten, rinnigen Abschnitten 10

10 Lager dicht mit wulstig berandeten Apothecien besetzt, rundlich, Apothecienrand schwärzlich, dunkler als die Scheibe. Lappen meist nur randlich, kaum unter den Apothecien zu sehen, kräftig .... *Enchylium polycarpon* (S. 295)

10* Lager ohne Apothecien oder mit zerstreuten Apothecien besetzt, Apothecienrand (Eigenrand) wie die Scheibe oder heller gefärbt. Lageroberfläche trocken gewöhnlich runzelig bis „verknittert", Lappen sehr dünn.......... *Scytinium gelatinosum, Sc. lichenoides, Sc. pulvinatum* (S. 296)

11 Lager krustig, aber am Rand gelappt und von rosettigem Wuchs, oder aus rundlichen bis ovalen Schuppen bestehend 12

11* Lager bis zum Rand uniform krustig, mit ergossenem bis rissig areoliertem oder nicht erkennbarem Lager 23

12 Lager gelb bis orange, rundlich-rosettig 13

12* Lager nicht gelb 16

13 Lager K–, in der Mitte körnig bis unregelmäßig sorediös .... *Candelariella medians* (S. 207)

13* Lager K+ blutrot 14

14 Ohne Sorale, meist mit Apothecien .. *Variospora aurantia, V. flavescens, Calogaya pusilla* (S. 298)

14* Mit Soralen oder gänzlich sorediös aufgelöst, Apothecien selten 15

15 Lager mit begrenzten Soralen .... *Leproplaca cirrochroa, Calogaya decipiens* (S. 300)

15* Lager auf der gesamten Oberfläche sorediös-leprös, oft faltig.... *Leproplaca xantholyta* (S. 302)

16 Lager weiß, aus dicht bereiften, etwas gedunsenen, zu kleinen Lagern zusammentretenden flachen bis unebenen Schuppen, fast stets mit grau bereiften Apothecien .... *Thalloidima candidum* (S. 304)

16* Lager anders 17

17 Lager am Rand mit verlängerten Areolen, dadurch am Rand gelappt erscheinend, bei ungestörtem Wuchs rundlich-rosettig 18

17* Nicht mit randlich verlängerten Areolen, braun, schuppig bis areoliert 21

18 Lager braun, oft mit schwarzem, schwarzgrünem oder schwarzblauem Vorlager, aus kleinen, vor allem am Lagerrand gekerbten und verlängerten Areolen, oft isidiös. Apothecien schwarz, berandet, flach .... *Placynthium nigrum* (S. 307)

18* Nicht mit derart dunkel gefärbtem Vorlager, Flechte nicht schwärzlich wirkend 19

19 Lager grau bis bräunlichgrau, K– bis K+ rot. Apothecien eingesenkt bis angedrückt sitzend, dunkelbraun bis dunkel rotbraun .... *Lobothallia radiosa* (S. 305)
19* Lager blass grünlichweiß, gelbgrünlich, K–. Apothecien hellbraun, ocker, rotbraun 20

20 Lager dicht anliegend, am Rand mit radial ausgerichteten schmalen (bis 0,8 mm breiten) Lappen. Apothecien bis 1,5 mm breit .... *Protoparmeliopsis muralis* (S. 222)
20* Lager derb schollig, am Rand mit breiteren Lappen/Schuppen. Apothecien 1,5–5 mm breit .... *Squamarina cartilaginea* (S. 306)

21 Lager oft mit schwarzem, schwarzgrünem oder schwarzblauem Vorlager, aus kleinen, vor allem am Lagerrand gekerbten und vergrößerten Areolen, oft isidiös. Apothecien schwarz, berandet, flach .... *Placynthium nigrum* (S. 307)
21* Ohne Vorlager. Schuppen derb, meist 1–5(–10) mm groß, mit braunen bis rotbraunen oder ohne Apothecien 22

22 Mit eingesenkten braunen bis rotbraunen Apothecien. Schuppen nicht aufgebogen, 0,7–3(–5) mm breit .... *Acarospora macrospora* (S. 308)
22* Nicht mit solchen Apothecien. Schuppen oft etwas aufgebogen bzw. vom Substrat abgehoben, meist rotbraun, glänzend, mit schwarzen Punkten (Perithecien) oder braunschwarzen aufsitzenden Apothecien, 1–5(–10) mm .... *Placidium rufescens, Romjularia lurida* (S. 330)

23 Lager sorediös, deutlich entwickelt, gelb oder weißlich 24
23* Lager nicht sorediös 26

24 Lager weiß, grauweiß, stellenweise unregelmäßig sorediös aufbrechend, angeritzt goldgelb, orangebraun oder auch grüngelb, C+ rot. Soredien grau. Steril ... *Dirina stenhammarii* (S. 303)
24* Lager gelb, K+ rot 25

25 Lager aus lauter feinen wattigen Körnchen zusammengesetzt (körnig-leprös), meist scharf begrenzt und rundlich, oft etwas radialfaltig, steril .... *Leproplaca xantholyta* (S. 302)
25* Lager areoliert, stellenweise sorediös aufbrechend, mitunter ganz sorediös, nicht rundlich .... *Flavoplaca citrina, F. flavocitrina* (S. 203)

26 Fruchtkörper (einschließlich Rand) gelb bis orange, K+ rot 27
26* Fruchtkörper nicht K+ rot..29

27 Apothecien randlos oder mit undeutlichem, dünnem Rand, orange, gelborange, braunorange, mäßig bis deutlich gewölbt, 0,3–0,9(–1,5) mm, wenn flach, dann in Gesteinsgruben. Lager fehlend bis deutlich, oliv bis graugrün oder graubraun, rissig bis rissig areoliert. Sporen 1-zellig .... *Protoblastenia calva, P. rupestris, P. incrustans* (S. 310)
27* Apothecien berandet...28

28 Lager kräftig entwickelt, areoliert, gelb bis orange, K+ rot. Apothecien orange, Rand oft heller . ... *Variospora dolomiticola* (S. 206)
28* Lager undeutlich. Apothecien orangerot bis fast rot .... *Xanthocarpia marmorata* (S. 309)

29 Apothecien hellgelb bis schmutzig gelb, K–. Lager oft undeutlich, seltener körnig, gelb .... *Candelariella aurella* (S. 208)

29* Apothecien nicht hellgelb bis schmutzig gelb 30

30 Apothecien mit vertieft liegender, rosa bis oranger Scheibe und hellem, beigem, weißlichem oder leicht rosa gefärbtem, gespaltenem, gekerbtem oder ganzem Rand. Lager undeutlich, weißlich, beige bis leicht rosa oder orange 31

30* Fruchtkörper anders 32

31 Apothecien 0,3–0,7 mm, jung gewölbt, beige bis rosabeige, mit sternförmig angeordneten Rissen und zentraler Pore, dann sich öffnend und die vertieft liegende rosa Scheibe zeigend. Lager hell, weitgehend im Gestein, angeritzt nicht orange bis goldgelb .... *Petractis clausa* (S. 312)

31* Apothecien meist um 0,6–1 mm, nicht mit sternförmig angeordneten Rissen, bald mit offen liegender, vertieft sitzender, orange bis rosa gefärbter Scheibe und dickem hellem glattem oder radial gerieftem oder gekerbtem Rand. Lager dünn bis kaum vorhanden, beige bis rosa, angeritzt orange bis goldgelb (mit *Trentepohlia*-Algen) .... *Gyalecta jenensis* (S. 313)

32 Fruchtkörper (Perithecien) sind ins Lager oder Gestein eingesenkte kugelige bis birnförmige Gebilde (bei Anschnitt mit Rasierklinge unter dem Bino erkennbar), von denen nur der Scheitel sichtbar ist, in den eine winzige Pore eingelassen ist (starke Lupe!) 33

32* Fruchtkörper scheibenförmig, zumindest anfangs berandet und flach, schwarz oder farbig .. 36

33 Fruchtkörper groß, sichtbarer Scheitel um 0,5–1 mm, gewölbt. Lager angeritzt oft goldgelb, orangegelb, grüngelb, undeutlich bis schorfig-rissig, rosagrau, grau, bräunlichgrau, grünlichgrau. Sporen 2-zellig. An schattigen Felswänden .... *Acrocordia conoidea* (S. 314)

33* Fruchtkörper sehr klein, punktförmig erscheinend, schwarz, sichtbarer Scheitel 0,15–0,3 mm. Lager im Gestein (gesteinsfarben) oder grau oder braun bis schwarzbraun 34

34 Lager im Gestein (beim Anritzen des Gesteins grüne Spur hinterlassend = Algenschicht), nur als weiße oder gesteinsfarbene Flecken erkennbar, Perithecien in Gruben des Gesteins eingesenkt .... *Bagliettoa calciseda, Bagliettoa parmigera*-Gruppe (S. 315)

34* Lager deutlich entwickelt. Perithecienscheitel 0,2–0,3 mm 35

35 Lager braun bis dunkelbraun, ohne oder mit schwarzem Vorlager. Perithecien ½ bis ¾ eingesenkt .... *Verrucaria nigrescens* (S. 217)

35* Lager hellgrau, rissig bis rissig areoliert, Areolen mit glatter Oberfläche. Lager am Rand nicht ausdünnend, sondern gegenüber den benachbarten Krusten meist etwas erhaben, mit schwarzem Vorlager. Perithecien zu ¾ bis ganz eingesenkt .... *Verrucaria caerulea* (S. 316)

36 Apothecien weiß bis blaugrau bereift, unter dem Reif schwarz oder farbig 37

36* Apothecien nicht bereift 43

37 Apothecien mit Eigenrand, Rand schwarz, aber oft hell bereift (dann schwarz nach Befeuchten!) 38

37* Apothecien ohne Eigenrand, mit Lagerrand 39

38 Scheibe feucht rotschwarz. Apothecien oft in Gruben des Gesteins eingesenkt, nie zusätzlich mit Lagerrand. Lager endolithisch. Sporen farblos, sehr klein ...... *Sarcogyne pruinosa* (S. 317)

38* Scheibe feucht ohne Rotton. Apothecien nicht in Gruben des Gesteins, aber ± ins Lager eingesenkt, mit Eigenrand, aber oft noch von einem nicht erhabenen Lagerkragen umgeben. Lager deutlich, weiß bis grauweiß. Sporen braun .... *Diplotomma hedinii* (S. 318)

39 Lagerrand mehrfach gespalten bis tief gekerbt. Lager weitgehend endolithisch .... *Polyozosia crenulata* (S. 319)

39* Lagerrand nicht gespalten 40

40 Apothecienscheibe unter dem Reif schwarz bis allenfalls (angefeuchtet) rotschwarz 41

40* Apothecienscheibe unter dem Reif gut erkennbar braun, rotbraun, ockergelblich 42

41 Apothecien bzw. Scheibe ins Lager eingesenkt, von unregelmäßigem Umriss oder in gewölbte bis kraterartige Areolen eingesenkt, Scheibe flach oder konkav .... *Circinaria calcarea, Circinaria contorta* (S. 320)

41* Apothecien angedrückt sitzend, Scheibe nicht gänzlich ins Lager eingesenkt, flach bis etwas gewölbt, rundlich, bläulich bereift, mit grauweißem, deutlich vom Lager abgesetztem erhabenem Lagerrand... *Pyrenodesmia variabilis* (S. 322)

42 Lager undeutlich .... *Polyozosia dispersa*-Gruppe (S. 221)

42* Lager an der Peripherie deutlich entwickelt, sonst weitgehend von dichtstehenden Apothecien verdeckt .... *Polyozosia albescens* (S. 221)

43 Lager braun bis dunkelbraun, oft auf schwarzem bis bläulichem Vorlager, daher dunkler wirkend, feucht schwärzlich, sehr variabel, rissig areoliert, Areolen aus kleineren Areolen zusammengesetzt, oft isidiös. Apothecien schwarz, flach, berandet, oft glänzend .... *Placynthium nigrum* (S. 307)

43* Lager nicht braun 44

44 Apothecien ins Lager eingesenkt, schwarz, rundlich, oft kraterartig vertieft, oder unregelmäßig. Lager weiß, grau, oliv, grünlichgrau .... *Circinaria calcarea, C. contorta* (S. 320)

44* Apothecien sitzend, wenn eingesenkt, dann hell gefärbt 45

45 Apothecien dunkelbraun bis fast schwarz, sitzend, mit gleich gefärbtem oder grauem, bleibendem oder verschwindendem Rand, 0,4–0,6 mm. Lager undeutlich .... *Catillaria lenticularis, Rinodina bischoffii* (S. 323)

45* Apothecien hellbraun, rotbraun, beige, ocker, braungelblich, olivbräunlich gefärbt, mit deutlichem weißlichem bis hellgrauem, mitunter auch leicht gelblichem Lagerrand, meist über 0,5 mm 46

46 Lager undeutlich .... *Polyozosia dispersa*-Gruppe (S. 221)

46* Lager an der Peripherie deutlich entwickelt, sonst weitgehend von dichtstehenden Apothecien verdeckt .... *Polyozosia albescens* (S. 221)

Xanthoria calcicola (Kalk-Gelbflechte) ***Xanthoria parietina*** (Gewöhnliche Gelbflechte, Wand-Gelbflechte) – vgl. S. 34

Hauptmerkmale: Gelbe, orange bis orangebraun gefärbte, mit K+ blutrot reagierende Blattflechten mit heller (weißlicher bis beige gefärbter) Unterseite, mit oder ohne orange gefärbte(n) Apothecien mit Lagerrand. Lappen 1–3 mm breit. Mit zerstreuten Haftstellen, ohne typische Rhizinen.

Unterscheidungsmerkmale: *Xanthoria calcicola* ist orange, orangebraun bis goldgelb gefärbt, hat fast nie Apothecien, dafür einen dichten Besatz von isidienartigen Auswüchsen, die die Oberfläche knollig-uneben bis stark runzelig erscheinen lassen.

Xanthoria parietina ist gelb, blassgelb, graugelb bis orangegelb gefärbt, hat oberseits flache, ± glatte bis faltige oder leicht runzelig-unebene, aber nicht durch Auswüchse stark runzelig-knollig erscheinende Lappen. Apothecien (mit orangefarbener Scheibe) sind mit Ausnahme sehr junger Lager fast immer vorhanden. *Rusavskia elegans* (S. 200) unterscheidet sich durch sehr schmale (bis 1 mm breite), bis ins Zentrum des Thallus unterscheidbare, gewölbte Lappen und hat fast stets kleine (nur bis 1,5 mm breite) orangefarbene Apothecien.

Ökologie und Verbreitung: Auf nährstoffreichen, oft staubimprägnierten oder eutrophierten Flächen von Kalkfelsen, Mauern, Ziegeldächern etc. *Xanthoria parietina* ist in Europa weit verbreitet und häufig, hat in den letzten Jahrzehnten durch Eutrophierung und Abnahme saurer Immissionen eine starke Zunahme erfahren. *Xanthoria calcicola* wärmeliebend, ziemlich selten, in milden, planaren und kollinen Lagen Mittel- und Westeuropas sowie in Südeuropa verbreitet; sie fehlt in Nordeuropa.

Xanthoria calcicola (5,6 cm)

Xanthoria parietina (4 cm)

Solorina saccata (Sackflechte)

Hauptmerkmale: Graue, feucht intensiv grüne, rundliche, etwas gelappte Blattflechte, 1–4 cm breit (aber oft zu größeren Sammellagern vereinigt), mit dunkel- bis schwarzbraunen, bis 4 mm breiten Apothecien, die vertieft in Gruben sitzen, unterseits hell, weißlich, beige, blassbraun, kurzhaarig-filzig, mit oder ohne Rhizinen.

Unterscheidungsmerkmale: Nur bei der Gattung *Solorina* finden sich Laubflechten mit vertieft sitzenden Apothecien. In niederen und mittleren Lagen besteht keine Verwechslungsgefahr mit anderen Arten, in der alpinen Stufe leben weitere *Solorina*-Arten, deren Lager aber oft nur auf einen mehr oder weniger breiten Ring um die Apothecien reduziert ist oder kaum größer als 1 cm wird (*S. bispora*, *S. octospora*, durch die Zahl der Sporen im Ascus unterschieden, erstere mit zwei, letztere mit acht Sporen/Ascus).

Ökologie und Verbreitung: In Kalkfelsspalten, auf Dolomit, auf flachgründiger Erde über Karbonatgestein, sehr selten an Mauern (Vorkommen dort besonders schutzbedürftig); vor allem im Gebirge, gewöhnlich an absonnigen Flächen, selten. Von der Arktis bis in Gebirge des Mittelmeerraumes.

Solorina saccata (3,3 cm)

Dermatocarpon miniatum (Kalk-Nabelflechte)

Hauptmerkmale: Graue bis braungraue, oft auch bereifte, unterseits kahle, hell- bis rosabraune, selten dunkler braune Laubflechte mit einblättrigem bis mehrblättrigem (d.h. dann eingeschnittenem) Lager, das mit einer Haftscheibe (Nabel) am Fels festgewachsen ist, mit oder ohne feine schwarze Punkte (eingesenkte Perithecien). Lager meist nur bis um 2 cm, an Vertikalflächen aber oft bis über 4 cm groß. R–.
Unterscheidungsmerkmale: An verschiedene *Umbilicaria*-Arten erinnernd, aber von den Angehörigen dieser Gattung meistens ökologisch abweichend und mit punktförmig kleinen Perithecien anstelle von Apothecien. Wenn auf Kalkgestein wachsend, ist die Art als Nabelflechte sofort als *D. miniatum* identifizierbar. Da sie aber auch auf besonnten oder zumindest lichtreichen Steil- und Vertikalflächen von Silikatgestein vorkommt, ist in diesem Fall eine Untersuchung nötig, um einige graue *Umbilicaria*-Arten auszuschließen. An ähnlichen Standorten können *Umbilicaria hirsuta* und *U. grisea* (beide S. 238) wachsen; erstere hat aber unterseits zahlreiche Rhizinen, letztere eine fein areolierte schwärzliche Unterseite ohne oder mit sehr spärlichen Rhizinen und eine in der Mitte weißliche und runzelige Oberseite. *Umbilicaria cylindrica* (S. 392) hat am Rand des Lagers starre wimperartige Fortsätze und meist scheibenförmige Apothecien, außerdem unterseits meist einige Rhizinen. Andere graue Umbilicarien unterscheiden sich durch ihre schwarze Unterseite.
Ökologie und Verbreitung: Auf Karbonatgestein und an Steilflächen von (meist leicht kalkbeeinflusstem oder basischem) Silikatgestein, weit verbreitet; ziemlich selten.

Dermatocarpon miniatum (ca. 2,8 cm)

Phaeophyscia sciastra (Dunkle Schwielenflechte)

Hauptmerkmale: Vom Habitus her der häufigen *Phaeophyscia orbicularis* ähnlich (S. 42), d. h. mit grauen verlängerten, schmalen Lappen, aber mehr von düsterem Aussehen durch schwärzliche, am Rand und später auch auf der Fläche dicht sitzende Isidien/Isidiengruppen anstelle von Soralen. Unterseits schwarz, mit schwarzen Rhizinen. Lager meist bis 3 cm im Durchmesser, selten bis 5 cm, Lappen schmal, bis um 0,6 mm breit. R–.

Unterscheidungsmerkmale: Zu verwechseln mit *Ph. orbicularis*, den dunkleren Formen dieser Art sehr ähnlich, aber nicht mit mehligen/feinkörnigen Soralen, sondern mit schwärzlichen Isidien.

Ökologie und Verbreitung: Ökologisch mit *Ph. orbicularis* überlappend, Schwerpunkt auf gedüngten oder erdbodennahen Kalkfelsen, auf Ziegel- und Asbestdächern, auf Mauerkronen, fast nie an Baumstämmen. In ganz Europa weit verbreitet, ziemlich selten.

Phaeophyscia sciastra (2,7 cm)

Lathagrium auriforme (Ohrförmige Leimflechte) ***Lathagrium fuscovirens*** (Braungrüne Leimflechte) (*Collema auriforme, C. fuscovirens*)

Hauptmerkmale: Blattflechten, in trockenem Zustand hart und spröde, schwärzlich, braunschwarz, in feuchtem aufquellend, gallertig-weich, mit deutlichem olivbraunem bis olivfarbenem Stich (Gallertflechten). Unterseits graugrün bis schwärzlich, mit wenigen, meist weißlichen Haftstellen. Apothecien mit Lagerrand und brauner bis dunkelroter Scheibe, meistens fehlend. Lager bis um 4 cm im Durchmesser.

Lathagrium auriforme, in feuchtem, gequollenem Zustand (ca. 2,5 cm)

Lathagrium fuscovirens (1,4 cm)

Unterscheidungsmerkmale (in trockenem Zustand): *Lathagrium auriforme*: Lappen breit (meist bis 6, aber auch bis 10 mm), breit abgerundet, dicht mit kugeligen Isidien besetzt, mit flachen bis etwas aufgebogenen Rändern. Oberfläche fein gestreift (Lupe!). Lager feucht 0,2–0,5 mm dick. Apothecien fast immer fehlend. Charakteristischer Standort: meist auf Moosen auf beschattetem Kalkfels (selten kalkhaltigem Silikatfels).

Lathagrium fuscovirens sieht *L. auriforme* ziemlich ähnlich. Lappen breit (bis 6 mm), breit abgerundet, ± dicht mit kugeligen Isidien besetzt, mit gewöhnlich aufgebogenen Rändern. Apothecien oft fehlend. Oberseite nicht fein gestreift (Lupe!). Lager feucht bis um 0,2 mm dick. Standörtlich unterscheidet sich die Art deutlich von *L. auriforme*, sie bevorzugt sonnige, zeitweise sickerfeuchte Felsen/Mauern und wächst in der Regel direkt auf Gestein.

Ökologie und Verbreitung: Auf kalkhaltigem Gestein, *Lathagrium auriforme* an schattigen, *Lathagrium fuscovirens* an lichtreichen Standorten, erstere fast stets auf Moosen. In Gebieten mit Kalkfelsen nicht selten, *L. fuscovirens* öfter auch an Mauern. In Europa weit verbreitet, *L. auriforme* jedoch nur bis zur Nordgrenze der sommergrünen Laubwaldzone.

Lathagrium cristatum (Rinnige Leimflechte) (*Collema cristatum*)

Hauptmerkmale: Blattflechte, in trockenem Zustand hart und spröde, schwärzlich, braunschwarz, in feuchtem aufquellend, gallertig-weich, mit deutlichem olivbraunem bis olivfarbenem Stich (Gallertflechten). Unterseits graugrün bis schwärzlich, mit wenigen, meist weißlichen Haftstellen. Apothecien mit Lagerrand und brauner bis dunkelroter Scheibe, oft fehlend. Lager bis um 5 cm im Durchmesser.

Unterscheidungsmerkmale (in trockenem Zustand): *Lathagrium cristatum* hat in der Regel langgestreckte, deutlich schmälere Lappen (meist nur bis 2,5 mm breit) als *Lathagrium auriforme* und *Lathagrium fuscovirens* (S. 293). Die Lappen sind deutlich rinnig (mit hochgebogenen, oft welligen Rändern), oft mehrfach verzweigt, meist deutlich voneinander getrennt, mehr oder weniger radial ausgerichtet; Ränder ohne oder mit kugeligen Isidien, oft mit knotigen Auswüchsen. Apothecien sind nicht selten, mit Lagerrand und dunkelroter Scheibe. Kommt auf nacktem und bemoostem Kalkgestein vor.

Ökologie und Verbreitung: Auf kalkhaltigem Gestein, an lichtreichen Standorten. In Gebieten mit Kalkfelsen nicht selten. In Europa weit verbreitet.

Lathagrium cristatum (ca. 2 cm)

Enchylium polycarpon (Vielfrüchtige Leimflechte) (*Collema polycarpon*)

Hauptmerkmale: Blattflechte, in trockenem Zustand hart und spröde, schwärzlich, braunschwarz, in feuchtem Zustand aufquellend, gallertig-weich, mit olivfarbenem Stich (Gallertflechte), stets mit Apothecien. Lappen schmal, bis 2 mm breit, langgestreckt und strahlig angeordnet, relativ dick, flach oder an den Rändern leicht aufgebogen, ohne Isidien. Lager meist rundlich, meist bis 3 (selten 6) cm, flache Kissen bildend. Apothecien bis 1,5 mm, verengt aufsitzend, fast gestielt erscheinend, dichtstehend, nur Randpartien des Lagers ohne Apothecien.

Unterscheidungsmerkmale: Kennzeichnend ist das von dichtstehenden Apothecien bedeckte dickliche Lager mit schmalen Lappen. *Lathagrium auriforme* und *L. fuscovirens* (S. 293) unterscheiden sich durch deutlich breitere, breit abgerundete Lappen und den Besitz von Isidien; Apothecien fehlen bei ihnen gewöhnlich oder sind spärlich vorhanden. *Lathagrium cristatum* hat meist längere, deutlich rinnige, nicht durch Apothecien verdeckte Lappen; Apothecien sind bei dieser Art nicht selten, aber stehen meist nicht dicht gedrängt und sitzen an den aufgebogenen, oft welligen und knotigen Rändern.

Ökologie und Verbreitung: Auf Kalkgestein an lichtreichen, meist besonnten Standorten. In Kalkgebieten verbreitet, aber selten, kaum auf anthropogenen Substraten. In ganz Europa.

Enchylium polycarpon (1,9 cm)

Scytinium gelatinosum (Echte Gallertflechte) ***Scytinium lichenoides*** (Gefranste Gallertflechte) ***Scytinium pulvinatum*** (Polster-Gallertflechte) (*Leptogium gelatinosum, L. lichenoides, L. pulvinatum*)

Hauptmerkmale: Blaugraue, braungraue bis braune, kleinlappig gegliederte Blattflechten vom Gallertflechtentyp, d.h. Lappen in feuchtem Zustand quellend, leicht gallertig und deutlich dunkler gefärbt, trocken dünn, spröde. Lappen ganzrandig bis stark zerfranst geteilt. Oberfläche runzelig bis zerknittert, Unterseite oft heller, mit Haftstellen, aber ohne echte Rhizinen. Apothecien rotbraun bis braun, mit konkaver bis flacher Scheibe und deutlich erhabenem Eigenrand, oft zusätzlich mit Lagerrand.
Unterscheidungsmerkmale: Eine Gruppe, bei der manche Proben schwierig zu bestimmen und nicht eindeutig zuzuordnen sind, die

Scytinium gelatinosum (8 mm)

Scytinium lichenoides (9 mm)

Mehrzahl aber keine Schwierigkeiten bereitet. Kriterien sind Habitus und Form des Randes des Lagers.

Scytinium gelatinosum: Lappen am Rand ganzrandig bis ± reich eingeschnitten und handartig geteilt bis zerfranst, die Abschnitte aber **stets** deutlich flach, randlich nie fast strauchig aufgeteilt, nicht mit zylindrischen, verzweigten Auswüchsen. Apothecien nicht selten.

Scytinium lichenoides: Rand der Lappen deutlich zerfranst-gezähnt, mit wiederholt verzweigten, verlängerten, schmalen Auswüchsen oder zylindrischen bis koralloiden Isidien, Lappenränder im typischen Fall kraus. Lager lockerrasig, Lappen niederliegend bis aufsteigend, relativ groß, bis 10 mm lang, blaugrau bis grünlichbraun, runzelig bis glatt, unterseits meist blaugrau, mit längs verlaufenden Rippen, gegen die Anheftungsstellen oft kurzhaarig. Apothecien selten.

Scytinium pulvinatum: Rand der Lappen aufgeteilt, aber nicht mit zylindrischen Isidien. Läppchen klein, aufrecht, sehr dichte, meist nur bis 2 cm breite Polster bildend, braun.

Ökologie und Verbreitung: Auf meist bemoosten Kalkfelsen und Mauern sowie auf basenreicher Erde, *Scytinium lichenoides* und *Sc. gelatinosum* meist absonnig wachsend, v. a. über Gestein, *Sc. pulvinatum* meist in Lücken von Trockenrasen und auf besonnten Felsen. Ziemlich selten. In Europa weit verbreitet.

Scytinium pulvinatum (7,8 mm)

Variospora aurantia (Orangeroter Schönfleck) ***Variospora flavescens*** (Hepps Schönfleck) ***Calogaya pusilla*** (Kleiner Schönfleck) (*Caloplaca aurantia, C. flavescens, C. pusilla*)

Hauptmerkmale: Gelb bis goldorange gefärbte, rosettig wachsende Krustenflechten mit gelapptem Rand und gelben bis orangefarbenen Apothecien in der Lagermitte, K+ tiefrot. Randlappen aneinanderschließend, Zentrum des Lagers rissig bis areoliert. Lager mitunter mit blasserem ringförmigem Bereich.

Unterscheidungsmerkmale: *Variospora aurantia* und *V. flavescens* sind einander sehr ähnlich; in manchen Fällen ist die Zuordnung schwierig. Im typischen Fall hat erstere flache, relativ breite, wie geplättet und verschweißt aussehende Randlappen, *Variospora flavescens* gewölbte, relativ schmale. Die Lager werden im Allgemeinen bei *Variospora aurantia* größer (bis 6 cm, selten bis 10 cm) als bei *V. flavescens* (meist nur bis 4 cm, selten bis 7 cm) und sind öfter intensiver (rot-)orange bis goldorange, während *V. flavescens* häufiger mehr gelb gefärbt ist. Bei dieser Art finden sich die pigmentarmen blassen Stellen seltener als bei *V. aurantia*. Ökologisch liegen die Schwerpunkte verschieden. Variospora *aurantia* zieht warme, sehr lichtreiche Lagen vor (vor allem in Weinberggebieten verbreitet), *V. flavescens* ist auch im Bergland vorhanden und bevorzugt Vertikalflächen von Felsen und Flächen unter Überhängen; sie geht auch an halbschattige Standorte über. *Calogaya pusilla* hat ebenfalls rundliche, rosettig wachsende Lager, unterscheidet sich durch kleinere (meist nur bis 1,5 cm breite) Lager und andere Sporen; sie ist gelb bis lachsfarben und meist stark bereift, dadurch leicht von *Variospora flavescens* zu unterscheiden, die selten leicht bereift ist. Ein einwandfreies Unterscheidungsmerkmal liefern die Sporen: Sie sind bei *Calogaya pusilla* ellipsoid-oval, bei den beiden anderen rhombisch-zitronenförmig.

Variospora aurantia (2,5 cm)

Ökologie und Verbreitung: Auf Kalkgestein an lichtreichen, oft etwas nährstoffreichen Standorten, *Calogaya pusilla* an stärker gedüngten Stellen. *Variospora aurantia* ist auf niedere warme Lagen beschränkt (Weinberglagen). *Calogaya pusilla* ist mäßig häufig, in ganz Europa, *Variospora flavescens* ziemlich selten, vom Mittelmeergebiet bis ins südliche Skandinavien, *Variospora aurantia* selten, vom Mittelmeergebiet bis ins zentrale Europa.

Variospora flavescens (3 cm)

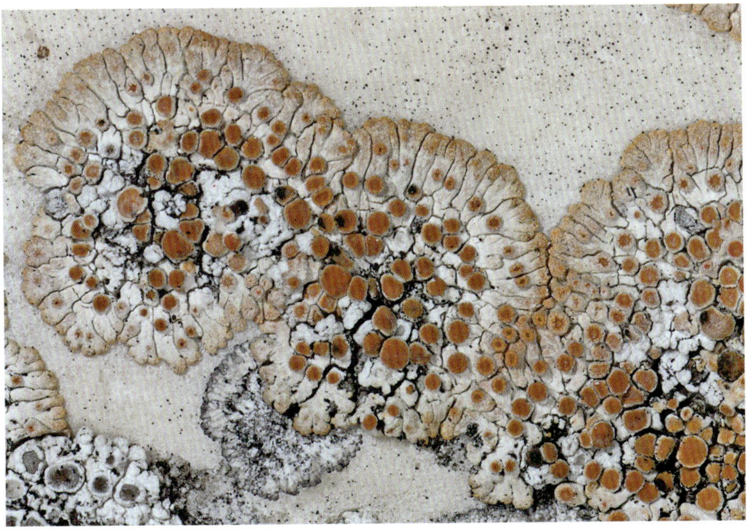

Calogaya pusilla (1,4 cm)

Leproplaca cirrochroa (Zweifarbiger Schönfleck) ***Calogaya decipiens*** (Trügerischer Schönfleck) – vgl. S. 201 (*Caloplaca cirrochroa, C. decipiens*)

Hauptmerkmale: Gelb bis gelborange gefärbte, oft bereifte, kleine, rosettig wachsende Krustenflechten mit gelapptem Rand, mit gelben Soralen, bis 2,5 (–3) cm. K+ tiefrot. Randlappen sehr schmal. Apothecien sehr selten.

Unterscheidungsmerkmale: *Leproplaca cirrochroa* hat zitronengelbe fleckförmige Sorale, die sich farblich auffallend vom übrigen Lager abheben und auf der Fläche der kleinen Lappen/ Areolen entstehen. Die Randlappen sind nur bis 0,5 mm breit, oft fingerartig geformt und deutlich voneinander getrennt, braunorange, mattgelb, orangegelb. Zentrale Lagerteile oft absterbend, dadurch dann ringförmig wachsend. *Calogaya decipiens* ist auch gelb bis orangegelb, hat aber Sorale, die sich farblich nicht deutlich vom übrigen Lager abheben und (Lupe) am Ende sehr kurzer Läppchen entstehen; sie sind lippenförmig bis fast kopfig (nie flächenständig). Lappen bis 1 mm breit.

Ökologie und Verbreitung: Auf kalkhaltigem Gestein an lichtreichen Standorten, besonders an Vertikalflächen und unter Überhängen, *Calogaya decipiens* an sehr nährstoffreichen Standorten, oft an staubigen Mauern, neben Misthaufen.

Calogaya decipiens ist lichtbedürftiger als *Leproplaca cirrochroa*, die auch an Felsen in lichten Wäldern vorkommen kann, und ist auf von Menschen gemachten Substraten häufiger als an natürlichen; sie war vor allem in Süddeutschland häufig, ist aber durch Dorfsanierungen (z. B. Abnahme von Misthaufen mit ihren gedüngten Betoneinfassungen) stark zurückgegangen. Dagegen findet sich *Leproplaca cirrochroa* kaum in künstlichen Habitaten.

Calogaya decipiens (1,6 cm)

Leproplaca cirrochroa (2,2 cm)

Leproplaca cirrochroa (5 mm)

Leproplaca xantholyta (Goldstaub-Schönfleck) (*Caloplaca xantholyta*)

Hauptmerkmale: Rundlich-rosettig wachsende goldgelbe Krustenflechte mit völlig lepröser Thallusoberfläche, an regengeschützten Flächen. Lager mitunter mit schwach entwickelten radialen Falten, oft angedeutet gelappt, meist bis 2,5 cm breit, K+ tiefrot.

Unterscheidungsmerkmale: An der völlig pulverig-leprösen gelben Oberfläche und dem recht scharf begrenzten, meist rundlichen Lager (sowie dem Kalksubstrat) zu erkennen. Lediglich bei schlecht entwickelten, nicht deutlich begrenzt wachsenden Lagern ist eine Verwechslung mit *Leproplaca chrysodeta* denkbar, deren Lager randlich diffus sind und eine eher ockergelbe Tönung als eine goldgelbe bis tiefgelbe Farbe haben. Ferner hat *Leproplaca xantholyta* unter den gelben Soredien ein weißes Mark, *L. chrysodeta* nicht. *Flavoplaca citrina* und *Flavoplaca flavocitrina* (beide S. 203) haben wenigstens stellenweise noch erkennbare kleine Areolen mit nicht-sorediösen Bereichen. Die K+ rote Reaktion weist beide als Arten der ehemaligen Großgattung *Caloplaca* aus.

Ökologie und Verbreitung: An nicht beregneten Flächen von Felsen aus Karbonatgestein, selten. Vom Mediterrangebiet bis in die gemäßigte Zone Europas (in Nordeuropa fehlend).

Leproplaca xantholyta (2,2 cm)

Dirina stenhammarii (Stenhammars Flechte)

Hauptmerkmale: Lager krustig, weiß, grauweiß, stellenweise sorediös aufbrechend, angeritzt goldgelb, orangebraun oder auch grüngelb, C+ rot. Soredien grau. Steril.

Unterscheidungsmerkmale: Die Art bildet weiße bis hellgraue, ziemlich dicke, zusammenhängende, nur sehr feinrissige Krusten an Vertikalflächen und an leichten Überhängen von überwiegend beschatteten Kalkfelsen. Diese Merkmale in Verbindung mit der roten Reaktion machen die Art beinahe unverwechselbar. Kennzeichnend sind außerdem die kleinen grauen bis braungrauen, (oft linienartig) zusammenfließenden Sorale, ferner die goldgelbe bis orange Ritzspur, die aber mitunter eher grünlich ausfällt. Das Vorlager ist, wenn entwickelt, weißlich. Eine nahe verwandte, sehr seltene Art, *Dirina fallax*, hat ein deutlich schwächer entwickeltes Lager und kommt auf (kalkbeeinflusstem) Silikatgestein vor.

Ökologie und Verbreitung: An halbschattigen bis schattigen Vertikalflächen von Kalkfelsen, selten auf anthropogenen Substraten, daher weitgehend auf Gebiete mit anstehenden Kalkfelsen beschränkt. Flechte mit mediterran-submediterranem Schwerpunkt, bis ins südlichste Skandinavien.

Name: Zu Ehren des schwedischen Flechtenkundlers und Entomologen Christian Stenhammar (1783–1866).

Dirina stenhammarii (1,8 cm)

Thalloidima candidum (Weiße Blasenkruste) (*Toninia candida*)

Hauptmerkmale: Lager schuppig, weiß (dicht feinmehlig weiß bereift), Schuppen leicht konkav bis gewölbt, oft verbogen, geschwollen, mit abgerundeten, nie scharfen Rändern, zu einem kleinen, fast polsterigen Lager verwachsen, das zumindest teilweise abgelöst werden kann, ohne in Einzelschuppen zu zerfallen. Randschuppen etwas vergrößert, bis 5 mm groß. Apothecien schwarz, aber grau bereift, dunkler als das Lager, flach, berandet, bis 2,5 mm. R–.

Unterscheidungsmerkmale: Bis auf eine Verwechslungsmöglichkeit eine sehr gut kenntliche Art. Das erheblich seltenere *Thalloidima diffractum* ist ähnlich, die Lager sind aber nicht so deutlich begrenzt wie bei *Th. candidum*, die randlich stehenden Schuppen sind nicht vergrößert, der Reif ist relativ grob, fast etwas körnig erscheinend und die Oberfläche kann gefurcht sein.

Ökologie und Verbreitung: An lichtreichen, meist stärker zerklüfteten Kalkfelsen, vor allem an Steilflächen, selten, im südlichen und gemäßigten Europa, mit kontinentaler Tendenz.

Thalloidima candidum (1,7 cm)

Lobothallia radiosa (Graurosettenflechte)

Hauptmerkmale: Rosettig wachsende Krustenflechte mit radial ausgerichteten, schmalen, dicht aneinanderschließenden, verlängerten flachen bis schwach gewölbten Randareolen/-lappen, grauweiß bis dunkelgrau, oft bereift, zentral mit eingesenkten, angedrückten, flachen bis leicht konkaven dunkelbraunen bis schwarzen Apothecien mit Lagerrand. Randlappen 0,5–1,2 mm breit. Reaktion K– bis oft K+ rot. Apothecien 0,5–1,5 mm, Scheibe jung oft ins Lager eingesenkt und dann ohne typischen abgesetzten Lagerrand.

Unterscheidungsmerkmale: Auch *Protoparmeliopsis muralis* (S. 222) ist durch rosettigen Wuchs und schmale zusammenschließende Randareolen (Randlappen) ausgezeichnet, ist aber blassgrünlich bis grünlichweiß gefärbt und hat heller gefärbte, ocker bis mittelbraune, selten rotbraune Apothecienscheiben, *Protoparmeliopsis versicolor* ist weißlich bereift und hat oft eine weißliche Randzone.

Ökologie und Verbreitung: *Lobothallia radiosa* siedelt auf kalkhaltigen Gesteinen, bevorzugt auf reinem Kalkstein. Sie lebt an lichtreichen, meist besonnten Standorten, z. B. auf Felsen und Blöcken in Kalkmagerrasen. Sie kommt auch auf Natursteinmauern aus Kalk vor, kaum aber auf künstlichem Substrat, wie Beton, Asphalt; hierin unterscheidet sie sich von *Protoparmeliopsis muralis* deutlich. *Lobothallia radiosa* hat ihre Hauptverbreitung im Mittelmeerraum und fehlt in Nordeuropa, in Deutschland ist sie in den Kalkgebieten, daher hauptsächlich in Süddeutschland und Thüringen zu finden.

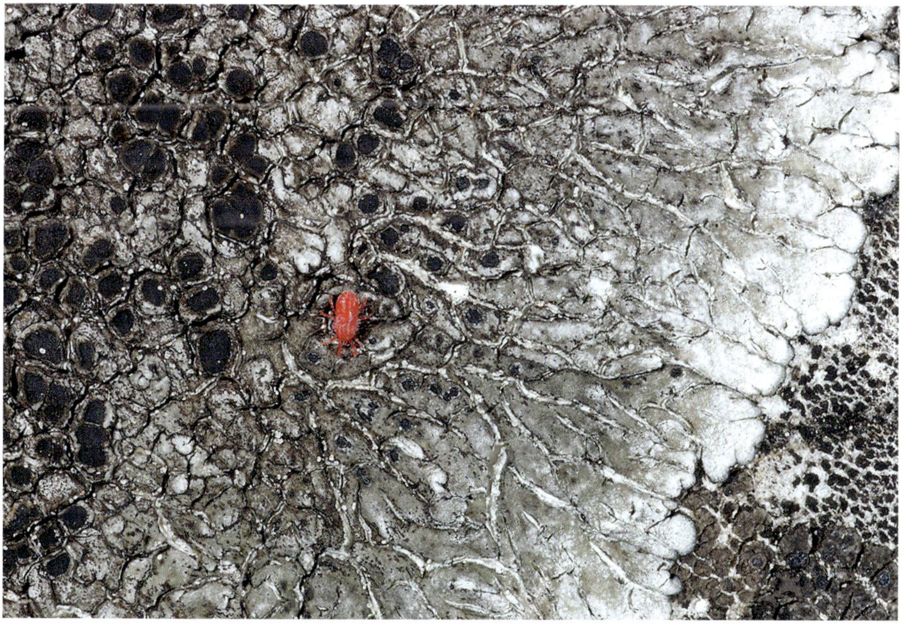

Lobothallia radiosa (2,1 cm)

Squamarina cartilaginea (Dicke Schuppenkruste)

Squamarina lentigera (zum Vergleich; Lager stark bereift) (ca. 3,5 cm)

Hauptmerkmale: Lager blass gelbgrünlich, grünlich bis oliv, weißlich bereift oder unbereift, aus derben aneinanderschließenden, dachziegeligen bis verwachsenen Schuppen bzw. kurzen Lappen, am Rand mit vergrößerten, gelappten Schuppen, bis 5 cm. Schuppen unterseits weißlich bis bräunlich, flächig am Substrat angewachsen. Apothecien häufig, braun bis rotbraun, flach bis gewölbt, jung mit Lagerrand, bis 4 mm breit. Lager K–, C–, P–; Mark P– oder P+ gelb.

Unterscheidungsmerkmale: Gut kenntliche Art, nur von *Squamarina lentigera* manchmal etwas schwieriger zu trennen. Diese Art wächst nur auf Erde, nicht auf Gestein, ist kleiner (in der Regel bis 3 cm) und wächst stets rundlich-rosettig, ist placodioid und hat weißliche Randlappen, während *Squ. cartilaginea* auch unregelmäßig wächst. *Squ. lentigera* ist nie P+ gelb, die Apothecien sind kleiner (bis 2 mm), hellbraun und länger berandet.

Ökologie und Verbreitung: Warme, besonnte, oft zerklüftete Felsflächen, selten auf steinigen Kalkböden in Lücken von Trockenrasen oder auf Löss. Selten. Süd- und Mitteleuropa.

Squamarina cartilaginea (ca. 6,5 cm)

Placynthium nigrum (Schwarzer Tintenfleck)

Hauptmerkmale: Dunkelbraune, areolierte, oft über 5 cm (bis 12 cm) große Krustenflechte, oft mit blauschwarzem bis blauem oder grünlichem, gefasertem Vorlager. Areolen 1–2 mm, auffallend uneben, sehr unterschiedlich aussehend, aus kleinen gekerbten Schüppchen zusammengesetzt oder dicht kleinwarzig bis isidiös (Isidien zylindrisch bis koralloid), mitunter am Rand des Lagers stärker individualisiert und etwas vergrößert. Apothecien schwarz, flach, mit Eigenrand, bis 0,8 mm.

Unterscheidungsmerkmale: In typischer Entwicklung an dem areolierten, oft isidiös oder papillös erscheinenden braunen, angefeuchtet schwärzlichen Lager und dem charakteristischen, aber nicht immer vorhandenen Vorlager zu erkennen. Häufig steril. Es gibt verwandte, seltene Arten, die ähnlich gefärbte Lager haben, aber nicht isidiös sind oder kein gefasertes Vorlager besitzen.

Ökologie und Verbreitung: Auf absonnigen bis besonnten Felsen, besonders auf niedrigen Felsen oder bodennahen Felsflächen an lange taufeuchten oder zeitweise etwas sickerfeuchten Standorten, mäßig häufig. Auch an anthropogenen Standorten (z. B. schattigen Grabeinfassungen). In Europa weit verbreitet.

Placynthium nigrum (1 cm)

Acarospora macrospora (Kalk-Kleinsporenflechte)

Hauptmerkmale: Krustenflechte mit areoliertem bis schuppigem, hell- bis mittelbraunem Lager und eingesenkten, anfangs oft punktförmigen, dann scheibenförmig erweiterten, dunkler braunen, flachen bis etwas konkaven, bis ca. 1 mm breiten Apothecien. Schuppen 0,8–3 mm, meist zu mehrere cm großen Lagern zusammenschließend, R–.

Unterscheidungsmerkmale: Wie bei den meisten *Acarospora*-Arten verbleibt die Oberfläche der Scheibe etwa auf dem Niveau der Lageroberfläche oder ist leicht eingesenkt, der Apothecienrand ist oft etwas erhaben. Andere auf Kalk wachsende, habituell ± ähnliche *Acarospora*-Arten unterscheiden sich durch bereifte Schuppen (*Acarospora cervina*) oder bereifte Apothecien (*Acarospora glaucocarpa*). Ähnlich sieht vor allem die häufige *Acarospora fuscata* (S. 216) aus, die aber auf kalkfreiem Silikatgestein wächst.

Ökologie und Verbreitung: Besonnte bis halbschattige Felsen aus Karbonatgestein, gelegentlich auch an Mauern, in geologisch geeigneten Gebieten in ganz Europa, ziemlich selten.

Acarospora macrospora (1 cm)

Xanthocarpia marmorata (Marmor-Schönfleck) (*Caloplaca marmorata*)

Hauptmerkmale: Lager nicht sichtbar, im (meist weißen) Kalkgestein, mit zerstreut stehenden, aufsitzenden, rostroten, roten oder orangeroten, 0,3–0,6 mm breiten, schwach konkaven, flachen oder auch mäßig gewölbten, berandeten Apothecien.

Unterscheidungsmerkmale: Gegenüber zahlreichen weiteren Arten der ehemaligen Großgattung *Caloplaca* (z. B. *Athallia, Flavoplaca*) ist diese Art durch das äußerlich fehlende, durch das Gestein weiß erscheinende Lager in Verbindung mit den orangeroten bis fast roten Apothecien gekennzeichnet. *Flavoplaca oasis* (S. 204) hat wesentlich dichter stehende, eng benachbarte orange bis braunorange, nie rostrot bis rot gefärbte, oft etwas kleinere Apothecien, sie wächst oft auf *Bagliettoa calciseda*. Bei ihr fehlt ein äußeres Lager mitunter ebenfalls, ist aber oft als dünne graue Kruste mit gelblichen gewölbten Flecken entwickelt. Die Sporen haben eine verdickte Scheidewand, bei *Xanthocarpia marmorata* eine dünne. Mit letzterer verwandt und ebenfalls durch eine dünne Scheidewand ausgezeichnet ist *X. crenulatella*. Sie hat gelbe, flache, deutlich berandete Apothecien und ein undeutliches bis körniges gelbes Lager (Habitat sind meist künstliche Substrate, wie Mauerkronen).

Ökologie und Verbreitung: Auf nacktem Kalkstein als Pionier auftretend, ziemlich selten. In Süd- und Mitteleuropa weit verbreitet.

Xanthocarpia marmorata (6 mm)

Protoblastenia calva (Großfrüchtige Triebflechte) *Protoblastenia incrustans* (Endolithische Triebflechte) *Protoblastenia rupestris* (Gewöhnliche Triebflechte)

Hauptmerkmale: Krustenflechten mit deutlichem bis völlig fehlendem Thallus und (bald) randlosen, schwach bis stark gewölbten, orange, braunorange, rotorange oder braun gefärbten Apothecien. Gewöhnlich an absonnigen Felsen oder auf Steinen.

Unterscheidungsmerkmale: Die Arten der Gattung *Protoblastenia* haben wie auch diejenigen der Sammelgattung *Caloplaca* ± orangefarbene, K+ rote Apothecien. Mikroskopisch ist eine Unterscheidung einfach: *Protoblastenia* hat 1-zellige, *Caloplaca* 2-zellige (mit oft dicker

Protoblastenia calva (7,7 mm)

Protoblastenia incrustans (ca. 6 mm)

Scheidewand versehene) Sporen. Typisch für *Protoblastenia* sind auch die bald randlosen Apothecien. Verwechslung ist rein makroskopisch möglich. Unter den drei behandelten ist *Protoblastenia rupestris* bei weitem die häufigste Art, sie kommt auch auf künstlichen Substraten und auf Steinen vor, während die beiden anderen fast nur auf anstehendem Kalkfels wachsen. Ferner ist nur bei dieser Art ein deutliches graues, grüngraues bis leicht bräunliches Lager auf dem Gestein entwickelt, während die beiden anderen ein im Wesentlichen im Gestein lebendes Lager haben, so dass zwischen den Apothecien die weiße bis weißgraue Gesteinsoberfläche sichtbar ist.

Protoblastenia calva: Apothecien bald stark gewölbt, stark vorstehend, groß, meist 0,5–1,3 mm breit, orange, braunorange, braun.
Protoblastenia incrustans: Apothecien flach bis schwach gewölbt, in Gruben des Gesteins, nicht über die Gesteinsoberfläche ragend, klein, bis 0,5 mm.

Ökologie und Verbreitung: Auf Kalkgestein (meist absonnige Flächen). *Protoblastenia calva* fast nur in höheren Gebirgen (Alpen, Schweizer Jura) und über 700 m. *Protoblastenia incrustans* weiter verbreitet, aber nur in Kalkgebieten. *Protoblastenia rupestris* ziemlich häufig, auch auf von Menschen geschaffenen Substraten und auf Kunststein (z. B. Grabeinfassungen). In ganz Europa.

Protoblastenia rupestris (9,5 mm)

Petractis clausa (Fels-Sternflechte)

Hauptmerkmale: Krustenflechte mit undeutlichem, hell erscheinendem, im Kalkstein sitzendem Lager und gewölbten, sternförmig aufspaltenden Apothecien, von denen lange nur der radial gespaltene weißlich-beige Rand zu sehen ist. Apothecien bis 0,8(–1) mm, fallen im Alter aus und hinterlassen grubenförmige Vertiefungen im Gestein. Scheibe rosa bis orange oder orangebraun, anfangs nur punktförmig, vertieft sitzend.

Unterscheidungsmerkmale: Unverwechselbar durch die charakteristischen Apothecien, bei denen die Scheibe lange Zeit (und tendenziell bei Trockenheit) durch den Lagerrand bedeckt ist, der sich durch 3 bis 6(–7) radiale Risse in dreieckige Abschnitte aufgliedert. Die Scheibe ist erst im Alter zu sehen. *Gyalecta jenensis* (S. 313) kann auch radialrissige Apothecienränder haben, die Apothecien sitzen jedoch verengt auf, sind größer, die Risse meist zahlreicher und die Scheibe liegt bald offen; auch junge Apothecien haben nie eine sternförmige Gliederung. *Petractis clausa* besitzt eine Cyanobakterie als Photobiont, die *Gyalecta*-Arten mit rosa Apothecien enthalten *Trentepohlia*.

Ökologie und Verbreitung: Auf hartem kalkreichem Gestein an schattig-luftfeuchten Standorten in gemäßigten bis warmen (mediterranen) Gebieten, selten, bis in die alpine Stufe.

Petractis clausa (7,5 mm)

Gyalecta jenensis (Jenaer Grubenflechte)

Hauptmerkmale: Krustenflechte mit unauffälligem, leicht rosafarbenem oder rotorangefarbenem, seltener fast weißlichem Lager. Apothecien aufsitzend, bis 1 mm, mit vertieft sitzender, orange gefärbter, konkaver bis flacher Scheibe und wulstig vorstehendem, abgerundetem, blass orangerosa bis blass weißlich-rosa gefärbtem, glattem oder radial gerieftem oder gekerbtem Rand. Die Alge der Flechte gehört zur Gattung *Trentepohlia*, die durch ihre Orange-Färbung und fädige Form charakterisiert ist und oft neben der Flechte frei vorkommt. Das Lager von Arten mit dieser Alge färbt sich gewöhnlich angeritzt orange bis goldbraun. An beschatteten, oft feuchten Felsen.

Unterscheidungsmerkmale: Charakteristische, nur mit extrem seltenen Arten zu verwechselnde Flechte, an den verengt aufsitzenden, relativ großen Apothecien mit orangefarbener Scheibe und hellerem Rand zu erkennen. Es gibt auch auf Humus und Pflanzenresten oder Borke (so *Gyalecta ulmi* mit weißem gekerbtem Apothecienrand) ähnliche, aber ebenfalls viel seltenere Arten. *Gyalecta hypoleuca* hat Apothecien, die kleiner (0,3–0,6 mm) und weitgehend eingesenkt sind (nicht verengt sitzen) und lange Zeit halbkugelig und nur porenartig geöffnet sind.

Ökologie und Verbreitung: Auf kalkhaltigem Gestein (Kalkgesteine, Dolomit, kalkhaltige Silikate), an schattigen, meist etwas substratfeuchten Stellen, ziemlich selten. Weit verbreitet in Europa.

Gyalecta jenensis (11,5 mm)

Acrocordia conoidea (Kalk-Herzflechte)

Hauptmerkmale: Fruchtkörper (Perithecien) als mattschwarze, mäßig gewölbte Gebilde über die Lager-/Gesteinsoberfläche ragend, groß, 0,5–1 mm breit, zur Hälfte bis ein Drittel ins Gestein eingesenkt. Lager undeutlich bis schorfig und rissig, weißlich, grau, olivgrau, bräunlich, frisch meist stellenweise mit rosa Farbstich.

Unterscheidungsmerkmale: Eine der ganz wenigen Kalkstein bewohnenden Flechten mit großen Perithecien. Charakteristisch ist der häufig vorhandene rosa Stich des Lagers, das beim Anritzen eine grüngelbe bis orangene Spur hinterlässt. Perithecien mit zentraler Pore (Ostiolum), in ziemlich gleichmäßigen Abständen (nicht dicht) stehend. Charakteristische Art von schattigen Steilflächen von Kalkfelsen. Durch Größe der Apothecien in Verbindung mit dem charakteristischen Standort gut kenntlich.

Ökologie und Verbreitung: An schattigen Kalkfelswänden, in Gebieten mit kompakten Kalkgesteinen nicht selten, sonst weitestgehend fehlend. In Europa vom Mittelmeerraum bis in die gemäßigte Zone.

Acrocordia conoidea (1,1 cm)

Bagliettoa calciseda (Kalk-Warzenflechte) ***Bagliettoa parmigera***-Gruppe (Schildchen-Warzenflechte)

Hauptmerkmale: Flechten ohne äußerlich sichtbares Lager; das besiedelte Kalkgestein erscheint (oft rein) weiß, nur die punktfeinen, eingesenkten schwarzen Perithecien sichtbar, mitunter auch schwarze, oft vertiefte Vorlagerlinien, mit denen sich verschiedene Individuen abgrenzen. Sichtbarer Scheitel der Perithecien 0,15–0,3 mm breit, oft (starke Lupe nötig) mit radial (sternartig) um die winzige Öffnung angeordneten Rissen.

Unterscheidungsmerkmale: *Bagliettoa calciseda* kann einigermaßen sicher daran erkannt werden, dass das Kalk*gestein* um einige Perithecien fein radial rissig aufbricht und dass die Perithecien auch durch feine gerade Risse miteinander verbunden sein können; oft ist das Gestein um die Perithecien auch etwas gewölbt.

Die *Bagliettoa parmigera*-Gruppe (die mehrere Arten umfasst, die sich durch die Form der Perithecien unterscheiden) weist diese Veränderungen im Gestein nicht auf. Der Perithecien*scheitel* (nicht das umgebende Gestein) weist mehrere radial verlaufende Risse auf. Bei dieser Artengruppe finden sich öfter Perithecien, die teilweise ausgefallen sind und (in Aufsicht) ringförmige schwarze Reste zurücklassen. Perithecien mit einer Art kleinem Deckel (im Schnitt sichtbar, Perithecien an Kanten von abgemeißelten Gesteinsbruchstücken untersuchen, mit Rasierklinge anschneiden); dieser fehlt bei *B. calciseda*.

Ökologie und Verbreitung: In Kalkgebieten ziemlich häufig, *B. calciseda* an besonnten Felsen, die *B. parmigera*-Gruppe mehr an absonnigen Felsen.

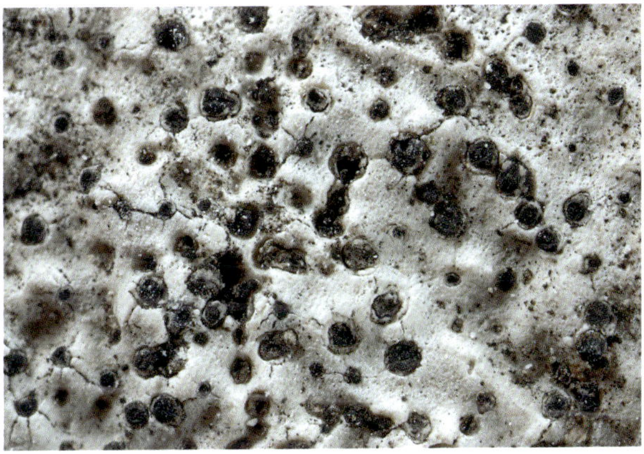

Bagliettoa calciseda (5 mm)

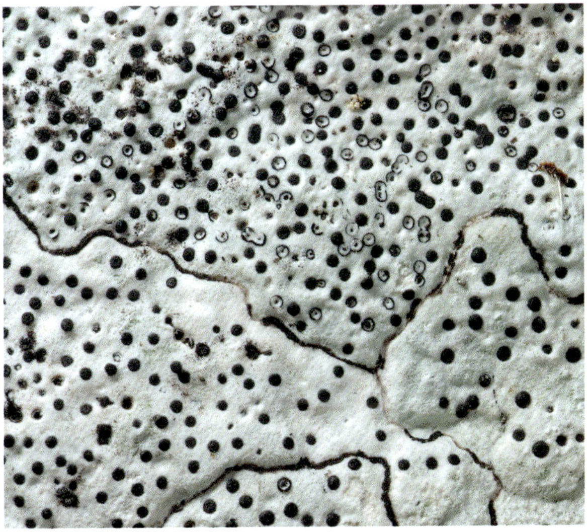

Bagliettoa parmigera-Gruppe (7,8 mm)

Verrucaria caerulea (Blaugraue Warzenflechte)

Hauptmerkmale: Lager deutlich über dem Gestein entwickelt, rissig bis rissig areoliert, mit sonst glatter, schwach glänzender Oberfläche, am Rand nicht ausdünnend und oft gegenüber den benachbarten (meist endolithischen) Krusten dicklich erscheinend und abrupt endend. Perithecien zu ¾ bis ganz eingesenkt, mit 0,2–0,3 mm breitem schwarzem Scheitel. R–.

Unterscheidungsmerkmale: Eine der *Verrucaria*-Arten, die nach einiger Erfahrung gut angesprochen werden können, vor allem an dem etwas über dem Niveau der benachbarten endolithischen Krusten liegenden grauen Lager. Dennoch sollte ohne mikroskopische Untersuchung ein Rest von Zweifel bei der Bestimmung bleiben.

Ökologie und Verbreitung: Auf anstehendem Kalkfels, vor allem an Vertikalflächen, fast nie an anthropogenen Standorten wie Mauern; ziemlich selten. Gemäßigte und warme Gebiete Europas.

Verrucaria caerulea (1 cm)

Sarcogyne pruinosa (Bereifte Weichfruchtflechte)

Hauptmerkmale: Krustenflechte ohne erkennbares Lager, mit oft (aber nicht immer!) weiß bis bläulich bereiften, berandeten, unter dem Reif schwärzlichen bis rotschwarzen, feucht meist rotbraun- bis rotstichigen Apothecien, die in den Kalkstein eingesenkt sind oder angedrückt sitzen. Rand der Apothecien wie die Scheibe gefärbt. Apothecien 0,4–1,5 mm. R–.

Unterscheidungsmerkmale: Der hier behandelten bereiften Form ähneln einige andere Flechten. *Sarcogyne pruinosa* (syn. *S. regularis*) ist am Besitz eines Eigenrandes, mikroskopisch an den ungewöhnlich winzigen, zu mehr als 100 in den Asci sitzenden Sporen zu erkennen. Dies unterscheidet die Art von *Clauzadea*-Arten, die ebenfalls bei Anfeuchtung braunstichige Scheiben haben, aber „normal" große Sporen zu 8 in den Asci bilden; am häufigsten ist *Cl. monticola*, die wie *Sarcogyne pruinosa* oft auch auf Kunststein vorkommt. Ähnlich aussehende *Lecanora (Polyozosia)*- oder *Pyrenodesmia*-Arten haben Apothecien mit Lagerrand, der aber öfter wegen der Bereifung der Scheibe farblich nicht stärker abgehoben ist, aber bei Befeuchtung der Apothecien deutlich als Lagerrand erscheint, ferner besitzen diese Arten viel größere ellipsoide (*Pyrenodesmia*: 2-zellige) Sporen, die zu acht in den Asci gebildet werden. *Polyozosia crenulata* (S. 319) hat gespaltene Apothecienränder, *Polyozosia hagenii* (S. 108) unter dem Reif braune Scheiben, *Pyrenodesmia variabilis* ein gewöhnlich deutlich entwickeltes graues bis graubraunes Lager und größere Apothecien.

Ökologie und Verbreitung: Auf Kalkgestein und kalkhaltigem Kunststein, z. B. Beton, Mörtel, mäßig häufig. In ganz Europa.

Sarcogyne pruinosa (8,3 mm)

Diplotomma hedinii (Grauweiße Buelliflechte)

Hauptmerkmale: Krustenflechte mit dünnem einförmigem bis rissigem, weißem, oft ziemlich regelmäßig rundlichem Lager und ± eingesenkten rundlichen schwarzen, stets weiß bis bläulichgrau bereiften Apothecien, die jung von einem lagerrandähnlichen Kragen umgeben sein können. Apothecien flach bis gewölbt, 0,4–1 mm. R–.

Unterscheidungsmerkmale: Sehr ähnlich ist das viel seltenere *Diplotomma venustum*, das aber ein kräftig entwickeltes, rissig areoliertes Lager aufweist, das jung gewöhnlich auf *Protoparmeliopsis muralis* (S. 222) parasitiert und oft (nicht immer) K+ rot reagiert. Das Verhältnis der beiden Arten zueinander ist nicht geklärt. Ähnlich ist auch *Diplotomma alboatrum* (S. 220), dessen Lager relativ vielgestaltig ist (körnig, rissig, warzig, rissig areoliert) und bald gewölbte Apothecien hat; eindeutig lässt sich diese Art von *D. hedinii* mikroskopisch mit Hilfe der Sporen trennen; sie hat Sporen (in reifem Zustand) mit Längswänden, während die von *D. hedinii* 4-zellig sind und nur Querwände aufweisen.

Ökologie und Verbreitung: Auf meist niedrigen Felsen an lichtreichen Standorten, z. B. in Trocken- und Halbtrockenrasen, oft als Pionier. Kommt kaum auf anthropogenen Substraten wie Mauern vor. Ziemlich selten, weit verbreitet.

Name: Benannt nach E. Buelli, einem italienischem Winzer (19. Jh.); die Art war früher in der Gattung *Buellia* untergebracht.

Diplotomma hedinii (ca. 2 cm)

Polyozosia crenulata (Gekerbte Kuchenflechte) (*Lecanora crenulata, Myriolecis crenulata*)

Hauptmerkmale: Ohne deutliches Lager oder mit unauffälligen zerstreuten dünnen Areolen, mit meist zahlreichen flachen Apothecien mit weiß bis bläulich bereifter Scheibe und stark vorstehendem weißlichem, tief gespaltenem Lagerrand. Apothecien 0,4–0,9 mm breit, Scheibe unter dem Reif recht unterschiedlich gefärbt, braun, gelbbraun, olivbraun, rotbraun, braunschwarz, schwärzlich. R–.

Unterscheidungsmerkmale: Es gibt mehrere Arten, die undeutliche oder endolithische Thalli, d.h. kein äußerlich sichtbares Lager haben. Unter diesen hat *Polyozosia crenulata* als einzige einen mehrfach gespaltenen, kräftig entwickelten Apothecienrand. Charakteristisch ist auch die bläulichweiße Bereifung. Andere Arten haben zwar einen körnigen bis leicht gekerbten (z.B. *Polyozosia dispersa*, S. 221), aber nicht gespaltenen Lagerrand.

Ökologie und Verbreitung: In Kalkgebieten Mittel- und Südeuropas, in Nordeuropa seltener, an lichtreichen Steil- und Vertikalflächen von Kalkfelsen, oft an nährstoffreichen Stellen, z.B. unter Vogelsitzplätzen.

Polyozosia crenulata (7,5 mm)

Circinaria calcarea (Kalk-Kraterflechte) *Circinaria contorta* (Areolen-Kraterflechte)

Hauptmerkmale: Krustenflechten mit weiß oder grau gefärbtem Lager und ganz eingesenkten, flachen bis konkaven schwarzen, mitunter weißlich bereiften Apothecienscheiben, Apothecien bis 1,5 mm, vom Lager berandet. R–.

Unterscheidungsmerkmale: Beide Flechten haben „aspicilioide", das heißt eingesenkte Apothecien, die mehr oder weniger deutlich vom Lager berandet sind. Die variable *Circinaria contorta* ist grau bis graugrünlich gefärbt, mitunter bereift, hat im typischen Fall deutliche, jung voneinander getrennte, später zusammenschließende, rundliche bis gegenseitig verformte Areolen, in denen einzeln oder zu 2–4 die Apothecien (bis 1,5 mm) sitzen; der Apothecienrand ist oft „kraterartig" hochgezogen und heller, meist etwas gerieft/gekerbt. Die kaum zu verwechselnde *Circinaria calcarea* hat ein weißes, gleichförmiges, stellenweise rissiges bis rissig areoliertes, oft fast kreidiges Lager und hat kaum individualisierte Lager-Areolen. Die Apothecien (bis ca. 1,2 mm) haben zum Teil einen auffallend unregelmäßigen Umriss, sie erinnern weniger an kraterartige Gebilde. *Diplotomma*-Arten können ähnlich aussehen, haben aber keine verzerrten Apothecien und braune, keine farblosen Sporen.

Ökologie und Verbreitung: *Circinaria calcarea* auf kalkreichem Gestein, *Circinaria contorta* auch auf kalkarmem (aber fast immer von Kalk beeinflusstem) Gestein an besonnten Standorten, erstere ziemlich selten, letztere mäßig häufig. Vom Mediterrangebiet bis ins südliche Skandinavien.

Circinaria calcarea (1 cm)

Circinaria contorta (10 mm/8 mm)

Pyrenodesmia variabilis s. lat. (Variabler Schönfleck) (*Caloplaca variabilis*)

Hauptmerkmale: Krustenflechte mit grauem bis graubraunem, rissigem Lager und halbeingesenkten bis angedrückt sitzenden, flach bleibenden schwarzen, grau bis bläulich bereiften oder selten auch unbereiften Apothecien mit hellem Lagerrand. Apothecien 0,5–1 mm, Sporen 2-zellig, mit dicker Scheidewand.

Unterscheidungsmerkmale: *Pyrenodesmia variabilis* ist, wie der Name andeutet, scheinbar sehr veränderlich. Dies hat seinen Grund darin, dass sich unter diesem Namen mehrere bisher nicht unterschiedene Arten verbergen. Die Angehörigen dieser Artengruppe sind durch die schwarzen, oft bläulich bereiften, bleibend berandeten Apothecien und das ausgebildete Lager charakterisiert. Eine Verwechslung ist möglich mit Formen von *Circinaria contorta* (S. 320), die einzellige Sporen und stärker eingesenkte Apothecien hat. Die verwandte *Pyrenodesmia chalybaea* ist an den gänzlich in das kräftig entwickelte, weißgraue Lager eingesenkten Apothecien und dem randlich noch relativ dicken, abrupt begrenzten Lager gut zu erkennen. Sie ist viel seltener und kommt an exponierten Kalkfelsen im Bergland vor.

Ökologie und Verbreitung: Auf Kalkstein und kalkhaltigem Kunststein an lichtreichen Orten ziemlich selten. In den warmen und gemäßigten Gebieten Europas verbreitet.

Pyrenodesmia variabilis (10 mm)

Catillaria lenticularis (Linsen-Catillarie)
Rinodina bischoffii (Bischoffs Braunsporenflechte)

Hauptmerkmale: Krustenflechten mit nicht erkennbarem oder schwach entwickeltem Lager und dunkelbraunen bis fast schwarzen aufsitzenden Apothecien mit deutlich oder nur leicht hellerem, auch verschwindendem Rand.

Unterscheidungsmerkmale: *Catillaria lenticularis*: Apothecien bald gewölbt und ± randlos, Scheibe dunkelbraun bis braunschwarz. Sporen farblos, länglich schmal, 2-zellig. *Rinodina bischoffii*: Apothecien bleibend flach, meist erhaben berandet, Scheibe braunschwarz bis schwarz. Sporen braun, ellipsoid, 2-zellig.

Es gibt nur wenige häufigere Arten auf Kalk, die deutlich aufsitzende, dunkelbraune oder fast schwarze, grau bis dunkelbraun berandete Apothecien haben. *Rinodina immersa* hat ins Gestein eingesenkte kleinere Apothecien. *Rinodina gennarii* kommt fast nur auf anthropogenen Substraten vor, ihre Apothecien (bis 0,6 mm) haben meist einen bleibenden grauen Lagerrand, während der Rand bei *Catillaria lenticularis* braun ist und bald zurückweicht, bei *Rinodina bischoffii* anfangs grau ist, dann braun bis schwarz werden kann.

Ökologie und Verbreitung: Auf kalkreichem Gestein an meist lichtreichen Standorten nicht selten, *Catillaria lenticularis* in warmen und gemäßigten Gebieten Europas, *Rinodina bischoffii* auch im Norden.

Catillaria lenticularis (5 mm)

Rinodina bischoffii (5 mm)

9.9 Flechten auf kalkhaltigen Böden

1 Flechte mit aufrecht wachsenden Thallusteilen, entweder aus röhrigen, verzweigten Stämmchen oder mit Bechern 2
1* Flechte krustig, schuppig oder gelappt 3

2 Flechte mit gestielten Bechern (*Cladonia*-Typ) .... *Cladonia pocillum* (S. 325)
2* Flechte strauchig (gewöhnlich gabelig) verzweigt .... *Cladonia rangiformis* (S. 326)

3 Flechte gelb, hellgelb, am Rand angedeutet gelappt oder schuppig, meist mit orangen Apothecien, K+ rot .... *Gyalolechia bracteata, G. fulgens* (S. 332)
3* Flechte nicht gelb 4

4 Flechte schwärzlich, feucht gallertig aufquellend, angedeutet gelappt .*Enchylium tenax* (S. 328)
4* Flechte feucht nicht gallertig 5

5 Flechte meist über 5 cm groß werdend, tief gelappt, Lappen meist über 0,7 cm breit, grau bis braun, meist bereift, unterseits mit Adern und Rhizinen........ *Peltigera rufescens* (S. 329)
5* Flechte nicht aus großen Lappen, unterseits nicht geadert 6

6 Flechte aus roten bis rosa gefärbten rundlichen, oft bereiften Schuppen .. *Psora decipiens* (S. 333)
6* Flechte anders 7

7 Flechte aus braunen Schuppen .. *Placidium rufescens, Pl. squamulosum, Romjularia lurida* (S. 330)
7* Flechte nicht aus braunen Schuppen 8

8 Mit eingesenkten, konkaven, jung sich porenartig öffnenden schwarzen Apothecien. Lager grauweiß, C+ rot .... *Diploschistes muscorum* (S. 336)
8* Nicht mit konkaven, eingesenkten Apothecien. Lager nicht C+ rot 9

9 Lager rein krustig, körnig-warzig, grauweiß bis grünlichgrau. Apothecien sitzend, rosa bis braun, selten dunkelbraun, meist bald gewölbt-randlos .... *Bilimbia sabuletorum* (S. 337)
9* Lager deutlich schuppig oder kleinblättrig 10

10 Lager aus flächig entwickelten, aufgebogenen, unterseits weißen, oberseits grauen bis grünlichgrauen Blättchen, meist K+ rot. Apothecien gewöhnlich fehlend .... *Cladonia symphycarpa* (S. 327)
10* Lager aus dicklichen grauen, ± weiß bereiften, flachen bis stark gewölbten oder blasenartigen Schuppen, K–. Apothecien flach, berandet, schwarz, grau bereift oder unbereift .... *Thalloidima physaroides, Th. sedifolium* (S. 334)

Cladonia pocillum (Rosettige Kalk-Becherflechte) (*Cladonia pyxidata* subsp. *pocillum*)

Hauptmerkmale: Flechte vom *Cladonia*-Typ mit vertikal wachsenden, gestielte Becher bildenden Podetien und einem auf dem Substrat ausgebreiteten Lager aus dicht zusammenschließenden bis überlappenden, ± horizontal wachsenden Schuppen, graugrünlich, bräunlichgrün, blass grünlichgrau. Podetien bis 1,5 cm hoch, Becher kurz gestielt, bis 8, selten 10 mm breit, an der Oberfläche dicht kleinschollig-grobkörnig. K–, C–, P+ rot.

Unterscheidungsmerkmale: Nur mit anderen Kleinarten der *Cladonia pyxidata*-Gruppe zu verwechseln; die Trennung gegenüber *Cladonia pyxidata* s.str. (S. 350) ist nicht scharf. Kennzeichnend ist das bei *Cladonia pocillum* zusammenhängende Lager, das oft rundlich-rosettig erscheint, während bei *Cl. pyxidata* die grundständigen Schuppen getrennt bleiben, oft etwas aufsteigen, und das Lager keine zusammenhängende Fläche bildet und nicht deutlich rosettig wächst. Typisch ist auch das Vorkommen über Kalkböden. Zu weiteren, weniger ähnlichen Arten siehe Kap. 9.10.

Ökologie und Verbreitung: Auf Moosen, Pflanzenresten oder direkt auf Mineralboden über meist kalkigem Untergrund, an besonnten bis leicht beschatteten Standorten. In Europa weit verbreitet.

Cladonia pocillum (7,5 cm)

Cladonia rangiformis (Falsche Rentierflechte)

Hauptmerkmale: Weißgraue, regelmäßig verzweigte Strauchflechte mit stielrunden hohlen Ästen und zugespitzten gebräunten Enden, rasig wachsend und bei guter Entwicklung größere Bestände bildend, rentierflechtenartig, aber gegen die Basis mit kleinen abstehenden Blättchen besetzt, bis ca. 6 cm hoch; Stämmchen/Äste hohl. Rinde gescheckt, mit graugrünlichen Feldchen auf weißem Grund, ohne Soredien; Zweige zu zwei oder zu drei abgehend, Verzweigungsachsel oft offen. P+ rot oder P−, K± gelb.
Unterscheidungsmerkmale: Von den ähnlichen, ebenfalls oft größere Rasen bildenden Rentierflechten durch die Blättchen an den Stämmchen unterschieden; Rentierflechten sind nie mit Blättchen oder Schuppen besetzt. Von der sehr vielgestaltigen *Cladonia furcata* (S. 354), die an ähnlichen Standorten wächst, durch die sehr regelmäßige Aufteilung in 2 und 3, jeweils gleich lange Äste, die auffallende weißgraue Scheckung und die Bräunung der Spitzen der sonst grauweißen Stämmchen verschieden. *Cladonia furcata* ist gewöhnlich locker und unregelmäßig verzweigt. *Cladonia squamosa* (S. 355) ist dicht mit abstehenden Blättchen besetzt.
Ökologie und Verbreitung: In besonnten, warmen Magerrasen und sehr lichten Wäldern, gewöhnlich auf basenreichen Böden (über Kalk), aber auch auf mäßig sauren, flachgründigen bzw. sandig-kiesigen Böden, auch Pionier auf planierten Kiesböden (Kiesgruben, Industriebrachen). In Europa, vor allem Südeuropa, weit verbreitet.

Cladonia rangiformis (ca. 2,8 cm)

Cladonia symphycarpa (Aufgebogene Kalk-Becherflechte)

Hauptmerkmale: Dichte kleinblättrige Lager aus oberseits grauen, aufgebogenen und die weiße Unterseite zeigenden schmalen, zerteilten Blättchen. Blättchen bis 3 mm lang. Lager K+ oft nur fleckig und zögerlich rot.

Unterscheidungsmerkmale: An den dichten Rasen aus emporgekrümmten, weiß wirkenden Blättchen in Verbindung mit dem Standort (kalkiger Untergrund) gut kenntliche Art; ferner ist die K+ rote Reaktion diagnostisch, die bei *Cladonia* sehr selten vorkommt. An ähnlichen Standorten wächst die seltenere *Cladonia convoluta*, ihre ebenfalls emporgebogenen Blättchen sind jedoch viel größer (bis über 2 cm lang und 8 mm breit), stark eingeschnitten, unterseits leicht gelblich, oberseits olivgrünlich bis graugrünlich, K–, P+ gelb; diese Art ähnelt sehr stark einer üppig entwickelten *Cladonia foliacea* (S. 362). Die Blättchen von *Cladonia pyxidata* sind kaum aufgebogen und K–, P+ rot.

Ökologie und Verbreitung: Selten, in Kalktrockenrasen und auf basenreichen Böden an flachgründigen, felsigen Stellen an lichtreichen Standorten. In nahezu ganz Europa verbreitet.

Cladonia symphycarpa (3,2 cm)

Enchylium tenax (Zähe Leimflechte) (*Collema tenax*)

Hauptmerkmale: In trockenem Zustand ein zusammengeschrumpeltes schwärzliches, angedeutet gelapptes Lager mit knotiger Oberfläche und/oder flachen, dunkel braunroten Apothecien. Angefeuchtet stark quellend und prall werdend, mit gewölbten Läppchen, äußerst variabel. R–.

Unterscheidungsmerkmale: Die Flechte ist habituell schwer zu charakterisieren, ist aber dennoch mit einer gewissen Wahrscheinlichkeit als *Enchylium tenax* zu bestimmen, wenn man auf das Vorkommen auf nackter oder bemooster Erde und die gequollen prallen, dicklichen Lappen mit Apothecien oder isidienartigen Auswüchsen achtet. Sie wächst z.B. zwischen Pflastersteinen, auf Erde an Wegen, in Spalten von Felsen und alten Mauern. Zu achten ist darauf, dass das Lager angewachsen ist und fest auf dem Substrat sitzt. Am häufigsten wird diese Flechte mit einer lose auf dem Boden oder auf Kies locker aufliegenden (vor allem an Wegrändern zusammengewehten oder -geschwemmten) Alge, *Nostoc commune*, verwechselt. Diese Art hat flächige, relativ große und wenig gegliederte schwärzliche, feucht dunkel braunolive Thalli, die nie Apothecien und auch keine Isidien bilden. *Lathagrium auriforme* (S. 293) kommt fast nur an schattigen bemoosten Kalkfelsen (vor allem in Wäldern) vor; ihre Lager sind im trockenen Zustand auf der Oberfläche sehr fein gestreift (Lupe!).

Ökologie und Verbreitung: An länger substratfrischen oder -feuchten Stellen auf Erde oder übererdetem Gestein sowie Moosen, oft an gestörten Standorten. Europaweit.

Enchylium tenax (ca. 1,6 cm)

Peltigera rufescens (Bereifte Schildflechte)

Hauptmerkmale: Graue bis braune, weiß bereifte, tief in Lappen geteilte, bis über 15 cm große Blattflechte. Lappen unterseits weißlich, mit deutlichen vernetzten, erhabenen Adern und dunklen Rhizinen, an den Rändern aufsteigend, ohne Isidien. In feuchtem Zustand dunkelgrau bis schwärzlich.

Unterscheidungsmerkmale: *Peltigera*-Arten sind fast stets durch unterseits deutliche erhabene Adern und Rhizinenbüschel gekennzeichnet. Wächst eine Schildflechte auf besonnten trockenen Kalkböden und übererdeten Kalkfelsen, so handelt es sich fast stets um *Peltigera rufescens*, die weiß bereifte, an den Rändern aufgebogene Lappen hat. *Peltigera praetextata* (S. 366) hat breitere, kaum bereifte Lappen und verflachte Isidien. An ähnlichen, meist weniger besonnten Standorten kommt auch *Peltigera canina* (S. 366) vor. Sie hat bis 3 cm breite und 10 cm lange, an den Enden breit gerundete, unbereifte, aber an den Rändern und Enden schwach filzige Lagerlappen und eine weitgehend weißliche Unterseite mit hellen Adern und hellen Rhizinen, während *P. rufescens* dunkle, oft schwärzliche Rhizinen besitzt und Adern, die gegen die Mitte des Lagers dunkel sind. *Peltigera didactyla* (S. 370) wird kaum über 3 cm groß, ist grau und bildet Sorale auf der Fläche oder Apothecien an kurzen aufsteigenden stielartigen Lappen; die Unterseite und Adern sind hell.

Ökologie und Verbreitung: An besonnten, warmen und trockenen Standorten bis in die alpine Stufe, vor allem auf basenreichen Böden (über Kalk), aber auch auf sauren Böden, dann meist an felsigen Stellen. Weit verbreitet von Nord- bis Südeuropa.

Peltigera rufescens (9,5 cm)

Placidium rufescens (Rotbraune Lederflechte) ***Placidium squamulosum*** (Schuppige Lederflechte) ***Romjularia lurida*** (Braunschuppe)

Hauptmerkmale: Lager schuppig; Schuppen braun. Auf basenreichem Boden und auf zerklüftetem kalkhaltigem Gestein.

Unterscheidungsmerkmale: Die *Placidium*-Arten besitzen punktförmige eingesenkte schwarze Perithecien (und Pyknidien). Bei *Romjularia* tragen dagegen gewöhnlich zumindest einige der Schuppen um 1 mm große aufsitzende dunkle (scheibenförmige) Apothecien.

Placidium rufescens: Schuppen 3–8 mm, 0,35–0,6 mm dick, derb, lederig, braun, dunkelbraun oder rotbraun, meist glänzend, oft verbogen, mit meist etwas abgehobenen Rändern, vereinzelt bis meist gedrängt. Schwarze punktförmige Pyknidien an den Rändern, Perithecien auf der Fläche, mitunter fehlend.

Placidium squamulosum: Schuppen 2–5 mm groß, 0,2–0,4 mm dick, angedrückt (auch Ränder anliegend), flach, zerstreut bis zusammenschließend oder überlappend, matt, selten schwach glänzend, mit dunklen Punkten auf der Fläche (Perithecien bzw. Pyknidien). Mit *Pl. squamulosum* kann man *Endocarpon pusillum* verwechseln, das eine ähnliche Ökologie hat, aber viel seltener ist und etwas (aber deutlich) vorragende Perithecienmündungen hat, *Pl. squamulosum* nicht; erstere Art besitzt Rhizinen (sorgfältig untersuchen), letztere nicht.

Placidium rufescens; mit *Lathagrium cristatum* (rechts) (2,7 cm)

Romjularia lurida: Schuppen 1–3 mm, meist dicht gedrängt, konkav, flach oder mäßig gewölbt, oft einander überdeckend, meist etwas verbogen. Apothecien dunkelbraun bis (braun) schwarz, flach bis mäßig gewölbt, ohne deutlichen Rand, rand- oder flächenständig, 1–1,5 mm.

Ökologie und Verbreitung: Auf zerklüftetem, nacktem oder erdimprägniertem Kalkfels oder (*Pl. squamulosum* fast ausschließlich) auf basenreichem Boden, an lichtreichen trocken-warmen Standorten, in Europa weit verbreitet.

Placidium squamulosum (ca. 4 mm)

Romjularia lurida (1 cm)

Gyalolechia bracteata (Schüppchen-Feuerflechte) ***Gyalolechia fulgens*** (Gewöhnliche Feuerflechte) (*Fulgensia bracteata, F. fulgens*)

Hauptmerkmale von *G. fulgens*: Hellgelbes bis gelbes Lager, innen fast krustig, am Rand deutlich gelappt, eng anliegend, meist bis um 2 cm. Apothecien orange bis orangebraun, mit Lagerrand, anfangs ± flach, später auch gewölbt, aufsitzend, bis 1,5 mm.

Unterscheidungsmerkmale: Gut charakterisiert durch Habitus und Standort (Boden). In lückigen, flachgründigen Kalktrockenrasen, auf Rohböden und Löss finden sich keine ähnlichen Arten mit hellgelben, fast krustig anliegenden Lagern mit farblich sich gut abhebenden orangefarbenen Apothecien. Nur die verwandte, sehr seltene, meist auf Gips oder in alpinen Lagen vorkommende *Gyalolechia bracteata* ist ähnlich, hat aber ein schuppiges bis warziges, am Rand nicht deutlich gelapptes, gewöhnlich nicht rosettiges Lager. Apothecien mit dünnem Eigen- und dickem Lagerrand.

Ökologie und Verbreitung: In lückigen Trockenrasen, auf Lössböden und -wänden, zwischen Kalkfelsen an warmen Standorten. Vor allem in Weinbaulagen und ähnlich klimatisch günstigen, sommerwarmen Gebieten, sehr selten, sehr gefährdet; vom Mittelmeergebiet bis ins mittlere Deutschland.

Gyalolechia fulgens (2 cm)

Gyalolechia bracteata (1,3 cm)

Psora decipiens (Rotschuppe)

Hauptmerkmale: Lager aus zerstreuten bis zusammenschließenden rundlichen Schuppen; Schuppen rot bis rosarot, seltener bräunlichrot oder fast bräunlich beige, meist weißlich berandet, konkav bis leicht gewölbt, bis 3 mm groß, unterseits weißlich. Apothecien schwarz, bald gewölbt und randlos.

Unterscheidungsmerkmale: An der roten Färbung und der schuppigen Wuchsform leicht zu erkennen, kaum zu verwechseln. Eine ähnliche Wuchsform hat *Romjularia lurida* (S. 330), die mit ihr vergesellschaftet vorkommt. Diese Flechte ist jedoch braun; die Schuppen schließen meist zusammen. Ebenfalls braun sind *Placidium*-Arten. Sie entwickeln aber keine Apothecien, sondern kleine schwarze, eingesenkte Perithecien.

Ökologie und Verbreitung: An lichtreichen, meist voll besonnten Standorten v. a. in Lücken von Kalk-Trockenrasen, auf Kalkrohböden, auf übererdeten Kalkfelsen und in Felsspalten. Weit verbreitet in Europa, v. a. in kontinentalen Lagen und Trockengebieten, im Gebiet selten.

Psora decipiens (5 cm/1 cm)

Thalloidima physaroides (Gefleckte Blasenkruste) ***Thalloidima sedifolium*** (Blaugraue Blasenkruste) (*Toninia physaroides, T. sedifolia*)

Hauptmerkmale: Flechten mit verflachten bis blasig gedunsenen grauen, olivgrauen, olivgrünen bis braunen, mehr oder weniger weiß bereiften Schuppen und schwarzen, bereiften oder unbereiften, flachen, 1–3 mm großen Apothecien. Apothecien leicht konkav bis leicht gewölbt, mit Eigenrand. Schuppen 1–3 mm, zerstreut bis dichtstehend, auch überlappend, R–.

Thalloidima physaroides (2,3 cm/2,7 mm)

Unterscheidungsmerkmale: Zur Unterscheidung der beiden Arten muss man sich „einsehen". Wichtige Kriterien sind das Maß der Bereifung von Lager und Apothecien sowie die Existenz von Pseudocyphellen.

Thalloidima physaroides: Schuppen stark gewölbt bis blasig geschwollen, olivgrün, grünlichgrau bis braun, nur leicht, selten stärker bereift, ei- bis säulenförmig oder unregelmäßig, typischerweise recht dicht schräg bis fast aufwärts stehend, auf der Oberfläche mit charakteristischen punkt- bis fleckförmigen oder kurz strichförmigen (manchmal spärlichen) Pseudocyphellen. Apothecien lange berandet, später auch randlos, unbereift, aber Rand oft bereift.

Thalloidima sedifolium: Schuppen schwach bis deutlich gewölbt, gewöhnlich weiß bis bläulich bereift, daher kaum von der Farbe unter dem Reif etwas zu sehen, rundlich bis angedeutet gekerbt-gelappt. Apothecien berandet, später randlos, unbereift bis gleichmäßig bereift.

Ökologie und Verbreitung: Selten, an sommerwarmen, lichtoffenen Standorten. Vor allem Süd- und Mitteleuropa.

Thalloidima sedifolium (2,8 cm)

Diploschistes muscorum (Moos-Krugflechte)

Hauptmerkmale: Hellgraues bis fast weißes, unregelmäßiges, zusammenhängendes Lager mit eingesenkten, sich anfangs porenartig öffnenden Apothecien mit vertiefter schwarzer Scheibe und eingebogenem, oft etwas gerieftem Lagerrand, anfangs oft auf *Cladonia*-Lagerblättchen wachsend. Lager K– bis gelblich oder schmutzig braunrot, C+ rot, P–.

Unterscheidungsmerkmale: Wenn auf das Substrat (Moose, Pflanzenreste, Erde, *Cladonia*-Blättchen/Schuppen) und die anfangs sehr enge Öffnung der Apothecien geachtet wird, ist die Art nur mit *Megaspora verrucosa* (S. 394) zu verwechseln, bei der die Apothecien aber nicht so stark vertieft sitzen und das Lager C– ist. *Diploschistes scruposus* (S. 277) hat rasch weit geöffnete Scheiben, ein rissig areoliertes Lager und wächst direkt auf Silikatgestein.

Ökologie und Verbreitung: Auf Moosen und Pflanzenresten und Erde in Lücken von Magerrasen, auf Moosen über Felsen, in ganz Europa.

Diploschistes muscorum; auf *Cladonia* sp. wachsend (2 cm)

Bilimbia sabuletorum (Gewöhnliche Stäbchenflechte)

Hauptmerkmale: Krustenflechte auf Pflanzenresten und Moosen über Boden oder Kalkfels, mit grauem Lager und rosabraunen, hell- bis dunkelbraunen, nur sehr jung noch flachen und berandeten, später gewölbten und randlosen Apothecien. Apothecien 0,4–0,8 mm, selten bis 1 mm. Lager aus hellgrauen bis blass grünlichgrauen oder sehr leicht gebräunten zerstreuten Körnern. R–.

Unterscheidungsmerkmale: Es gibt nicht wenige Krustenflechten mit bald gewölbten braunen Apothecien ohne Lagerrand. *Bilimbia sabuletorum* kann man dennoch mit einiger Wahrscheinlichkeit ohne mikroskopische Untersuchung ansprechen, weil man auf Moosen und Pflanzenresten über kalkigem Untergrund in niederer bis mittlerer Höhenlage kaum einen Doppelgänger findet. *Toniniopsis (Bacidia) bagliettoana* kommt an ähnlichen Standorten vor (Schwerpunkt in Trockenrasen über Kalk), hat aber schwarze, lange berandete Apothecien und nadel- oder dünn stäbchenförmige Sporen, während *B. sabuletorum* spindelförmige Sporen bildet.

Ökologie und Verbreitung: Auf Pflanzenresten, Moosen, sowohl über Boden und Kalkfels als auch basal an alten Bäumen. Europaweit verbreitet.

Bilimbia sabuletorum (4,4 mm)

9.10 Flechten auf sauren Böden

1 Flechte strauchig oder aus ± aufrechten, einfachen oder verzweigten Stämmchen oder bechertragenden Gebilden, mitunter **zusätzlich** mit schuppigem bis kleinblättrigem grundständigem Lager 2

1* Flechte mehr oder weniger horizontal ausgebreitet, flächig wachsend, gelappt, schuppig oder krustenartig anliegend, ohne vertikal wachsende Stielchen oder Stämmchen 22

2 Flechte ohne grundständiges (auf dem Substrat ausgebreitetes) Lager, ohne kleine Schuppen oder Blättchen an den Stämmchen/Ästen 3

2* Flechte unterschiedlich gestaltet, aus stiftartigen oder verzweigten oder bechertragenden vertikalen Gebilden (Podetien), die zumindest basal kleine Schuppen oder Blättchen tragen, oft auch mit auf dem Substrat ausgebreiteten kleinen grauen bis grünlichen Blättchen 8

3 Flechte aus flachen bis eingerollten, meist 1,5 bis 6 mm breiten Abschnitten, nicht aus mehr oder weniger zylindrischen (stielrunden bis etwas eckigen) Stämmchen/Ästen, gewöhnlich olivbraun, braun, dunkelbraun, selten grau 4

3* Flechte aus ± zylindrischen (stielrunden bis kantigen) Gebilden, nicht aus verbreiterten, d. h. flächig entwickelten Abschnitten 5

4 Flechte aus flachen bis rinnigen, spärlich (oft „geweihartig") verzweigten Abschnitten, an den Rändern mit kurzen Stiftchen besetzt, oft eine Seite heller und dort mit weißen vertieften Flecken, basal oft rötlich .... *Cetraria islandica* (S. 342)

4* Flechte aus rinnigen, schmalen (bis 2 mm breiten), spärlich verzweigten grauen bis braunen Abschnitten, an den Astenden oft mit gewölbten bis fast kugeligen braunen Apothecien, an den Rändern nicht mit kurzen Stiftchen besetzt, nicht mit weißen vertieften Flecken .... vgl. *Cladonia furcata* (20*)

5 Stämmchen dunkelbraun, verzweigt, kantig und grubig oder glatt, oft mit kurzen dornigen Fortsätzen .... *Cetraria aculeata* (S. 343)

5* Stämmchen nicht dunkelbraun 6

6 Flechte spärlich gabelig verzweigt, mit auffallend stark zugespitzten, starr auseinanderstrebenden Ästen, gelblich, an der Spitze gebräunt, fast igelartig aussehende Polster/Rasen bildend. Äste um offene Achseln stehend, auseinander spreizend .... *Cladonia uncialis* (S. 344)

6* Flechte reich verzweigt, keine igelartigen Polster/Rasen mit starren, zugespitzten Ästen bildend. Äste zu zwei bis vier (fünf) um offene Achseln stehend, oft nach einer Seite hin gekrümmt (Rentierflechten) 7

7 Äste zu 2, seltener zu 3 von den Achseln ausgehend (v. a. vorletzte Verzweigungsebene begutachten, mehrere Podetien ansehen); Flechte zart, Äste meist einseitswendig, blassgelblich bis cremefarben-gelblich oder grau, P+ rot .... *Cladonia ciliata* (S. 345)

7* Äste überwiegend zu 3 bis 4 (–5) von den Achseln ausgehend, weiß, gelblich, grau, P+ rot oder P– .... *Cladonia rangiferina*, *Cl. arbuscula*, *Cl. mitis*, *Cl. portentosa* (S. 346)

8 Aufrecht wachsende Teile (Podetien) wenigstens teilweise mit deutlichen Bechern 9

8* Podetien ohne Becher oder allenfalls mit angedeuteten sehr schmalen, engen, trichter- bis becherartigen Gebilden 14

9 Becherrand mit roten Punkten (Pyknidien) oder roten Apothecien .... *Cladonia coccifera, Cl. pleurota, Cl. deformis* (S. 348)

9* Becherrand mit braunen Punkten oder braunen Apothecien oder ohne solche Strukturen .. 10

10 Becher aus der Mitte sprossend und dort stift- bis becherartige Strukturen bildend, glatt oder außen/basal mit einzelnen winzigen Blättchen, nicht sorediös ..... *Cladonia verticillata* (S. 352)

10* Becher nicht aus der Mitte, sondern allenfalls aus dem Rand sprossend, schuppig, körnig, fein sorediös oder glatt 11

11 Podetienbecher am Rand zu ± langen stiftförmigen Fortsätzen auswachsend, regelmäßig oder unregelmäßig gestaltet oder unvollkommen. Podetien mitunter verzweigt, sehr schlank, z. T. auch ohne Becher 12

11* Podetienbecher recht regelmäßig, stiftförmige Auswüchse am Rand sehr selten. Podetien meist unverzweigt 13

12 Podetien gänzlich dicht fein sorediös, grau, weißgrau, in der Regel nur zum Teil unregelmäßige oder angedeutete Becher tragend .... *Cladonia rei, Cl. subulata* (S. 356)

12* Podetien ganz glatt berindet, nirgends sorediös (mehlig oder körnig), grau, oliv, braun, Becher schmal, regelmäßig .... *Cladonia gracilis* (S. 353)

13 Podetienbecher innen und außen fein sorediös bis körnig oder dicht mit kleinen Schollen besetzt, breit trichterig bis pokalartig. Podetien alle mit Becher endend, unverzweigt, grünlich-grau, graugrünlich, grünlich, seltener gebräunt, dann mit Schollen besetzt................... .... *Cladonia chlorophaea, Cl. fimbriata, Cl. pyxidata, Cl. grayi* (S. 350)

13* Podetienbecher glatt berindet, höchstens mit wenigen abstehenden Blättchen. Podetien alle mit Bechern oder vereinzelt spießförmig, unverzweigt, selten verzweigt .... *Cladonia gracilis* (S. 353)

14 Podetien röhrig, d. h. innen hohl, meist über 5 mm hoch, unverzweigt bis verzweigt. Horizontal auf dem Substrat ausgebreitetes Lager aus dicht bis zerstreut sitzenden kleinen, oft gekerbten Blättchen 15

14* Podetien innen nicht hohl, bis 5 mm hoch, unverzweigt, stets mit einem gewölbten braunen oder rosa Apothecium endend, das pilzartig die Dicke des Stieles überragt. Auf dem Substrat ausgebreitetes Lager zusammenhängend warzig bis kleinschuppig 21

15 Podetien an der Spitze mit roten Punkten (Pyknidien, Lupe!) oder roten Apothecien 16

15* Podetien ohne rote Pyknidien/Apothecien 17

16 Podetien schwefelgelb bis graugelb, gänzlich feinmehlig sorediös . *Cladonia sulphurina* (S. 360)

16* Podetien weißlich bis grau oder graubraun.......... *Cladonia macilenta, Cl. floerkeana* (S. 358)

17 Podetien schwefelgelb bis graugelb, zugespitzt oder mit deformierten, meist aufgeschlitzten Bechern .... *Cladonia sulphurina* (S. 360)
17* Podetien anders 18

18 Podetien einfach bis spärlich verzweigt, mindestens die obere Hälfte dicht fein sorediös, basal mit abstehenden kleinen Blättchen, sonst weitgehend ohne Blättchen. .... *Cladonia coniocraea, Cl. comuta, Cl. glauca, Cl. rei, Cl. subulata* (S. 356)
18* Podetien nicht großflächig feinmehlig sorediös, wenn mit Soredien, dann bis oben mit Blättchen besetzt 19

19 Podetien weißlich, entrindet (d.h. die Podetienstiele sind weißlich, weil das Mark entblößt ist), dicht bis oben hin mit kleinen grünlichen bis grünlichgrauen, seltener gebräunten Blättchen besetzt, schlank, bis 4(–5) cm hoch. Enden oft mit braunen Pyknidien oder Apothecien, oft offen, P–, K–, selten K+ gelb, P+ orange .... *Cladonia squamosa* (S. 355)
19* Podetien glatt berindet, aber oft mit zerstreuten kleinen abstehenden Blättchen, nicht sorediös, schlank, unverzweigt oder ästig, P+ rot, K– oder K+ braungelb bis schmutzig (grün)gelb. Grundständige Blättchen spärlich bis weitgehend fehlend. Manchmal schwierig zu trennende Arten 20

20 Podetien unverzweigt oder mit wenigen Ästen, die steil bis vertikal orientiert sind, einige oft mit angedeuteten engen Bechern, diese mit glattem Rand oder gezähnt, braun, graubraun, braungrau .... *Cladonia gracilis* (S. 353)
20* Podetien spärlich bis reich dichotom verzweigt, grau bis braun, oft gescheckt (dunkle Felder durch weißes Netz getrennt), Äste spitz zulaufend, ohne Becher, gelegentlich mit braunen Apothecien, die oft traubig beisammenstehen, gegen die Enden auch mit längs aufgetrennten, rinnigen Ästen. Außerordentlich vielgestaltig .... *Cladonia furcata* (S. 354)

21 Apothecien rosa, fast kugelig, auf weißlichen Stielen. Lager weißlich *Dibaeis baeomyces* (S. 364)
21* Apothecien braun (feucht aufgehellt), auf weißlichen bis mitunter grünlichen Stielen .... *Baeomyces placophyllus, B. rufus* (S. 365)

22 Lager aus flächig entwickelten (über 0,5 cm) breiten Lappen, unterseits mit Adern und Rhizinen, grau bis braun, angefeuchtet deutlich dunkler, dunkelgrau bis schwärzlich 23
22* Lager nicht aus breiten Lappen, ohne Adern und Rhizinen, wenn blättrig, dann feucht nicht dunkel 26

23 Lager oberseits mit rundlichen Soralen, mit gerundeten Lappen ... *Peltigera didactyla* (S. 370)
23* Lager ohne Sorale 24

24 Lager oberseits schwach bis deutlich glänzend, auch an den Lappenenden ohne jeden weißlichgrauen angedrückten filzigen Belag (Lupe!) .... *Peltigera horizontalis, P. polydactylon, P. degenii, P. hymenina* (S. 368)
24* Lager oberseits nicht glänzend, zumindest stellenweise mit angedrücktem grauem Filzbelag (Lupe!) 25

25 Lager an den Rändern und an Rissen stellenweise mit kleinen, oft in einer Reihe stehenden Schüppchen (Schüppchen flach), unterseits weißlich, mit weißen bis schwarzen Rhizinen und Adern .... *Peltigera praetextata* (S. 366)

25* Lager ohne solche Schüppchen .... vgl. *Peltigera rufescens* (S. 329), *P. canina* (S. 366), *P. didactyla* (S. 370)

26 Lager aus stark aufgebogenen, tief zerteilten, unterseits grau- oder gelblichweißen, oberseits schmutzig grünen, meist zahlreich zusammenstehenden, bis 1 cm langen, 3 mm breiten Blättchen, feucht aufgerollt und nur die dunklere Oberseite zeigend, an den Rändern oft mit kleinen dunklen Büscheln von kurzen Fasern. P+ rot .. *Cladonia cervicornis, Cl. foliacea* (S. 362)

26* Lager anders 27

27 Lager aus kleinen, sehr dicht stehenden, eine zusammenhängende Matte bildenden gelbgrünlichen, aufsteigenden, bis um 2 (-3) mm langen, am Rande gekerbten bis eingeschnittenen Schüppchen, dazwischen gewölbte braune Apothecien, die scheinbar auf den Schüppchen sitzen, aber gewöhnlich kurz gestielt sind. P+ rot, K–, C– .... *Cladonia caespiticia* (S. 361)

27* Lager krustig (warzig, körnig, schorfig), nicht aus kleinen Blättchen 28

28 Lager stellenweise orange, sonst grau bis graugrünlich, warzig, mit recht großen, feinmehligen, oft gelblichen Soralen. Orange Teile K+ purpurn, Lager sonst K–, C+ rot .... *Trapeliopsis pseudogranulosa* (S. 372)

28* Lager anders 29

29 Apothecien rosa bis orangerosa, bereift weißlichrosa, ockerrosa 30

29* Apothecien anders oder fehlend 31

30 Apothecien groß, 1,5–2,5 mm, rosa bis orangerosa oder weißlich rosa, auffallend dünn berandet oder unberandet. Lager C–, weißlich bis grau, blassgrün, grün, graugrün .... *Icmadophila ericetorum* (S. 364)

30* Apothecien 0,3–1,3 mm, berandet und flach bis gewölbt-randlos, unterschiedlich gefärbt, rosa, rosabraun, braun, schmutzig grünlich, dunkel grüngrau. Lager C+ rot, warzig areoliert, Areolen stellenweise sorediös aufbrechend .... *Trapeliopsis granulosa* (S. 372)

31 Apothecien schwarz (auch feucht), halbkugelig, von Anfang an randlos. Lager grau bis graugrün, P+ rot, C– .... *Micarea lignaria* (S. 371)

31 Apothecien oft fehlend, braun, braungrau, grünlichgrau, dunkelbraun bis fast schwarz, zumindest anfangs berandet, wenn gewölbt, dann Lager unscheinbar. Lager grau, grünlichgrau, braun bis grünbraun, P–, C– oder C+ rosarot oder rötlich, ohne Sorale oder stellenweise sorediös 32

32 Lager grau bis graugrün, sorediös, C+ rosarot. Apothecien braun, schmutzig braungrau bis grüngrau, selten grauschwarz, variabel gefärbt .... *Trapeliopsis granulosa, Tr. pseudogranulosa* (S. 372)

32* Lager braun bis grünbraun, nicht sorediös, aus winzigen verlängerten Körnchen oder unscheinbar. Ap. braun bis schwärzlich .... *Placynthiella icmalea, P. uliginosa* (S. 373)

Cetraria islandica (Isländisch Moos)

Hauptmerkmale: Strauchflechte mit verflachten bandförmigen bis deutlich rinnigen, spärlich verzweigten Abschnitten, aufrecht wachsend bis aufsteigend, auf der einen (Ober-) Seite dunkel- bis hellbraun, oliv, graugrünlich, dunkler als auf der anderen (Unter-) Seite, dort weißlich, beige, hellbraun gefärbt, an der Basis oft rötlich. Ränder der Lappen dicht mit kurzen Zähnchen besetzt. Unterseite auf der Fläche mit rundlichen bis unregelmäßigen weißen Flecken (Pseudocyphellen). Apothecien sehr selten, dunkelbraun, groß, scheibenförmig, in verbreiterte Lappenenden eingesenkt.

Unterscheidungsmerkmale: Sehr charakteristische, aber auch recht variable Flechte, an lichtarmen Standorten (in Wäldern) viel heller gefärbt als an lichtoffenen. Die Lagerabschnitte sind meist 2 bis 8 mm breit. Nahe verwandt ist die extrem selten gewordene, fast nur noch in alpinen Lagen an windexponierten Orten zu findende *Cetraria ericetorum*, deren Lagerabschnitte nur bis 2 mm breit werden, rinnig sind und stets dunkelbraun bis schwarzbraun gefärbt sind; die weißlichen Pseudocyphellen sind bei ihr nicht flächen-, sondern randständig. *Cetraria aculeata* hat kantige, nicht verflachte und nicht rinnige Äste.

Ökologie und Verbreitung: In Magerrasen und lückigen Zwergstrauchheiden, in lichten Wäldern, oft zwischen Heidelbeere, an Felsabsätzen, zwischen Blöcken, überwiegend auf sauren Böden, aber auch in Kalkmagerrasen. In Mitteleuropa außerhalb der Alpen sehr selten geworden, zu schützen. In Europa weit verbreitet, im Süden mehr in den Gebirgen.

Name, Nutzung: Im Volksmund wurde nicht zwischen Moos und Flechte unterschieden. Dies kommt noch in „Isländisch Moos“, einem der wenigen alten deutschen Flechtennamen, zum Ausdruck. Seit alters her und noch heute in der Pharmazie als schleimlösendes Mittel gegen Heiserkeit und Hustenreiz verwendet. Diente auch als Nahrungsmittelzusatz in Notzeiten.

Cetraria islandica (ca. 7 cm)

Cetraria aculeata (Hornflechte)

Hauptmerkmale: Dunkelbraune Strauchflechte aus dünnen, starren, locker verzweigten Stämmchen. Stämmchen kantig, ringsum gleich gebaut/gefärbt, mit grubigen, längs gestreckten Vertiefungen, mit dornigen Fortsätzen, Enden fein verzweigt. Apothecien fehlen fast immer.

Unterscheidungsmerkmale: Sehr ähnlich im Wuchs und Aussehen ist *Cetraria muricata*, so dass eine genaue Untersuchung notwendig ist. *Cetraria muricata* unterscheidet sich durch stielrundliche bis leicht abgeflachte, glatte, nie kantige bzw. grubige Stämmchen/Äste. Sie ist öfter als *C. aculeata* an kühlen bis kalten Standorten (bis weit in die alpine Stufe, in Norddeutschland auch in niederen Lagen) zu finden. Vom Wuchs her ähnlich ist auch *Cetraria ericetorum*, die ebenfalls dunkelbraune, aber deutlich rinnige Lagerabschnitte hat und keine grubigen Vertiefungen aufweist. Verschiedene *Cladonia*-Arten können auch dunkelbraun sein, sind aber (bis auf *Cladonia furcata*) weniger stark verzweigt und haben röhrige Stämmchen mit scharf begrenztem Hohlraum, während *C. aculeata* nicht hohl ist, sondern ein lockeres Mark besitzt.

Ökologie und Verbreitung: Auf mageren, flachgründigen, sandigen oder kiesigen Böden an lichtreichen trockenen Standorten, auch in lichten Wäldern (vor allem Kiefernwälder). Selten bis extrem selten, in den Sandgebieten Nordostdeutschlands häufiger; die verwandte *Cetraria muricata* oft an bemoosten Felsen, in Blockmeeren, in alpinen Windheiden. In ganz Europa.

Cetraria aculeata (3,2 cm)

Cladonia uncialis (Igel-Säulenflechte, Igelflechte)

Hauptmerkmale: Gelblich gefärbte, gabelig oder drei- bis vierfach geteilte Strauchflechte mit derben, spitz zulaufenden, an den Enden gebräunten, röhrigen Stämmchen/Zweigen, ohne auf dem Substrat ausgebreitetes schuppiges Basallager. Bis ca. 4 cm, selten 5 cm hoch, bodenbewohnend. Ganze Rasen oder igelartige Polster bildend. K–, C–, P–.

Unterscheidungsmerkmale: Kaum zu verwechselnde Art. Von den Rentierflechten, die ebenfalls kein schuppiges bis blättriges, auf dem Substrat ausgebreitetes Basallager haben, oft schon durch die regelmäßig gabelige Verzweigung mit stachelartig spitz zulaufenden, starren, geraden Endästen unterschieden, es gibt aber auch Formen, bei denen die Äste zu dreien oder vieren um die Verzweigungsachsel stehen. Die Rentierflechten, von denen *Cladonia mitis* und *Cladonia portentosa* (beide S. 346) ebenfalls P– reagieren, haben schlankere, oft einseitig gekrümmte Endäste; sie sind wesentlich reicher verzweigt und sehen wie kleine Sträucher aus.

Ökologie und Verbreitung: Sehr ähnlich den Rentierflechten (siehe dort), auf nährstoffarmen oder flachgründigen Böden, übererdeten Felsen, zwischen Blöcken. In ganz Europa, im Süden mehr im Bergland.

Cladonia uncialis (3,2 cm)

Cladonia ciliata (Zarte Rentierflechte)

Hauptmerkmale: Hellgraue oder blass gelblichweiß gefärbte Strauchflechte mit aufrechten, verzweigten, stielrunden röhrigen Stämmchen und reicher Verzweigung, Endverzweigungen (die letzten 2–3 Verzweigungsstellen) gabelig, seltener zu drei von einer Verzweigungsstelle abgehend und hauptsächlich nach einer Seite hin gewendet, Spitzen gebräunt. Ein grundständiges Lager und Schuppen an den Podetien fehlen. K–, C–, P+ rot.

Unterscheidungsmerkmale: Eine Verwechslung mit anderen Rentierflechten ist möglich. *Cladonia portentosa* (S. 346) ist auch zartwüchsig, aber durch die ausbleibende P-Reaktion gut getrennt; ferner sind die (zu 3–4 von einer Achsel abgehenden) Endzweige nicht einseitswendig wie gewöhnlich bei *Cl. ciliata*. Ähnlich kann *Cladonia arbuscula* (S. 346) sein. Der unterschiedliche Habitus ist gut zu erkennen, wenn sie neben *Cl. ciliata* wächst und sich letztere durch den zarteren Wuchs abhebt; fehlt der unmittelbare Vergleich, können manche Formen Schwierigkeiten bereiten. Bei *Cl. arbuscula* stehen die Verzweigungen zu drei bis vier um die Achseln. Schwierig anzusprechen sind schwachwüchsige Exemplare und Formen beider Arten, die nicht deutlich einseitswendige Äste haben.

Ökologie und Verbreitung: Ökologie wie bei *Cladonia arbuscula*. Verbreitung: Mittel-, West- und Südeuropa, in Mitteleuropa nach Osten zu deutlich seltener. Wesentlich seltener als *Cl. arbuscula*, *Cl. rangiferina* und *Cl. portentosa*.

Cladonia ciliata (3,2 cm)

Cladonia rangiferina (Echte Rentierflechte) *Cladonia arbuscula* (Wald-Rentierflechte) *Cladonia mitis* (Milde Rentierflechte) *Cladonia portentosa* (Ebenästige Rentierflechte)

Hauptmerkmale: Reich verzweigte, locker dem Boden aufsitzende Strauchflechten mit hohlen Stämmchen/Zweigen, weiß oder blassgelblich, mit gebräunten, oft gekrümmten Enden, bis 10 cm hoch, meist bis 7 cm. *Cladonia rangiferina* reagiert K+ gelb, die übrigen sind K–, die ersten beiden P+ orangerot bis rostrot, die letzten beiden P–.

Unterscheidungsmerkmale: Von den anderen Arten der großen Gattung *Cladonia* unterscheiden sich die Rentierflechten dadurch, dass sie kein schuppiges horizontales Lager auf dem Substrat und auch keine Schüppchen/Blättchen auf den Stämmchen bilden. *Cladonia rangiferina* ist durch ihre „kalte" grauweiße Farbe gekennzeichnet, während *Cl. arbuscula* und *Cl. portentosa* einen leichten Gelbstich aufweisen oder zumindest nicht rein grauweiß sind, auch wenn es sehr helle Formen gibt.

Wachsen die Arten, wie häufig der Fall, zusammen, ist der Farbunterschied sofort erkennbar. Die Endäste sind vor allem bei *Cl. rangiferina* und häufig auch bei *Cl. arbuscula* vorzugsweise nach einer Richtung gekrümmt, während sie bei *Cl. portentosa* nach allen Seiten gerichtet sind. Da dies auch bei *Cl. arbuscula* vorkommt, unterscheidet man am besten die beiden Arten mit der P-Reaktion: bei *Cl. arbuscula* (orange)

Cladonia rangiferina, links; *Cladonia arbuscula*, rechts (4,9 cm)

rot, bei *Cl. portentosa* negativ. Letztere ist oft zarter, die Stämmchen sind bei ihr oft nur stellenweise und körnig berindet (Lupe), so dass vielfach das weiße Mark zu sehen ist; in feuchtem Zustand sind daher die Stämmchen fast „durchscheinend" zart. *Cladonia arbuscula* ist derber und uneben berindet. Sie hat einen chemisch verschiedenen „Doppelgänger", *Cl. mitis*, der P– reagiert, aber deutlich derber erscheint als die ebenfalls P– reagierende *Cl. portentosa*.

Ökologie und Verbreitung: Die Rentierflechten sind weit verbreitet, *Cl. arbuscula* und *Cl. rangiferina* vor allem in der borealen Zone und den Bergländern Mittel- und Südeuropas, *Cl. portentosa* hauptsächlich in Westeuropa. *Cladonia mitis* ist in Windheiden der Alpen und in norddeutschen Heidegebieten und lichten Kiefernwäldern zu Hause, während sie im außeralpinen Süddeutschland selten ist. Die Rentierflechten wachsen auf mageren Böden sowie auf übererdeten Felsen und zwischen Felsblöcken, gewöhnlich auf sauren Böden, aber auch über Kalk. Die Standortamplitude erscheint sehr breit. Entscheidend ist eine nachhaltig geringe Konkurrenz von höheren Pflanzen. Nimmt diese zu, z. B. durch Eutrophierung oder Kalkung von Wäldern, verschwinden die Rentierflechten, ebenfalls bei stärkerer Beschattung. Sie bevorzugen lichtreiche Orte.

Name: Wichtige Rentier-Nahrung.

Cladonia mitis (ca. 5 cm); *Cladonia portentosa* (ca. 8,5 cm)

Cladonia coccifera (Echte Scharlachflechte) *Cladonia pleurota* (Gewöhnliche Scharlachflechte) *Cladonia deformis* (Deformierte Scharlachflechte)

Hauptmerkmale: Blassgrünliche bis gelblichgrüne Flechten mit aufrechten, gestielten, recht regelmäßig gestalteten (aber oft auch sprossenden), becher- bis pokalartigen Gebilden mit roten gewölbten randlosen Fruchtkörpern bzw. roten punktartigen Pyknidien auf dem Becherrand und mit kleinblättrig-schuppigem Basallager. Schuppen bis 2 mm. P–, K–. Auf Erde, Rohhumus, Torf, Moosen.

Unterscheidungsmerkmale: Die rotfrüchtigen, becherbildenden *Cladonia*-Arten sind vielgestaltig, es werden mehrere Arten unterschieden, von denen *Cl. coccifera* und *Cl. pleurota* die häufigsten sind. Sie unterscheiden sich z. B. in der Feinheit der die Oberfläche bedeckenden Partikel.

Cladonia coccifera: Becherartige Gebilde (Podetien) außen und innen dicht mit kleinen Schüppchen/Schollen bedeckt, bis 2 cm hoch. Ähnlich wie *C. coccifera* sieht *Cladonia borealis* aus, ihre Oberfläche ist aber geglättet bis angedeutet schollig, nie abstehend schuppig, sie unterscheidet sich auch chemisch und ist viel seltener.

Cladonia coccifera (2,2 cm)

Cladonia deformis: Becherartige Gebilde mit feinmehliger Oberfläche, gegenüber *Cl. pleurota* Becher länger gestielt, oft etwas deformiert, oft stärker gelblich, bis 3 cm hoch.
Ähnlich *Cladonia deformis* ist *Cladonia sulphurina* (dicht feinmehlige Oberfläche; S. 360), aber deren Becher sind in der Regel verunstaltet, stark deformiert, aufgerissen oder nicht mehr ausgebildet, an deren Stelle sind dann nur zugespitzte Enden vorhanden. Die relativ häufige *Cladonia digitata* (S. 186) hat bei guter Entwicklung flache, am Rande fingerartig sprossende Becher, große gerundete, unterseits und am Rand sorediöse grundständige Blättchen und ist (im trockenen Zustand) grau gefärbt (nie gelbgrünlich). K+ gelb, P+ orange.
Cladonia pleurota: Becherartige Gebilde mit feinkörniger Oberfläche, nicht glatt oder schollig berindet, nur an der Basis der Becherstiele schuppig-kleinblättrig, bis 2 cm hoch.
Ökologie und Verbreitung: Auf sauren, nährstoffarmen oder flachgründigen Mineralböden und auf boden- oder felsbewohnenden Moosen. In ganz Europa, in Südeuropa mehr im Bergland.

Cladonia pleurota (1,6 cm)

Cladonia deformis (2,7 cm)

Cladonia chlorophaea (Grünliche Becherflechte)
Cladonia fimbriata (Trompeten-Becherflechte) – vgl. S. 186
Cladonia grayi (Grays Becherflechte)
Cladonia pyxidata (Gewöhnliche Becherflechte)

Hauptmerkmale: Flechten mit aufrecht wachsenden, gestielten becherartigen Gebilden (Podetien) und einem auf dem Substrat ausgebreiteten, kleinblättrig-schuppigen Lager, grau bis grüngrau, feucht grünlich. Podetien bis 2 cm hoch. Apothecien entstehen auf dem Becherrand, braun, gewölbt, unberandet. Lager P+ rot, *Cl. grayi* P–.

Unterscheidungsmerkmale: Die Arten unterscheiden sich hauptsächlich in der Größe der Körnchen/Schuppen, die sich innen und außen an den Bechern sowie den Becherstielen bilden. Achtung: Es gibt weitere ähnliche Arten, die sich nur chemisch sicher unterscheiden lassen. Die vier genannten sind die häufigsten braunfrüchtigen Becherflechten.

Cladonia chlorophaea (ca. 4,5 cm); *Cladonia fimbriata* (2,8 cm)

Cladonia chlorophaea: Oberfläche der Becher feinkörnig. Becher relativ kurz gestielt, nicht abrupt in den Stiel übergehend.

Cladonia fimbriata: Charakteristisch sind die relativ langen Stiele, die feinmehlige, niemals körnige oder schuppige Oberfläche der Becher sowie deren Form, die gewöhnlich bei einem Teil der Podetien an einen Pokal oder ein „Römer"-Weinglas erinnert. Die Becherbasis geht relativ abrupt in den Stiel über. K–. *Cladonia humilis* ist auch feinmehlig, ist aber gedrungener und auffallend kurzstielig, K± gelb, P+ auffallend rot.

Cladonia pyxidata: Oberfläche der Becher schollig bis grobkörnig, Schollen glatt berindet. Becher meist nicht abrupt in den Stiel übergehend. Umriss mehr trichter- bis schmal kreiselförmig.

Cladonia grayi ähnelt *Cl. pyxidata*, hat meist längere Becherstiele. Anders als die anderen erwähnten Arten ist sie P- und im UV-Licht weiß!

Ökologie und Verbreitung: Auf sauren, mageren Böden, *Cl. pyxidata* auch auf basenreichen (Kalk-)Böden, an offenen Böschungen, verhagerten Waldrändern, auf Wällen, planierten Kiesböden, Sandböden, in lichten Wäldern. *Cladonia chlorophaea*, *Cl. fimbriata* und die ebenfalls häufige, aber übersehene *Cl. grayi* s. lat. kommen auch auf morschem Holz vor (vor allem auf Stümpfen) und gehen gelegentlich auf die Basis lebender Bäume über. In ganz Europa.

Cladonia grayi (3,6 cm); *Cladonia pyxidata* subsp. *pyxidata* (5,1 cm)

Cladonia verticillata (Etagen-Becherflechte)

Hauptmerkmale: Flechte mit aufrechten braunen bis braungrauen Podetien in Form gestielter Becher oder (geschlossener) Trichter, aus deren Mitte stockwerkartig weitere Becher sprossen, auffallend glatt berindet, aber Rinde stellenweise durch feine weiße Linien in Feldchen gegliedert, ohne Soredien, basal und auf dem Substrat mit kleinen aufgebogenen, unterseits weißen Blättchen. P+ rot.

Unterscheidungsmerkmale: Nur wenige Becherflechten (*Cladonia*-Arten) haben aus der Mitte sprossende Becher. Charakteristisch für *Cladonia verticillata* und die verwandte *Cl. cervicornis* sind die glatte Berindung und die rote Reaktion mit P. *Cladonia verticillata* hat kleine, meist locker stehende bis spärlich entwickelte, oft kaum gekerbte Grundblättchen (bis 2–3(–5) mm) und meist gut entwickelte, regelmäßige Becher, während bei *Cl. cervicornis* (S. 362) die deutlich eingeschnittenen, 2–4 mm großen Grundblättchen dominieren und Podetien selten entwickelt sind. Ähnlich wie letztere sieht die extrem seltene *Cladonia pulvinata* aus, ist aber P+ gelb, die Grundblättchen stehen gewöhnlich mehr oder weniger aufrecht und sind relativ breit.

Ökologie und Verbreitung: Auf mageren, sandigen bis steinigen Böden, zwischen Felsen, an besonnten Standorten. In ganz Europa, im Süden in kühlen Gebieten.

Cladonia verticillata (4,2 cm)

Cladonia gracilis (Schlanke Becherflechte)

Hauptmerkmale: Flechte vom *Cladonia*-Typ mit grundständigen (aber oft spärlichen bis verschwindenden) kleinen Blättchen und vertikalen, glatt berindeten, unverzweigten oder sehr wenig verzweigten, grüngrauen bis braunen Podetien, die spitz zulaufen bzw. zumindest zum Teil in schmalen, am Rand oft gezähnten Bechern enden. Podetien 1–5 cm hoch, glatt, ohne oder basal mit kleinen Blättchen besetzt, Oberfläche (Lupe) fein areoliert, Stiele bis 2 mm dick. Grundblättchen klein, bis 2 mm, grau bis braun, unterseits weiß. K–, C–, P+ rot.

Unterscheidungsmerkmale: Die Art ist, wie bei Cladonien üblich, variabel. Wichtige Merkmale sind die nicht sorediöse, ganz glatte, graue bis braune Oberfläche, der in der Regel nur spärliche Besatz mit abstehenden Blättchen und das Auftreten der terminalen schmalen Becher, die meist kaum über 2 mm breit werden. Auffallend ist der gewöhnlich gerade, senkrechte Wuchs. *Cladonia furcata* (S. 354) hat nie Becher, hat offene Achseln in den Astgabelungen (*Cl. gracilis* nicht) und wächst unregelmäßiger. Schwierig ist mitunter die Trennung von der subalpin bis alpin verbreiteten *Cl. macroceras*, die wesentlich breitere, oft am Rand sprossende Becher und wesentlich kräftigere, 2–5 mm dicke, oft gedunsene Podetienstiele und bis 12 cm hohe Podetien hat.

Ökologie und Verbreitung: Ähnlich wie bei *Cladonia squamosa*, aber kaum an der Basis von Bäumen.

Cladonia gracilis (ca. 2,5 cm)

Cladonia furcata (Gegabelte Säulenflechte)

Hauptmerkmale: Graue bis braune Flechte vom *Cladonia*-Typ mit verzweigten, ± aufrechten Podetien mit meist nur wenigen abstehenden Blättchen und glatter, oft durch weiße Linien zwischen grauen bis braunen Bereichen gescheckter Rinde. Verzweigung bevorzugt gabelig, unregelmäßig sparrig, locker. Ohne Becher. Grundständige Blättchen meist fehlend oder nur spärlich. K–, C–, P+ rot.

Unterscheidungsmerkmale: *Cladonia furcata* ist eine sehr variable Sammelart, die sich nur schwer charakterisieren lässt. Ähnlich ist *Cladonia rangiformis* (S. 326), die sich aber gewöhnlich durch ihre dichten, als Ganzes abhebbaren Rasen mit viel regelmäßiger verzweigten Stämmchen unterscheidet. Ihre Podetien sind auch auffallender weiß-grau gescheckt und wachsen nie unregelmäßig-sparrig, weil die gemeinsam abgehenden Äste gleichlang sind. Ihre Rasen machen einen insgesamt hellgrauen Eindruck, die Enden der Äste sind jedoch deutlich gebräunt. Das Lager ist K+ hellgelb, meist P–, aber nicht selten auch P+ rot, *Cl. furcata* ist K+ schmutzig gelb bis grüngelb und P+ stets rot. Bei *Cl. furcata* können die Podetien längs aufgerissen sein, so dass sie nicht mehr röhrig, sondern rinnig sind. Bei *Cladonia rangiformis* ist dies nie der Fall. Bei ersterer finden sich dann oft Apothecien, bei letzterer sind diese sehr selten. Standörtlich ist *Cladonia rangiformis* eher eine Art sonnig-warmer Halbtrocken- und Trockenrasen, Sandfluren und lichter Kiefernwälder mit Schwerpunkt auf kalkhaltigen Böden (kommt aber auch auf sauren Böden vor). *Cladonia furcata* ist ökologisch breiter, hat ihren Schwerpunkt auf sauren Böden, geht weiter in schattige Habitate und findet sich auch oft in Wäldern und an grasigen Stellen. Zur Unterscheidung von *Cladonia gracilis* siehe dort (S. 353).

Ökologie und Verbreitung: An besonnten bis absonnigen Standorten, im Offenland und in Wäldern, in Pioniergesellschaften auf Rohböden, in Vegetationslücken, aber auch an grasigen Stellen (eine der konkurrenzkräftigsten Flechten). Mäßig häufig. Weit verbreitet in Europa.

Cladonia furcata (4,1 cm)

Cladonia squamosa (Schuppige Säulenflechte) – vgl. S. 186

Hauptmerkmale: Flechte vom *Cladonia*-Typ, mit grundständigen kleinen graugrünlichen bis bräunlichen Blättchen und vertikalen Stämmchen (Podetien), diese mehr oder weniger dicht bis zur Spitze mit abstehenden Blättchen besetzt, sonst weißlich, rau (unberindet), 2–4 (–5) cm hoch, mäßig verzweigt. Enden zugespitzt oder mit einer Öffnung, ohne Becher, mit braunen Pyknidien oder braunen Apothecien. Podetien unverzweigt oder spärlich verzweigt. Grundständige Blättchen oft reich entwickelt und dichtstehend, bis 2 mm groß, auffallend zerschlitzt bis gekerbt. Blättchen feucht grünlich. Lager R–, UV+ weiß oder selten K+ deutlich gelb bis gelborange, P+ orange, UV–.

Unterscheidungsmerkmale: *Cladonia squamosa* ist eine variable Art, die hauptsächlich an den zugespitzten (bis schmal offenen) Enden, der reichen Beblätterung, den weißlichen (entrindeten) Stämmchen, den zerschlitzten Basalblättchen und der meistens ausbleibenden P-Reaktion erkannt werden kann. Eine Verwechslung ist möglich mit der kleineren, höchstens 3 cm groß werdenden *Cladonia ramulosa*, die mitunter angedeutete Becher hat und deren Enden nicht offen sind; K–, P+ rot.

Ökologie und Verbreitung: An sehr verschiedenen, stets sauren Standorten, von offenen Habitaten bis zu schattigen Standorten in Wäldern und Blockmeeren, auf Mineralboden und Rohhumus, Moosen, übererdeten Silikatfelsen und an der Basis von Bäumen. Mäßig häufig, weit verbreitet, aber in Kalkgebieten weitgehend fehlend. In ganz Europa.

Cladonia squamosa (12,5 cm)

Cladonia coniocraea (Gewöhnliche Säulenflechte) – vgl. S. 184
Cladonia glauca (Blaugrüne Säulenflechte)
Cladonia rei (Sekika-Säulenflechte)
Cladonia subulata (Pfriemen-Säulenflechte)
Cladonia cornuta (Horn-Säulenflechte)

Hauptmerkmale: Weißgraue, graue bis grünlichgraue Flechten mit aufrechten Podetien und auf dem Substrat und an der Podetienbasis sitzenden kleinen schuppenartigen Blättchen; Podetien nicht oder sehr spärlich verzweigt, schlank, stift- bis spießförmig, auf der Oberfläche mehlig bis feinkörnig, mit stumpfen oder zugespitzten Enden. Apothecien selten, braun, an der Spitze der Podetien, an ihrer Stelle punktförmige braune Pyknidien.

Unterscheidungsmerkmale: Die Arten können einander sehr ähnlich sehen. Zur Trennung eignen sich Reaktionen mit P. Alle Arten sind K– (bzw. durch die Befeuchtung grünlich); wenn K+ gelb, siehe *Cladonia macilenta* (bei dieser haben meist einige Podetien am Ende rote Pyknidien; S. 358). Bei *Cladonia subulata* und *Cl. rei* finden sich mitunter angedeutete unregelmäßige Becher. Während *Cladonia cornuta* (P+ rot) nur in der oberen Hälfte der zugespitzten, becherlosen Podetien mit Soredien bedeckt, in der unteren Hälfte glatt berindet ist, sind die übrigen Arten (fast) auf der gesamten Oberfläche sorediös.

Cladonia coniocraea: P+ rasch orangerot/rostrot. Podetien bis 2,5 cm, unverzweigt, oft gekrümmt, spießförmig zugespitzt oder stumpf endend, dann mit

Cladonia coniocraea (ca. 4 cm)

Cladonia glauca (2 cm)

Apothecien oder Pyknidien oder mit einer Eintiefung am Ende (wie winzige enge Becher, nicht breiter als Podetium), meist grau, grünlichgrau. Auf Erde selten, gewöhnlich auf Holz oder basal an Bäumen.

Cladonia glauca: P–, UV+ weiß. Podetien meist bis 5 cm, ohne Becher, in der Regel zumindest bei einigen Podetien mit einer Längsriefe oder einem Längsriss in der Rinde, meist grau bis grünlichgrau; der Besatz mit kleinen Blättchen an den Podetien geht oft weit nach oben, meist UV+ weiß.

Cladonia rei: P– oder P+ langsam gelborange. Podetien bis 5 cm, unverzweigt bis spärlich verzweigt, mitunter mit undeutlichen oder verformten, am Rande stift- bis spießförmig auswachsenden Bechern, meist schmutzig grau bis bräunlichgrau (ohne Bild, habituell wie *Cl. subulata*).

Cladonia subulata: P+ rasch orangerot/rostrot. Podetien bis 6 cm, auf der Oberfläche gänzlich feinmehlig, allenfalls basal einige Blättchen, unverzweigt bis oben spärlich verzweigt, oft mit undeutlichen oder verformten, am Rande stift- bis spießförmig auswachsenden Bechern, grauweiß bis grünlichgrau.

Ökologie und Verbreitung: Auf sandigen oder kiesigen, sauren Böden, an Böschungen, in gestörter Vegetation, an flachgründigen felsigen Stellen, auf morschen Stümpfen; *Cl. rei* kaum auf Stümpfen. Weit verbreitet.

Cladonia cornuta (3,3 cm)

Cladonia subulata (1,6 cm)

Cladonia floerkeana (Flörkes Säulenflechte) *Cladonia macilenta* (Rotfrüchtige Säulenflechte) – vgl. S. 184

Hauptmerkmale: Flechten vom *Cladonia*-Typ mit ± vertikalen stiftförmigen bis oben etwas verzweigten, weißlichen bis grauen oder graubraunen, hohlen Podetien, die an der Spitze einen roten Punkt oder rote Apothecien tragen. Podetien ohne Becher, basal mit kleinen Blättchen, auf dem Substrat mit oder weitgehend ohne kleine graue Blättchen. K– oder K+ gelb, P– oder P+ orange.

Unterscheidungsmerkmale: Die beiden Arten ähneln sich sehr; zum Teil sind die Unterschiede beinahe graduell. Die Podetien von *Cladonia floerkeana* sind grobkörnig, nicht feinmehlig, nicht weiß, sondern grau bis graubraun; Apothecien sind bei ihr häufig und sitzen meist knäuelig zu mehreren am Ende der Podetien, bei *Cladonia macilenta* dagegen relativ selten. Die Podetien von *Cladonia macilenta* sind in der Regel dicht mit feinen Soredien bedeckt, meistens weiß, seltener (v.a. wenn mit Apothecien) grau bis graubraun. Die chemischen Reaktionen sind variabel, doch ist *Cl. floerkeana* fast immer K–, P–, *Cl. macilenta* meistens K+ gelb/gelborange, P+ orange. Zu Verwechslungsmöglichkeiten siehe auch S. 184.

Cladonia floerkeana (ca. 2 cm)

Ökologie und Verbreitung: Auf nährstoffarmen Böden, Rohhumus und Torf, *Cladonia floerkeana* häufiger als *Cl. macilenta* auf humusarmen Sandböden, fast nie auf morschem Holz, letztere häufig auf Holz, vor allem Baumstümpfen. An lichtreichen, oft voll besonnten Standorten, *Cl. macilenta* wohl weiter an schattigere Standorte vordringend.

Name: Heinrich G. Flörke, deutscher Flechtenkundler (1764–1835).

Cladonia macilenta (2,2 cm/1,8 cm)

Cladonia sulphurina (Schwefelgelbe Scharlachflechte)

Hauptmerkmale: Flechte vom *Cladonia*-Typ mit aufrechten Podetien und mit auf dem Substrat sitzenden kleinen Blättchen. Podetien bis 4 cm, schwefelgelb, graugelb, grünlichgelb, auf nahezu der ganzen Oberfläche fein mehlig sorediös, unregelmäßig längs aufgerissen, mit sehr unregelmäßigen, deformierten, z. T. auch aufgeschlitzt erscheinenden Bechern oder nur spießförmig zugespitzt endend, mit roten Punkten an der Spitze (Pyknidien), selten mit roten Apothecien. K–, C–, P–, UV+ weiß.

Unterscheidungsmerkmale: Kenntlich an der gelblichen bis grüngelblichen Farbe der mehlig-sorediösen Podetien ohne oder mit stark deformierten Bechern sowie der weißen UV-Reaktion. Manche Formen mit Bechern nähern sich *Cladonia deformis* an (S. 348), die jedoch durch Podetien mit überwiegend regelmäßig ausgebildeten Bechern gekennzeichnet ist, nie spießförmig endet und meistens UV– ist.

Ökologie und Verbreitung: Auf sauren Böden, oft auf Rohhumus, Torf, in (abgetorften) Mooren, in kalten Blockmeeren, zwischen Felsen, vom Tiefland bis über die Waldgrenze, Nord- und Mitteleuropa, in Südeuropa mehr in den Gebirgen. Selten.

Cladonia sulphurina; links *Cladonia cornuta* (7 cm)

Cladonia caespiticia (Rasen-Säulenflechte)

Hauptmerkmale: Lager aus sehr dichtstehenden, kleinen, schräg bis vertikal ausgerichteten, hell graugrünlichen bis gelbgrünlichen Blättchen, zwischen denen gewölbte, randlose rosa- bis hellbraune Apothecien sitzen, oft niedrige Polster bis ausgedehnte dichte „Teppiche" bildend. Blättchen 2–3 mm lang (hoch), bis 1,5 mm breit, randlich eingeschnitten. P+ rostrot, C–, K± gelblich.

Unterscheidungsmerkmale: Charakteristisch für diese Art sind sehr kurze Podetien, deren „Stiele" man gewöhnlich nicht erkennen kann bzw. durch die Apothecien verdeckt sind, wodurch diese zwischen den Grundblättchen zu sitzen scheinen. Auch bei einigen anderen *Cladonia*-Arten können die Grundblättchen sehr dicht stehen und flachpolsterige Lager bilden, so bei *Cladonia squamosa* (S. 186 / 355), doch sitzen die Apothecien nie fast dem Lager auf, sondern sind durch deutlich entwickelte Podetien emporgehoben. Auch *Cladonia parasitica* (S. 183) hat kurze Podetien mit relativ großen Apothecien, doch sind die Podetienstiele stets zu erkennen; die Blättchen sind auffallend eingeschnitten. Diese Art wächst nicht auf Erde, sondern auf morschen Stümpfen, fast nur von Eiche, selten Tanne.

Ökologie und Verbreitung: An offenen Böschungen an Wegrändern, in Vegetationslücken an Waldrändern und in sehr lichten Laubwäldern (v.a. Eichen-Wäldern), auf mageren, sauren Böden, ziemlich selten. Im Laubwaldgebiet Europas.

Cladonia caespiticia (ca. 1 cm)

Cladonia foliacea (Kleine Endivienflechte, Elchgeweihflechte) *Cladonia cervicornis* (Hirschgeweihflechte)

Hauptmerkmale: Lager aus locker dem Boden aufliegenden, in trockenem Zustand eingerollten, 1–2 cm langen, bis 8 mm breiten, mehrfach tief eingeschnittenen, zerschlitzten Blättchen mit nach außen zeigender blassgelblicher (bei *Cl. foliacea*) oder grauweißer (bei *Cl. cervicornis*) Unterseite und deutlich dunklerer, (grau-)grünlicher Oberseite, in feuchtem Zustand entrollt und die dunklere Oberseite zeigend. K–, C–, P+ rot, oft zahlreich zu größeren Beständen zusammenwachsend.

Unterscheidungsmerkmale: *Cladonia foliacea* ist eine *Cladonia*-Art, bei der das Basallager (die grundständigen Blättchen) sehr stark entwickelt ist und die (kurzen breiten, bechertragenden) Podetien nur selten auftreten. Kennzeichnend sind die stark eingerollten, tief zerschlitzten Blättchen mit blassgelblicher bis gelbstichig weißer Unterseite; oft sind am Rand der Blättchen kleine Büschel von schwarzen Fasern entwickelt; reagiert mehr oder weniger deutlich KC+ gelb. Die sehr ähnliche, aber ökologisch abweichende (nur an warmen Orten

Cladonia foliacea; rechts *C. cervicornis* (5 cm)

auf kalkhaltigen Böden vorkommende) *Cladonia convoluta* hat weißliche Faserbüschel und deutlich größere Blättchen. *Cladonia cervicornis* hat ebenfalls eingeschnittene, zurückgerollte, dichtstehende Blättchen, aber eine weiße, nie gelbstichige Unterseite, reagiert nicht KC+ gelb.

Ökologie und Verbreitung: An lichtoffenen Standorten auf saurem Untergrund, in Sandgebieten, auf steinigem und felsigem Boden, in konsolidierten Kiesgruben. In Deutschland vor allem im Westen, im Süden sehr selten. Westeuropa, im Norden bis etwa zur Grenze des Laubwaldgebietes.

Name: Hieß früher *Cl. alcicornis*, lat. = an ein Elchgeweih erinnernd (wegen der Form der Blättchen).

Cladonia cervicornis (2,5 cm)

Dibaeis baeomyces (Rosa Köpfchenflechte) ***Icmadophila ericetorum*** (Heideflechte)

Hauptmerkmale: Große rosa Apothecien, oft recht ausgedehntes Lager. Lager C−, K+ gelborange bis orange, P+ orange.

Unterscheidungsmerkmale: *Dibaeis baeomyces*: Unverwechselbar durch die kugeligen, rosa gefärbten Köpfchen mit weißlichen Stielen. Lager weiß, aus kleinen blasig gewölbten Areolen. Apothecien bis 5 mm hoch, Stiel bis 1 mm dick, Köpfchen bis 2,5 mm breit.

Icmadophila ericetorum: An den sehr großen scheibenförmigen, flachen bis gewölbten, mit verengter Basis sitzenden (nie lang gestielten), rosa bis rosa-beige gefärbten (nie fast kugeligen) Apothecien und dem krustigen grauen bis graugrünlichen, feucht grünlichen Lager leicht zu erkennen. Apothecien 1–3,5 mm breit.

Ökologie und Verbreitung: *Dibaeis baeomyces* auf mageren sandigen bis steinigen Böden an Böschungen und Wegrändern, in Lücken von Magerrasen, auf Sandflächen, im Offenland; weit verbreitet außer in Kalkgebieten, aber heute selten. *Icmadophila ericetorum* auf Torfböden, Pflanzenresten, morschem Holz, auf Moosen, selten direkt auf feuchtem Silikatfels, im Offenland und in Wäldern; in Nordeuropa (v.a. boreale Nadelwälder), in Mitteleuropa aus dem Tiefland weitgehend verschwunden, fast nur noch im Gebirge, zu schonen.

Dibaeis baeomyces (1,1 cm); *Icmadophila ericetorum* (2,2 cm)

Baeomyces placophyllus (Schuppige Köpfchenflechte) *Baeomyces rufus* (Braune Köpfchenflechte)

Hauptmerkmale: Flechten mit krustig-areoliertem bis schuppigem, grauem, feucht grünlichem Lager und gestielten Apothecien mit brauner, schildförmiger, gewölbter bis fast kugeliger Scheibe und hellem Stiel.

Unterscheidungsmerkmale:

Baeomyces rufus: Lager kleinschuppig, am Rand nicht deutlich gelappt (Randareolen nicht stark vergrößert), Schüppchen bis um 1 mm groß.

Baeomyces placophyllus: Lager schuppig, am Rand deutlich gelappt, Randareolen stark vergrößert, breit, bis 5 mm groß.

Ökologie und Verbreitung: Auf saurem Erdboden, an Böschungen, Wegrändern, *B. rufus* auch an kleinen Steinen und bodennahen Felsflächen als Pionier, besonders im Halbschatten, an lange taufeuchten Standorten, auf frischer (durchfeuchteter) Erde, oft an Waldwegen. *Baeomyces rufus* weit verbreitet, *B. placophyllus* selten, vor allem im Westen Europas von Nordskandinavien bis Südeuropa, gebietsweise fehlend, in Mitteleuropa sehr selten.

Baeomyces placophyllus (3 cm). *B. rufus* (1 cm)

Peltigera canina (Echte Hundsflechte, Hunds-Schildflechte) ***Peltigera praetextata*** (Schuppen-Hundsflechte)

Hauptmerkmale: Lager bis 20 cm im Durchmesser, breitlappig, grau bis graubraun, in feuchtem Zustand schwärzlich verfärbend, mit heller Unterseite mit Adernetz, auf den Adern lange, ± verzweigte Rhizinen, mit oder ohne Apothecien. Lappen bis ca. 1,5 cm breit, 7 cm lang. Apothecien endständig an aufsteigenden Lappen, sattelförmig eingekrümmt, braun, rotbraun, oft fehlend.

Unterscheidungsmerkmale: Trotz ihrer Größe sind die *Peltigera*-Arten, so auch die beiden Hundsflechten, nicht immer leicht zu unterscheiden. *Peltigera canina* hat keine Isidien; die Unterseite und die Rhizinen sind weißlich, letztere sind buschig-verzweigt bis zottig und wachsen an der Basis zusammen. Von *P. canina* lässt sich die sonst sehr ähnliche *Peltigera membranacea* an der Gestalt der Rhizinen unterscheiden; sie sind gewöhnlich unverzweigt und dickfädig, mit einem samtartigen Besatz sehr kurzer abstehender Härchen; die Lager sind eher dünn und schlaff gegenüber den dickeren, derben von *P. canina*.

Peltigera canina (ca. 10 cm)

Peltigera praetextata lässt sich gut an ihren schüppchenartigen, oft linear an Rändern und Rissen dicht sitzenden Isidien erkennen. Mitunter sind diese aber sehr spärlich (oder fehlen gar ganz), die Lager müssen daher sorgfältig auf Isidien untersucht werden. Charakteristisch ist ferner eine helle Unterseite; die Adern sind weißlich, weiter innen gewöhnlich dunkler gefärbt, die Rhizinen am Lagerrand weiß, sonst schwärzlich, ± verzweigt, basal nicht verwachsen (nicht „zusammenfließend").

Ökologie und Verbreitung: Auf Erdboden, erdimprägnierten und bemoosten bzw. schattigen Felsen, seltener basal an Bäumen, *P. praetextata* mit breiter ökologischer Amplitude, *P. canina* eher auf basenreicherem Substrat. Von Süd- bis Nordeuropa.

Name: War früher als Herba musci canini offizinell und wurde gegen Hundswut (Tollwut) eingesetzt.

Peltigera praetextata; unten: Isidien (17 cm/4,1 mm)

Peltigera horizontalis (Flachfrüchtige Schildflechte) – vgl. S. 162
Peltigera polydactylon (Vielfingerige Schildflechte)
Peltigera hymenina (Salat-Schildflechte)
Peltigera degenii (Degens Schildflechte)

Hauptmerkmale: Breitlappige braune bis graue, feucht dunkelgrau bis schwärzlich verfärbende Blattflechten mit glatter, schwach bis deutlich glänzender Oberfläche. Unterseite mit deutlichen bis schwach ausgeprägten Adern und auf den Adern sitzenden Rhizinen. Lappen bis 2 cm breit (*P. horizontalis* bis 3 cm). Apothecien endständig an aufsteigenden schmalen Lappen, sattelförmig eingekrümmt, braun, rotbraun bis schwarz, bei *P. horizontalis* nicht sattelförmig, sondern flach.

Unterscheidungsmerkmale: Die Arten haben eine glatte, nirgends filzigmatte Oberseite [dies ist ein wichtiges Merkmal gegenüber mehreren anderen Schildflechten, so v. a. gegenüber den häufigeren Arten *Peltigera praetextata* und *Peltigera rufescens* (S. 366 / 329)]. Sind Apothecien vorhanden, hebt sich *P. horizontalis* durch flache, ± horizontal stehende Apothecienscheiben ab, während die anderen Arten eingebogene, ± vertikal stehende Apothecien an schmalen Lappenenden haben. Die Unterseite von *P. horizontalis* hat sehr deutliche, breite vernetzte dunkle Adern und rundliche bis ovale helle Zwischenräume, auch weiter innen ist sie nie einheitlich schwarz; charakteristisch für die Art ist, dass die jungen, stumpfen Rhizinenbüschel in konzentrischen Reihen angeordnet sind. Sehr ähnlich, auch unterseits, ist *Peltigera polydactylon*: Lager auch glänzend, am Rand oft kraus. Apothecien hell- bis dunkelbraun, an längeren, bis 2 cm langen schmalen Lappen. Lager bis

Peltigera horizontalis (3,7 cm)

Peltigera polydactylon (ca. 8 cm)

20 cm, steril von *Peltigera horizontalis* schwer zu unterscheiden. Der *Peltigera polydactylon* ähnelt auch *P. neckeri:* Lappen (vor allem) am Rand oft bereift, oft rissig. Unterseite am Rand hell, nach innen dunkelbraun bis schwarz, mit wenigen Adern, dazwischen weiße Zwischenräume; Rhizinen spärlich. Apothecien dunkel, meist braunschwarz, kurz „gestielt". Lager bis 10 cm. Anders als die bisher genannten Arten haben *Peltigera hymenina* und *P. degenii* eine weitgehend weißliche bis cremefarbene Unterseite. *Peltigera hymenina:* Lager grau bis braungrau, zumindest stellenweise schwach glänzend, seltener matt, aber glatt und nie angedrückt filzig, aus breit gerundeten, an den Rändern „salatartig" aufgebogenen Lappen (1–2 cm breit). Unterseite mit eher undeutlich begrenzten weißlichen bis ockerfarbenen Adern und unverzweigten hellen Rhizinen.

Peltigera hymenina (6,5 cm)

Peltigera degenii bildet häufig an Rissen und Rändern flache Isidien; die Lappen sind gewöhnlich hell blaugrau, nicht breit gerundet, schmaler (bis 1 cm) als bei *P. hymenina*, glänzen meist stärker; Unterseite ähnlich wie bei *P. hymenina*, Adern aber schmaler, stärker vortretend, nicht diffus.

Ökologie und Verbreitung: Auf sauren Böden, auf Ödland, Böschungen, an Wegrändern, planierten Kies- und Sandflächen, Felsen, *P. horizontalis* öfter auch an der Basis von Bäumen. In Europa weit verbreitet.

Name von *P. degenii:* benannt zu Ehren des ungarischen Botanikers Árpád von Degen, Direktor der Samenkontrollstation in Budapest.

Peltigera degenii (5,7 cm)

Peltigera didactyla (Zwerg-Schildflechte)

Hauptmerkmale: Grauweiße bis graubraune Blattflechte mit 0,5–1 cm breiten und 1–2 cm langen, getrennten oder zusammenhängenden, unterseits hellen, geaderten Lappen. Lappen jung rundlich, mit muschelig bzw. ohrförmig aufgebogenen Rändern und mit rundlichen bis zusammenfließenden Soralen, später nicht mehr muschelig, sondern mit aufsteigenden bis aufrechten schmalen Lappen mit sattelförmig eingebogenen braunen bis rotbraunen Apothecien und ohne Sorale. Adern der Unterseite weißlich, beige, ockerfarben, mit einfachen, an der Spitze oft pinselförmig aufgefaserten, ähnlich gefärbten Rhizinen.

Unterscheidungsmerkmale: Diese ungewöhnlich kleine Lager (Einzellager bis 3 cm) bildende Schildflechten-Art ist äußerst variabel, da sie im Laufe der Zeit ihr Erscheinungsbild ändert. Sind noch Sorale vorhanden, ist die Bestimmung leicht. Außer der sehr ähnlichen, sich in der positiven (roten) C-Reaktion der Sorale unterscheidenden *Peltigera extenuata* gibt es keine *Peltigera*-Arten mit flächenständigen Soralen. Die Sorale verschwinden, wenn die Flechte fruchtet; dann ist sie an den kleinen Lappen mit heller Unterseite und hellen Adern sowie dem feinen grauweißen Filzbelag (Lupe) zu erkennen. Lager oft zu größeren Beständen gruppiert.

Ökologie und Verbreitung: Die Art ist ein Pionier an gestörten Standorten, an (Weg-)Böschungen, Lehm- und Kiesgruben, in Steinbrüchen, planiertem Gelände, in Vegetationslücken. Ziemlich selten. In Europa weit verbreitet.

Peltigera didactyla (5,5 cm/2,6 cm)

Micarea lignaria (Holz-Krümelflechte)

Hauptmerkmale: Lager krustig, grau bis graugrün, aus kleinen, zerstreuten bis zusammenschließenden, gewölbten bis fast kugeligen, bis 0,3 mm breiten Areolen, K– C–, P+ rot. Apothecien schwarz, gewölbt bis fast kugelig, randlos. Hymenium oft mit Grüntönen, Sporen 4- bis 8-zellig, spindelförmig.

Unterscheidungsmerkmale: An den gewölbten, randlosen, schwarzen Apothecien in Verbindung mit der P+ roten Reaktion des Lagers gut zu erkennen. Es gibt mehrere ähnliche *Micarea*-Arten, die aber eine andere P-Reaktion zeigen. Die artenreiche Gattung ist durch gewölbte, randlose Apothecien ausgezeichnet (vgl. *Micarea denigrata* S. 194).

Ökologie und Verbreitung: Vor allem auf Moosen über sauren Böden und Silikatgestein, auf Rohhumus, auf vermorschendem Holz, selten (vor allem auf Sandstein) auch direkt auf Gestein übergehend, an schattigen Stellen, selten. In Nordeuropa und in Mitteleuropa (hier vor allem in Berglagen) weit verbreitet, in Südeuropa in den Gebirgen.

Micarea lignaria (6 mm)

Trapeliopsis granulosa (Körnige Trapelie)
Trapeliopsis pseudogranulosa (Verwechselte Trapelie)

Hauptmerkmale: Lager warzig areoliert bis grobkörnig, weißlich bis beige, hellgrau bis grünlichweiß, sorediös aufbrechend, C+ rot, K–, P–.

Unterscheidungsmerkmale: *Trapeliopsis pseudogranulosa* ist meistens (nicht immer) an stellenweise orange gefärbten Lagerpartien zu erkennen (K+ purpurn), die *Trapeliopsis granulosa* stets fehlen. Die gewölbten, weißlich, cremefarben, beige, hellgrau, mitunter auch leicht rosa getuschten Areolen von *T. granulosa* stehen zerstreut bis dicht gedrängt, haben einen Durchmesser von 0,15–0,5 mm und bilden teilweise grünlichweiße, cremefarbene bis leicht gelbliche Sorale. Die größeren Areolen sind oben abgeflacht. *Trapeliopsis pseudogranulosa* hat meistens ein ausgedehntes körniges bis flachwarziges, mitunter auch rissiges Lager, das unregelmäßig stellenweise zu hellgrünlichen bis hell gelbgrünlichen, gewölbten, mehligen (unterschiedlich großen, bis 1,5 mm breiten) Soralen aufbricht, die meist zusammenfließen. Sie bildet keine Apothecien, während diese bei *T. granulosa* oft auftreten. Sie sind charakteristisch gefärbt, rosa bis braun, schmutzig grünlich bis fast schwärzlich, meist in einem Lager unterschiedlich, flach, berandet, später gewölbt und randlos, bis über 1 mm.

Ökologie und Verbreitung: Auf dem Erdboden, auf Rohhumus, Moosen, morschem Holz, an lichtoffenen bis absonnigen Standorten, in Heiden, Mooren, Wäldern. *Trapeliopsis pseudogranulosa* oft an Böschungen, gestörten Stellen. Ziemlich selten. Europaweit verbreitet.

Trapeliopsis granulosa (7,5 mm)

Trapeliopsis pseudogranulosa (5,8 mm)

Placynthiella icmalea (Korallen-Schwarzscheibenflechte) – vgl. S. 195
Placynthiella uliginosa (Moor-Schwarzscheibenflechte)

Hauptmerkmale: Krustenflechten mit wenig auffallendem, sehr feinkörnigem, braunem bis grünbraunem, im Schatten blassgrünlichem Lager und kleinen braunen bis braunschwarzen Apothecien.

Unterscheidungsmerkmale: *Placynthiella icmalea*: Lagerkörnchen größer als bei *P. uliginosa*, verlängert, bis 0,15 mm lang, nur 0,025–0,05 mm dick, braun bis dunkelbraun, C+ rötlich (nur einigermaßen deutlich nach Anschaben, am besten unter der Lupe), P–, K–. Apothecien flach und meist bleibend (oft heller) berandet, braun bis braunschwarz, 0,2–0,6 mm, oft spärlich.

Placynthiella uliginosa: Lager aus sehr kleinen (bis 0,1 mm großen) rundlichen (nie verlängerten) dunkelbraunen bis dunkel grünbraunen Partikelchen, feucht gelatinös werdend, C–, P–, K–. Apothecien hell- bis dunkelbraun oder dunkel rotbraun, nur bis 0,3 mm breit, aber oft zahlreich vorhanden und zu Gruppen zusammenfließend, sehr bald randlos und gewölbt.

Ökologie und Verbreitung: *Placynthiella icmalea* auf Holz (z. B. von Stümpfen), auf humosem Boden, Rohhumus, Torf. *Placynthiella uliginosa* auf nacktem Mineralboden, auf sandigem bis lehmigem Untergrund, auch auf humusreichem Boden, Torf. Im größten Teil von Europa.

Placynthiella icmalea (8 mm); Exemplar mit hellem Lager

Placynthiella uliginosa (5,6 mm)

9.11 Erd- und Felsflechten nahe und über der Waldgrenze

(Viele Erd- und Gesteinsflechten der Schlüssel 9.7 bis 9.10 kommen auch über der Waldgrenze vor.)

1 Lager an Gestein festgewachsen 2
1* Lager auf dem Boden, Pflanzenresten, Moosen, nicht an Gestein festgewachsen 18

2 Lager rein krustig 3
2* Lager blättrig (mit ausgebildeter Unterseite), kurz strauchig oder fädig-strähnig 12

3 Lager gelb, gelbgrünlich bis blassgrünlich 4
3* Lager grau, graubraun, weiß, braun, rostrot, rot 8

4 Apothecien und Lager kräftig gelb .... *Pleopsidium chlorophanum* (S. 378)
4* Apothecien nicht kräftig gelb 5

5 Apothecien schwarz, ohne Lagerrand. Lager gelb, gelbgrün .... *Rhizocarpon alpicola, Rh. geographicum* (S. 379)
5* Apothecien nicht schwarz, wenn schwärzlich, dann mit Lagerrand und Lager blassgrünlich, blass gelblichgrün 6

6 Lager nicht typisch krustig, da nicht völlig mit der Unterseite mit dem Gestein verwachsen, meist schildförmig, an einer Stelle festgewachsen, blass gelbgrünlich. Apothecien rosa bis beige oder schmutzig bläulich-grünlich . *Rhizoplaca chrysoleuca, Rh. melanophthalma* (S. 380)
6* Lager rein krustig, völlig mit der Unterlage verwachsen 7

7 Apothecien schwärzlich, grünschwärzlich, grünlich, bräunlich, weitgehend eingesenkt. Lager blassgrünlich bis gelbgrünlich .... *Lecanora intricata* (S. 264)
7* Apothecien rot, mit rotem Eigenrand und zumindest anfangs mit Lagerrand. Lager gelblich, graugelb, grünlichgelb .... *Ophioparma ventosa* (S. 381)

8 Apothecien graubraun bis dunkelbraun, angedrückt sitzend, mit braunem erhabenem Lagerrand, oft etwas glänzend. Lager variabel, graubraun bis dunkelbraun, glänzend, rissig oder warzig oder areoliert, Areolen uneben .... *Protoparmelia badia* (S. 385)
8* Apothecienscheibe rein schwarz, aber mitunter bereift (feucht schwarz) 9

9 Apothecien mit deutlichem, wulstigem, weißem bis weißgrauem Lagerrand, mit glänzend schwarzer Scheibe .... *Tephromela atra* (S. 275)
9* Apothecien nicht mit deutlichem Lagerrand, aber mitunter in das Lager eingesenkt. Scheibe nicht glänzend 10

10 Lager einheitlich rot, rostrot, rostbraun. . . . . *Tremolecia atrata, Lecidea silacea, Rhizocarpon oederi* (S. 272)

10* Lager weißlich, grau, braungrau, braun, mitunter stellenweise (aber nicht gänzlich) rostfarben überlaufen 11

11 Lagermark J+ blau, Lager weißlich bis grau, mitunter rostig überlaufen, K+ gelb oder rot oder K–, dann Apothecien groß, bald gewölbt und meist in Gruppen . . . . *Lecidea confluens, L. lactea, L. lapicida* (S. 382)

11* Lagermark J–. Lager graubraun, K–, C–/C+ rötlich. Apothecien eingesenkt bis angedrückt sitzend, bis 1 mm breit . . . . *Schaereria fuscocinerea* (S. 384)

12 Lager aus dunkelbraunen bis fast schwarzen verzweigten Fäden. . . . . *Pseudephebe minuscula, Ps. pubescens* (S. 386)

12* Lager anders 13

13 Lager aus aufsteigenden bis aufrechten, blassgrünlichen, abgeflachten, 1–3 mm breiten, wenig verzweigten Abschnitten, die mit einem hellen kopfigen Soral enden, bis ca. 2 cm hoch. K–, C–, P–. . . . . *Ramalina capitata* (S. 387)

13* Lagerabschnitte nicht mit endständigem Soral, nicht strauchig 14

14 Lager gelblichgrün bis blassgrünlich, nabelartig festgewachsen, unterseits blass oder blauschwärzlich überlaufen. Apothecien mit Lagerrand, Scheibe rosa, beige, schmutzig grünlich bis bläulichschwarz . . . . *Rhizoplaca chrysoleuca, Rh. melanophthalma* (S. 380)

14* Lager anders gefärbt, Apothecien anders oder fehlend 15

15 Lager aus schmalen linearen, gestreckten Abschnitten 16

15* Lager nicht aus schmalen, linearen, gestreckten Abschnitten, sondern rundlich-einblättrig bis lappig-geteilt, nur an einer Stelle festgewachsen, braun bis grau. Apothecien schwarz, ohne Lagerrand, oft etwas rillig, aber oft fehlend 17

16 Lager glänzend braun, aus schmalen, etwas rinnigen oder verflachten oder sehr leicht gewölbten Abschnitten. Apothecien dunkelbraun . . . . *Melanelia hepatizon, M. stygia* (S. 388)

16* Lager grauweiß, aus schmalen, gewölbten, an den Enden gebräunten Abschnitten, in der Lagermitte oft mit vielen übereinander wachsenden Läppchen . *Brodoa intestiniformis* (S. 389)

17 Lager braun. Apothecien sehr selten . . . . *Umbilicaria deusta, U. polyphylla* (S. 390)

17* Lager grau, am Rand oft mit starren Fransen besetzt, unterseits beige, blassrosa bis blassbräunlich, mit meist nur wenigen hellen Rhizinen. Apothecien häufig, schwarz, rillig (wenn Lager ohne solche Fransen, ohne Apothecien, siehe *Umbilicaria hirsuta*, S. 238) . . . . *Umbilicaria cylindrica* (S. 392)

18 Lager rein krustig 19

18* Lager blättrig (mit Lappen) oder strauchig (mit schmalen, gestreckten, stielrunden bis kantigen Abschnitten) 23

19 Apothecien gelb bis rot, K+ blutrot..... *Caloplaca stillicidiorum, Bryoplaca sinapisperma* (S. 393)
19* Apothecien anders 20

20 Apothecienscheibe schwarz, konkav. Lager zusammenhängend-warzig, weißlich .... *Megaspora verrucosa* (S. 394)
20* Apothecienscheibe nicht rein schwarz 21

21 Apothecienscheibe beige bis weißlich, gelblichweiß, matt, bereift. Apothecien dichtstehend, dick berandet, 1–3 mm breit .... *Ochrolechia upsaliensis* (S. 395)
21* Apothecienscheibe braun, flach 22

22 Lager weißlich, feucht kaum verändert, undifferenziert krustig, K+ gelb, C–, P–. Scheibe braun bis dunkelbraun, mit deutlichem bleibendem weißlichem Lagerrand .... *Lecanora epibryon* (S. 396)
22* Lager braungrau, braun, rötlichbraun, feucht dunkelgrau, aus winzigen, gekerbten, bis 1 mm großen Schüppchen oder Körnern, R–. Scheibe orangebraun, braun, dunkelbraun, mit körnigem bis gekerbtem Lagerrand .... *Protopannaria pezizoides* (S. 397)

23 Lager feinästig-strauchig, reich verzweigt 24
23* Lager nicht reich feinästig verzweigt 27

24 Lager dunkelgrau bis schwärzlich, basal heller, aus locker sparrig verzweigten, dünnen (bis 1,5 mm dicken) Abschnitten .... *Gowardia nigricans* (S. 398)
24* Lager anders gefärbt, weißlich oder blass gelblich oder blass gelbgrünlich 25

25 Lager sehr locker sparrig verzweigt, Abschnitte mehr oder weniger stielrund-fädig, bis 1,5 (-2) mm dick, blass gelblich bis blass grünlichgelb .... *Alectoria ochroleuca* (S. 398)
25* Lager dicht verzweigt, buschig, aus hohlen Stämmchen und Ästchen, Rentierflechten-Typus .. 26

26 Lager sehr dicht buschig verzweigt mit kuppelförmig gewölbter Oberfläche (blumenkohlartig), ohne deutliches Hauptstämmchen, mit feinen Ästchen, die gleichmäßig zu viert um eine offene „Achsel" angeordnet sind, blass gelblich bis gelblichweiß (Friedhofskranz-Flechte), P– .. .. *Cladonia stellaris* (S. 405)
26* Lager mit deutlichem Hauptstämmchen, weiß oder blass gelblich oder gelblichweiß. Äste oft einseitswendig. P+ rot oder P– .... *Cladonia arbuscula, Cl. mitis, Cl. rangiferina* (S. 346)

27 Lager blass gelblich bis blassgrüngelblich oder tiefgelb, aus niederliegenden bis aufsteigenden oder aufrechten, flächigen bis eingerollten Lappen 28
27* Lager anders gefärbt, weiß, grau grünlichgrau bis (feucht) grün 29

28 Lager tiefgelb, aus aufsteigenden bis aufrechten Lappen. Mark gelb . *Cetraria tubulosa* (S. 402)
28* Lager blassgelblich, grüngelblich. Mark weißlich .... *Nephromopsis cucullata, N. nivalis* (S. 400)

29 Lager weiß bis weißgrau, aus zugespitzten wurmförmigen Abschnitten oder aus aufrechten, dicht mit weißlichen Blättchen besetzten Stämmchen 30

29*Lager anders gefärbt 31

30 Lager aus glatten, hohlen, dick-wurmförmigen, zugespitzten, liegenden bis aufrechten, unverzweigten bis wenig verzweigten Gebilden .... *Thamnolia vermicularis* (S. 403)
30*Lager aus weißlichen bis rosaweißlichen, soliden, knorpelig harten, verzweigten Stämmchen, die mit hellgrauen, verflachten Schüppchen besetzt sind, oft in dichten Beständen .... *Stereocaulon alpinum* (S. 404)

31 Lager aus aufrechten, einfachen oder wenig verzweigten Stämmchen (vom *Cladonia*-Typ), Stämmchen/Äste hohl, mit Blättchen besetzt oder kahl 32
31*Lager blättrig, schildartig bis lappig gegliedert 33

32 Stämmchen unverzweigt, ohne Becher, mit grau- bis gelblichgrünen Blättchen besetzt, an der Spitze mit roten Apothecien .... *Cladonia bellidiflora* (S. 406)
32*Stämmchen anders .... vgl. *Cladonia*-Arten (9.10)

33 Lager großblättrig, braun bis braunoliv, feucht olivgrün, unterseits auffallend orange .... *Solorina crocea* (S. 407)
33*Unterseits nicht orange. Lager grau, feucht grün 34

34 Lager mit in Gruben eingesenkten, dunkelbraunen bis braunschwarzen, bis 5 mm großen Apothecien .... *Solorina saccata* (S. 290)
34*Apothecien nicht in Gruben eingesenkt oder fehlend 35

35 Lager klein, unterseits mit fächerig auseinanderstrebenden dunklen Adern, oberseits glatt, mit rundlichen flachen Apothecien .... *Peltigera venosa* (S. 408)
35*Lager aus breiten, großen Lappen 36

36 Lappen oberseits flachgrubig, unterseits ohne deutliche Adern, hellbraun . *Lobaria linita* (S. 409)
36*Lappen nicht flachgrubig, unterseits mit dunklen Adern oder filzig und großenteils schwarz .. .. *Peltigera leucophlebia, P. aphthosa* (S. 236)

Pleopsidium chlorophanum (Chlorophanflechte)

Hauptmerkmale: Leuchtend gelbe bis leicht grünlichgelbe, deutlich begrenzt wachsende Krustenflechte mit gelben gewölbten, hervorstehenden Apothecien und dickem placodioidem Lager mit glatter Oberfläche, gewöhnlich an und unter Überhängen und an Vertikalflächen von anstehenden Silikatfelsen, oft auf eisenschüssigem Gestein, Durchmesser meist bis um 2,5 cm. R–.

Unterscheidungsmerkmale: Recht leicht zu erkennende Flechte, wenn man auf die einheitlich gelbe Farbe von Lager und Apothecien und den Standort achtet (meist höhere Gebirge). Die nahe verwandte Art *Pleopsidium flavum* kommt an ähnlichen Standorten vor, hat auch ein placodioides Lager, die Oberfläche der Areolen ist aber oft runzelig, die Apothecien sind eingesenkt bis angedrückt und bleiben meist flach und berandet, während sie sich bei *P. chlorophanum* bald wölben. *Candelariella vitellina* (S. 208) hat auch ein gelbes Lager und gelbe Apothecien mit Lagerrand, der Gelbton ist bei ihr gewöhnlich satter, nicht in Richtung zitronengelb, und das Lager ist nur areoliert, nicht randlich gelappt (placodioid). *Chrysothrix chlorina* (S. 251) hat ein durchgehend sorediöses Lager.

Ökologie und Verbreitung: Auf Überhängen und Vertikalflächen von absonnigen Silikatfelsen, oft auf plattig abwitterndem, eisenreichem Gestein, in hochmontanen bis alpinen Lagen, aber sehr selten spontan auch in tiefen und mittleren Lagen sich ansiedelnd. Arktisch-alpin, in ganz Europa.

Name: Chlorophan (Fluorit) ist ein unterschiedlich, u. a. gelb gefärbtes Mineral.

Pleopsidium chlorophanum (3 cm)

Rhizocarpon alpicola (Alpen-Landkartenflechte)
Rhizocarpon geographicum (Gewöhnliche Landkartenflechte)

vgl. S. 256

Hauptmerkmale: Gelbe Krustenflechten mit schwarzem Vorlager und schwarzen eingesenkten Apothecien, von Landkartenflechten-Aussehen.

Unterscheidungsmerkmale: Hauptunterscheidungsmerkmal von *Rhizocarpon alpicola* gegenüber den verschiedenen anderen gelben Landkartenflechten ist die ausbleibende violette Markreaktion mit Jod (mikroskopisches Merkmal: Sporen nur 2-zellig gegenüber mauerförmig vielzelligen bei *Rhizocarpon geographicum*). Die Thalli von *Rh. alpicola* werden oft sehr groß, größer als bei *Rh. geographicum*, auch die Areolen sind im Randbereich der Thalli meist größer als bei letzterer, die somit auch ein kleinflächigeres Mosaik bildet. Ökologisch ist *Rh. alpicola* weitgehend beschränkt auf schneereiche Lagen; sie siedelt deshalb auch bevorzugt an bodennahen Flächen, an Blöcken (z. B. in Blockansammlungen), nicht an exponierten Flächen.

Ökologie und Verbreitung: An lichtoffenen Felsen und Blöcken aus Silikatgestein, *Rhizocarpon geographicum* weit verbreitet, *Rhizocarpon alpicola* an schneereichen, kalten Standorten nahe und über der Waldgrenze, in Nordeuropa und hohen Gebirgen Mittel- bis Südeuropas. In Mitteleuropa in den Alpen, Karpaten, extrem selten in hohen Mittelgebirgen.

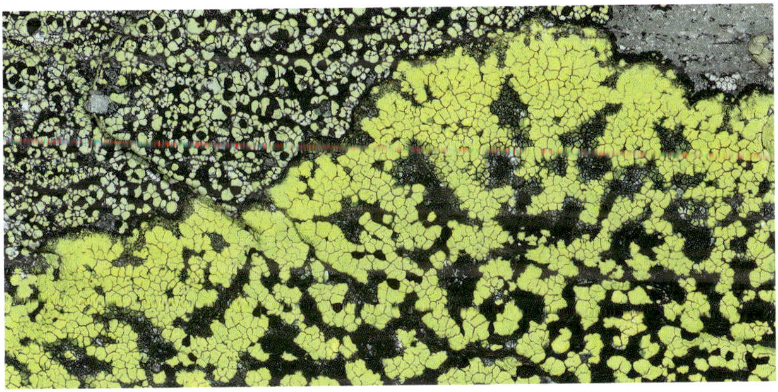

Rhizocarpon alpicola (hellgelbea Lager, unten) (5,8 cm)

Rhizocarpon geographicum (ca. 1,5 cm)

Rhizoplaca chrysoleuca (Rosafrüchtiger Nabelschild) *Rhizoplaca melanophthalma* (Variabler Nabelschild)

Hauptmerkmale: Kleine derbe blassgrünliche bis blass grüngelbliche Flechten, die nur an einer Stelle „nabelartig" festgewachsen sind, oft in ganzen Herden auf exponierten Silikatfelsen wachsen und meist dicht von rosa bis beige oder missfarben grünlich bis bläulichschwarz gefärbten, flachen Apothecien mit Lagerrand bedeckt sind. Lager unterseits weißlich, meist schwärzlich bis grünschwärzlich getuscht, ohne Rhizinen. Einzellager bis um 2 cm. Apothecien bis 4 mm. Charakteristisch ist der Standort auf der Kuppe oder den Flanken von offenen Felsen, die als Vogelsitzplätze dienen (Düngung!).

Unterscheidungsmerkmale: *Rhizoplaca chrysoleuca* hat rosa bis (rosa-)beige gefärbte Scheiben, *Rhizoplaca melanophthalma* grünliche, grünlichschwärzliche, grünlichbraune, oft missfarbene Scheiben. Die beiden Arten sind leicht zu erkennen und kaum zu verwechseln, wenn auf die blassgrünliche Färbung des Lagers, die Farbe der Apothecien und vor allem auf die nabelartige Festheftung geachtet wird. Die typischen Nabelflechten sind anders gefärbt (grau, braun bis fast schwarz) und haben schwarze Apothecien oder bleiben steril.

Ökologie und Verbreitung: Auf (meist von Vögeln) gedüngten exponierten, besonnten Silikatfelsen im Hochgebirge nicht selten, extrem selten tiefer (in trockenen Gebieten des östlichen Mitteleuropas), von der Arktis bis Südeuropa.

Rhizoplaca chrysoleuca (3,5 cm)

Rhizoplaca melanophthalma (4,2 cm)

Ophioparma ventosa (Blutaugenflechte)

Hauptmerkmale: Krustenflechte mit dickem, blass gelbgrünem bis gelblichgrauem, areoliertem Lager und Apothecien mit tiefroter Scheibe und Lager- und Eigenrand; Oberfläche der Areolen uneben, aus Wülsten und Knubbeln. Lager bis über 10 cm im Durchmesser. Apothecien bis 2,5 mm, K+ blau.

Unterscheidungsmerkmale: Die attraktive Art variiert je nach Belichtung in der Lagerfarbe von fast grau bis gelb, ist aber durch die großen Apothecien mit tiefroter Scheibe (K+ blau) unverkennbar. Oft sind schwarze bis blaugraue Punkte (Pyknidien) in den Areolen vorhanden. Arten der Sammelgattung *Caloplaca* haben orangefarbene bis orangerot gefärbte Apothecien, die aber K+ blutrot reagieren und nicht diese Größe erreichen; das Lager ist bei ihnen kleiner und wesentlich weniger kräftig entwickelt. *Haematomma*-Arten haben eine sorediöse Oberfläche.

Ökologie und Verbreitung: An windexponierten Silikatfelsen von der hochmontanen bis in die alpine Stufe, arktisch-alpin verbreitet, in den Zentralalpen verbreitet und recht häufig, in Deutschland sehr selten in hohen Lagen der Mittelgebirge, durch Klimawandel zurückgehend, zu schonen.

Ophioparma ventosa (2,2 cm)

Lecidea confluens (Gruppenfrüchtige Schwarzscheibenflechte) *Lecidea lactea* (Milchweiße Schwarzscheibenflechte) *Lecidea lapicida* (Gewöhnliche Schwarzscheibenflechte)

Hauptmerkmale: Krustenflechten mit weißgrauem bis grauem, rissigem bis rissig areoliertem Lager und schwarzen, mitunter leicht bereiften Apothecien. Lagermark J+ blau.

Unterscheidungsmerkmale: Es gibt viele schwarzfrüchtige Krustenflechten mit weißlichem bis grauem Lager, aber nur wenige mit positiver Jod-Reaktion des Lagers wie bei dieser Gruppe. *Lecidea confluens* hat gewöhnlich sehr ausgedehnte, auffallend mittelgraue bis etwas „düster" graue, matte Lager, die nicht mit K reagieren. Ihre Apothecien sind groß (meist um 0,5–1,5 mm), mattschwarz, gewölbt und stehen zu mehreren beisammen (Gruppen bis um 4 mm), wobei sie sich gegenseitig verformen. *Lecidea lactea* hat ein eher helles, grauweißes bis fast weißes, gut entwickeltes Lager, das K+ rot reagiert; die Apothecien sind oft eingesenkt und flach. Das Lager von *Lecidea lapicida* ist oft sehr dünn (dann Reaktion schwer zu sehen), weißgrau bis grau; es reagiert mit K+ gelb. Die einzeln stehenden oder zusammenfließenden Apothecien sind eingesenkt oder sitzen dem Lager auf und sind meist deutlich berandet. Alle Arten haben Apothecien mit farblosem bis leicht gefärbtem, nicht dunkelbraunem Hypothecium (Schnitt mit scharfer Rasierklinge durch das Apothecium, unter der Lupe zu

Lecidea confluens (1,9 cm)

erkennen). Mit *L. lapicida* kann auch *Lecidea promiscens* verwechselt werden, deren Lager in der Regel nicht erkennbar ist; die Apothecien (0,6–2(–3) mm) sind bei dieser Art basal stark eingeschnürt, bleiben flach und sind deutlich und im Alter wellig berandet; die Art kommt nur im Hochgebirge vor. Ähnlich können verschiedene *Porpidia*-Arten aussehen; ihre Apothecien haben alle ein sehr dunkles Hypothecium, das Lager ist meist J–; gewöhnlich kommen sie an eher schattigen Stellen vor.

Ökologie und Verbreitung: Ab etwa 1000 m Höhe auf Silikatgestein an Felsen und Blöcken an lichtreichen Standorten (nie in Wäldern), *Lecidea lactea* und *Lecidea lapicida* tendenziell an exponierten Stellen, *Lecidea confluens* an bodennahen, länger taufeuchten Flächen, oft an relativ lange schneebedeckten Standorten. In Europa weit verbreitet, im Süden in hohen Gebirgen, in den Alpen ziemlich häufig, sehr selten in hohen Mittelgebirgen.

Lecidea lactea (1 cm)

Lecidea lapicida (1,3 cm)

Schaereria fuscocinerea (Braungraue Schaererflechte)

Hauptmerkmale: Areolierte, ziemlich dunkel braungraue bis graubraune, oft recht ausgedehnte Lager bildende Krustenflechte mit schwarzen eingesenkten bis wenig vorragenden flachen Apothecien, Lager R– oder C± schwach rosa.

Unterscheidungsmerkmale: An der düsteren braungrauen bis graubraunen Farbe und den flachen mattschwarzen, eingesenkten bis dicht angedrückten Apothecien zu erkennen. Lager areoliert, Areolen flach, an den Rändern gerundet bis gewölbt. Sehr ähnlich kann *Orphniospora mosigii* aussehen. Diese fehlt den mitteleuropäischen Mittelgebirgen (außer Riesengebirge) und ist auf die alpine Stufe beschränkt, wo sie an sehr exponierten Steilflächen vorkommt. Ihre rissig areolierten Thalli sind farblich ähnlich, im Allgemeinen noch dunkler, oft fast schwarz, die Apothecien wölben sich zuletzt über die Lageroberfläche; allerdings kann auch *Sch. fuscocinerea* an sehr lichtreichen alpinen Standorten sehr dunkel aussehen. Mikroskopisch ist *Orphniospora mosigii* an den breit ellipsoiden (deutlich weniger als doppelt so lang wie breit) bis fast kugeligen Sporen zu unterscheiden, *Sch. fuscocinerea* an den ellipsoiden Sporen (etwa doppelt so lang wie breit).

Ökologie und Verbreitung: In Nordeuropa und den Gebirgen des übrigen Europa, an lichtoffenen, oft exponierten Felsen, vor allem an Steilflächen; selten in hohen Mittelgebirgen, in den Zentralalpen recht häufig.

Name: Zu Ehren von Ludwig Schaerer, Schweizer Flechtenforscher (1785–1853) benannt.

Schaereria fuscocinerea (1 cm)

Protoparmelia badia (Braune Kuchenflechte)

Hauptmerkmale: Krustenflechte mit unebenem braunem, graubraunem bis dunkelbraunem Lager und angedrückt sitzenden, 0,5–2 mm großen Apothecien mit dunkelbrauner, gewöhnlich, ± flacher, selten gewölbter Scheibe und Lagerrand. K–, C–, P–.

Unterscheidungsmerkmale: Die Flechte ist recht variabel. Das Lager kann rissig bis warzig oder rissig areoliert sein, es erscheint in der Regel uneben. Auch farblich ist die Art variabel. Es treten mitunter fast grau gefärbte Exemplare auf (v. a. an schneereichen Stellen). Typisch ist gewöhnlich ein leichter, aber deutlicher Glanz. Apothecien sind zahlreich vorhanden, fast eingesenkt bis sitzend, die Scheibe ist meist etwas dunkler gefärbt als der Lagerrand und glänzt ebenfalls etwas. Wenn man diese Variabilität in Betracht zieht, ist die Art recht gut an den dunkelbraunen Apothecien mit braunem Lagerrand zu erkennen; Verwechslungsgefahr besteht nur mit einer sehr seltenen Spezies, die in den Alpen weitgehend fehlt (*Protoparmelia memnonia*).

Ökologie und Verbreitung: An offen liegenden Felsen und Blöcken aus Silikatgestein, auf absonnigen bis voll besonnten Flächen, in Mitteleuropa in den Alpen häufig, selten in höheren Mittelgebirgen. Von Nord- bis Südeuropa, dort im Gebirge.

Protoparmelia badia (2,2 cm)

Pseudephebe minuscula (Kleine Fadenflechte) *Pseudephebe pubescens* (Gewöhnliche Fadenflechte)

Hauptkennzeichen: Braunschwarze bis fast schwarze Lager aus dicht verzweigten Fäden, die dem Gestein locker bis dicht anliegen, oft mit kurzen Seitenästchen, ohne Sorale, gewöhnlich ohne Apothecien, meist nicht über 4 cm groß. R–.

Unterscheidungsmerkmale: *Pseudephebe minuscula*: Fäden oft stellenweise etwas verflacht und mit knotigen Verdickungen, mit zahlreichen Kurzzweigen, bis 0,5 mm dick. Verzweigungsabstand sehr kurz (0,2–0,5(–1) mm). Lager dicht und flach anliegend, im Umriss oft regelmäßig rundlich bis oval. Apothecien recht selten, von der Farbe des Lagers.

Pseudephebe pubescens: Fäden regelmäßig rund und glatt, 0,1–0,3 mm dick. Verzweigungsabstand relativ lang (1–3 mm). Lager nur am Rande ± dicht, sonst locker anliegend, unregelmäßig wachsend. Apothecien sehr selten.

Pseudephebe minuscula (1,2 cm)

Nicht zu verwechseln mit der lockerfädigen *Bryoria fuscescens* (S. 65), bei welcher der Verzweigungsabstand viel größer ist, Sorale auftreten (nicht immer) und die hellbraunen bis fast schwarzen Lager sehr locker aufliegen. Sie unterscheidet sich auch chemisch; Sorale und Rinde des Lagers von B. fuscescens reagieren mit P± rot.

Ökologie und Verbreitung: Auf exponierten Silikatfelsen in der subalpinen und alpinen Stufe der Alpen und anderer Hochgebirge, *Pseudephebe pubescens* extrem selten und reliktisch auch auf Mittelgebirgsgipfeln (zu schonen!), *Pseudephebe minuscula* fast nur im Hochgebirge, arktisch-alpin verbreitet.

Pseudephebe pubescens (2,4 cm)

Ramalina capitata (Kopfsoral-Astflechte)

Hauptmerkmale: Etwa 2–3 cm hohe, polsterig bis herdenartig wachsende, blassgrünliche Strauchflechte mit schräg bis aufrecht stehenden, schmalen, linearen, verflachten Lagerabschnitten, die an ihren Enden ein kopfig-rundliches helles Soral tragen.

Unterscheidungsmerkmale: Gewöhnlich findet sich die Art auf beregneten, offenen, von Vögeln gedüngten Felskuppen im Gebirge. *Ramalina pollinaria* (S. 70) ist dagegen weiter verbreitet, weitgehend auf wenig beregnete Vertikalflächen beschränkt und bildet keine regelrecht kopfigen Sorale, sondern unregelmäßige Flecksorale auf der Fläche und an den Kanten der mehrfach verzweigten Lappen, ferner auch Sorale an den Lappenenden, die dann oft lippen- oder trichterartig aufreißen, seltener sind die Sorale punktförmig klein (nicht kugelig). Die Lappen sind bei ihr oft relativ weich, während sie bei *R. capitata* starr sind. *Ramalina farinacea* (S. 33) kann gelegentlich auf Fels vorkommen, hat aber langgestreckte schmale Äste mit randständigen ovalen, flachen bis konkaven Flecksoralen. Es gibt weitere, meist in lockeren Herden wachsende, an kurzwüchsige *Ramalina farinacea* erinnernde Ramalinen an Silikatfels-Überhängen; sie sind selten und nicht ohne aufwendigere Hilfsmittel bestimmbar (*R. europaea*-Aggregat)

Ökologie und Verbreitung: *Ramalina capitata* wächst auf Silikatgestein gewöhnlich im Hochgebirge; wenige isolierte Vorposten existieren im Alpenvorland sowie weiter entfernt im Flach- und Hügelland. Die Art bevorzugt besonnte, gedüngte Felskuppen und findet sich vereinzelt (immer seltener) auf dem First von Ziegeldächern von Almhütten und Scheunen. Außerhalb der Alpen und Umgebung hochgradig gefährdet, zu schützen. In ganz Europa, im Wesentlichen über der Waldgrenze.

Ramalina capitata (ca. 2,8 cm)

Melanelia hepatizon (Rinnige Braunflechte) *Melanelia stygia* (Glänzende Braunflechte)

Hauptmerkmale: Glänzend braune bis schwarzbraune Blattflechten mit schmalen, 0,5–1,5 (–2) mm breiten verlängerten Lappen ohne Isidien und Sorale, oft mit konkaven bis flachen, wie das Lager gefärbten Apothecien, mit dunkelbrauner bis fast schwarzer Unterseite, mit Rhizinen.

Melanelia hepatizon (1,8 cm)

Melanelia stygia (2 cm)

Unterscheidungsmerkmale: *Melanelia hepatizon*: Die Lappen sind konkav bis (im Alter) verflacht, die Ränder stets etwas erhaben (wie gesäumt), auf der Oberseite finden sich an den Rändern runde bis ovale Pseudocyphellen. Mark K+ gelb, C–, P+ gelb. Lager bis etwa 4 cm. *Melanelia stygia*: Die Lappen sind leicht gewölbt, 0,5–1,5 mm breit, die Ränder etwas herabgebogen, nie erhaben, auf der Oberseite finden sich flächenständige, punkt- bis kurz strichförmige Pseudocyphellen. Mark K–, C–, P+ orangerot. Lager bis etwa 6 cm breit. Habituell ähnlich *M. hepatizon* ist die sehr seltene *Cetrariella commixta*; sie hat ebenso an den Rändern etwas aufgebogene, daher etwas konkave, glänzende Lappen, die Unterseite ist jedoch hellbraun und das Mark reagiert K–. *Xanthoparmelia pulla* (9.7) hat viel größere, bis über 10 cm breite Lager mit deutlich breiteren, runzeligen, an den Enden breit gerundeten Lappen, das Mark reagiert mit K und P negativ. Alle anderen braunen Arten, die verwechselt werden könnten, haben Isidien oder Sorale (z. B. *Montanelia disjuncta*, 9.7).

Ökologie und Verbreitung: Auf Silikatgestein auf lichtoffenen Felsen und Felsblöcken in der hochmontanen bis alpinen Stufe. In Nordeuropa und den Gebirgen Mittel- und Südeuropas.

Brodoa intestiniformis (Eingeweideflechte)

Hauptmerkmale: Rosettig wachsende weiße bis hellgraue Laubflechte mit dicht zusammenschließenden bis einander überwachsenden schmalen, gewölbten bis fast stielrunden, an den Enden meist gebräunten Lappen, unterseits ohne Rhizinen und schwarz, am Rand hell. Lappen 0,5–1,5 mm breit, Läppchen in der Lagermitte bis 0,5 mm breit. Apothecien mäßig häufig, mit glänzender brauner Scheibe. Lager bis weit über 10 cm im Durchmesser, K+ gelb, C−, P−; Mark KC−.

Unterscheidungsmerkmale: Die Flechte erinnert an *Hypogymnia*-Arten, die jedoch in der Regel einen blaugrauen Farbstich haben und nicht weiß sind. Zudem sind die Lappen bei *Brodoa* nicht hohl. Für *B. intestiniformis* charakteristisch sind die meist sehr zahlreich vorhandenen schmalen, übereinander wachsenden Läppchen in der Mitte des Thallus; dieses Merkmal fehlt der verwandten, viel selteneren *Brodoa atrofusca*, die wesentlich düsterer, grau bis dunkelgrau gefärbt ist, im Mark KC+ rot reagiert und in Zentraleuropa nur in den Alpen vorkommt.

Ökologie und Verbreitung: An kühlen bis kalten, lichtoffenen Standorten, reliktisch vereinzelt unterhalb der Waldgrenze (offene Felsen, Blockmeere), sehr selten in hohen Mittelgebirgen, in den Zentralalpen verbreitet und häufig. Nordeuropa, Gebirge Mittel- und Südeuropas.

Brodoa intestiniformis (2 cm)

Umbilicaria deusta (Rußige Nabelflechte) *Umbilicaria polyphylla* (Vielblättrige Nabelflechte)

Hauptmerkmale: Braune Blattflechten mit schwarzer, kahler Unterseite, die nur an einer Stelle mehr oder weniger zentral mit einem „Nabel" angewachsen sind (Nabelflechten), ansonsten Unterseite frei. Fast immer ohne Apothecien. Einzellager meist bis 2,5 cm, selten bis 3,5 cm.

Unterscheidungsmerkmale: Die Oberseite von *Umbilicaria deusta* ist durch dichtstehende winzige zylindrische, koralloide bis flache Isidien rau, die von *Umbilicaria polyphylla* glatt, oft schwach glänzend. *Umbilicaria deusta*-Lager bilden gewöhnlich dichte Bestände, *U. polyphylla*-Lager stehen öfter als die von *U. deusta* einzeln und sind vom Rand her geteilt, die Lappen sind aufgebogen. Verwechseln kann man die beiden Arten nur mit sehr seltenen Arten. *Umbilicaria torrefacta* hat eine warzige bis zerfressen wirkende, braune Unterseite und eine durch sehr enge Furchen gegliederte glänzende Oberseite und fruchtet oft (Apothecien schwarz, mit rilliger Scheibe). *Umbilicaria hyperborea* ist dunkelbraun, kupferbraun, graubraun, oft runzelig-faltig oder warzig, unterseits schwarzbraun bis schwarz, glatt bis häufig mit flachen Dellen.

Ökologie und Verbreitung: An lichtoffenen Blöcken und Felsen aus Silikatgestein, *Umbilicaria deusta* oft an niedrigen Felsen bzw. bodennahen Flächen, *Umbilicaria polyphylla* mehr an exponierten Flächen. Mäßig häufig, in den Mittelgebirgen selten, etwa über 800 m Meereshöhe. In entsprechenden Höhenlagen in Europa weit verbreitet.

Umbilicaria deusta (5,4 cm)

Umbilicaria polyphylla (9 cm)

Umbilicaria polyphylla; mit *Parmelia saxatilis* (2,2 cm)

Umbilicaria cylindrica (Fransen-Nabelflechte)

Hauptmerkmale: Rundliche, oft nur wenig eingeschnittene graue Blattflechte, die nur an einer Stelle (mit einem „Nabel") festgewachsen ist, meist bis 2(–3) cm im Durchmesser, am Rand mehr oder weniger dicht mit starren, dunklen Fransen besetzt, in der Mitte oft uneben runzelig und meist heller; Unterseite hell, beige bis blassrosa oder hellgrau, glatt, mit wenigen bis recht zahlreichen hellen Rhizinen. Lager starr, zerbricht in der Regel, wenn man es im trockenen Zustand zu lösen versucht. Apothecien schwarz, mit gerillter Scheibe und Eigenrand, aufsitzend, bis 1,5 mm, zahlreich bis fehlend.

Unterscheidungsmerkmale: Es gibt weitere graue Nabelflechten. Diesen fehlen jedoch die starren Fransen am Rand. Bei *Umbilicaria grisea*, *Umbilicaria hirsuta* (beide S. 238) und *Umbilicaria vellea* fehlen Apothecien fast immer. *Umbilicaria hirsuta* hat eher biegsame Lager mit (am Rande) mehlig-körniger Oberfläche, *U. grisea* eine dunkle, fein areolierte Unterseite und fehlt außerdem in höheren Lagen. *Umbilicaria vellea* wird viel größer, bis über 10 cm, ist unterseits schwarz und dicht mit Rhizinen besetzt, oberseits nicht runzelig. *Umbilicaria decussata* ist auch grau, besitzt aber eine Oberseite mit groben, erhabenen, zu einem Netz verbundenen Rippen und ist unterseits schwarz, Apothecien sind sehr selten. Diese Art kommt nur über der Waldgrenze vor. *Dermatocarpon miniatum* (S. 291) bewohnt Kalk, selten Silikatgestein, hat keine Rhizinen, eine relativ glatte Oberseite mit schwarzen Punkten (eingesenkte Perithecien).

Ökologie und Verbreitung: Auf exponierten Silikatfelsen in hochmontanen bis alpinen Lagen, in der Arktis, Nordeuropa sowie den Gebirgen Mittel- und Südeuropas. In den Zentralalpen häufig, in hohen Mittelgebirgen selten.

Umbilicaria cylindrica (1,6 cm)

Caloplaca stillicidiorum (Blassgelber Schönfleck) ***Bryoplaca sinapisperma*** (Senfkorn-Schönfleck) (*Caloplaca sinapisperma*)

Hauptmerkmale: Krustenflechten auf Erdboden, Pflanzenresten, Moosen, mit warzig-unebenem, weißlichem bis grauem Lager und gelben bis rostroten oder rostbraunen Apothecien, die mit Kalilauge blutrot reagieren.

Unterscheidungsmerkmale: Es gibt etliche alpine bodenbewohnende Arten, die der heute aufgeteilten Großgattung *Caloplaca* angehören. Unter diesen ist *Caloplaca stillicidiorum* leicht an den grünlichgelben bis schmutzig gelben, oft etwas bereiften, recht großen (bis 1,5 mm breiten) Apothecien mit Lagerrand zu erkennen. Fast alle anderen Arten haben keinen ausgeprägten bleibenden Lagerrand, so auch *Bryoplaca sinapisperma*, die sich durch rostrote bis -braune, bald gewölbt-randlose, 0,5–0,8 mm große Apothecien auszeichnet. Die Apothecien von *Blastenia ammiophila* (syn. *Caloplaca cinnamomea*) sind rost- bis schwärzlichrot oder rotbraun, recht lange flach und haben zumindest anfangs einen dicken, oft teilweise lagerfarbenen Rand.

Ökologie und Verbreitung: Nordeuropa, Gebirge Mittel- und Südeuropas. *Caloplaca stillicidiorum* selten auch in niederen Lagen in Trockenrasen und an felsigen Abhängen, z. B. auf Felsmoosen. *Bryoplaca sinapisperma* vorwiegend über der Waldgrenze, aber auch vereinzelt in Kalk-Mittelgebirgen. Ziemlich selten.

Caloplaca stillicidiorum (6 mm)

Bryoplaca sinapisperma (8,5 mm)

Megaspora verrucosa (Warzige Großsporenflechte)

Hauptmerkmale: Pflanzenreste, Moose und Boden überziehende grauweiße bis weißgraue Krustenflechte. Apothecien in Lagerwarzen eingesenkt, sich anfangs punktförmig, dann weiter öffnend, mit schwarzer bis grauschwarzer, konkaver Scheibe und deutlichem, auf der Innenseite oft schwärzlichem Lagerrand, bis 1,5 mm breit, Scheibe rel. klein, nur bis ca. 0,8 mm. Lager uneben höckerig-warzig, zusammenhängend, R–.

Unterscheidungsmerkmale: Es gibt in der alpinen Stufe mehrere Boden, Pflanzenreste und Moose überziehende Arten mit kräftigem weißlichem bis weißgrauem warzigem Lager. Unter ihnen ist *Pertusaria bryontha* ähnlich; sie hat konkave, bis 1,5 (–2) mm große, braungelbe bis fast schwarze Apothecien mit glattem bis warzigem, oft welligem Lagerrand. Ihr Lager reagiert aber C+ rot, K+ gelb, P+ orangerot. *Pertusaria glomerata* hat ein K+ rot reagierendes Lager, und ihre in Warzen eingesenkten Apothecien öffnen sich nur porenförmig und erweitern sich nicht.

Ökologie und Verbreitung: In der alpinen Stufe mäßig häufig, in Vegetationslücken, gewöhnlich über basenreichen Böden (über Kalk, mineralreichem Silikatgestein), selten tiefer, z. B. sehr vereinzelt in Kalk-Mittelgebirgen, sehr selten an der Basis bemooster Bäume. Von Nord- bis Südeuropa.

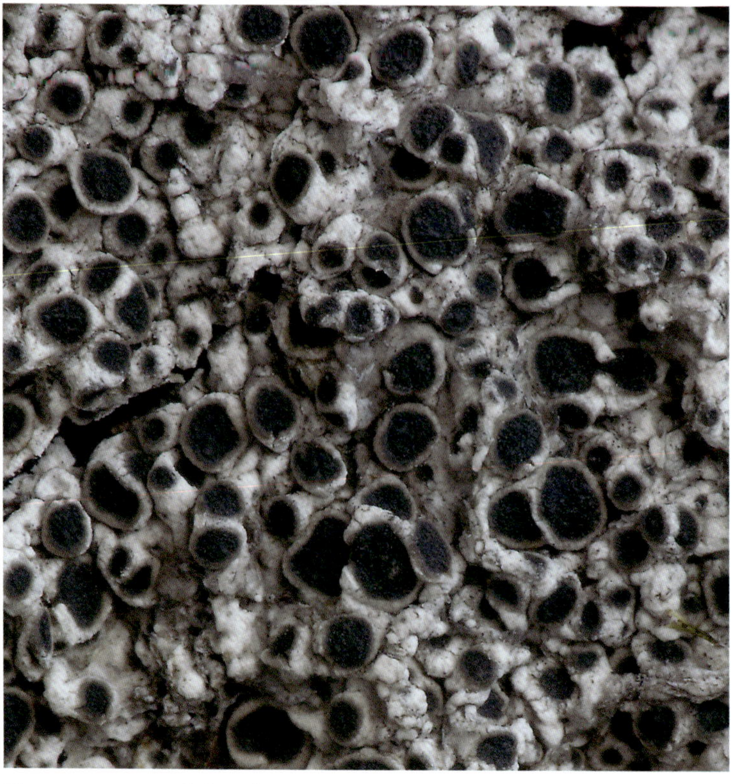

Megaspora verrucosa (8,5 mm)

Ochrolechia upsaliensis (Uppsala-Flechte)

Hauptmerkmale: Moose, Pflanzenreste und Boden überziehende weißlagerige Krustenflechte mit 1–3 mm großen, dichtstehenden scheibenförmigen Apothecien mit Lagerrand und bleibend flacher weißer bis gelblichweißer, dicht weiß bereifter Scheibe. Lager und Apothecien R– oder Lager C± gelblich.

Unterscheidungsmerkmale: Charakteristische, kaum zu verwechselnde Flechte in Lücken von Zwergstrauchheiden und Magerrasen an windoffenen Stellen des Hochgebirges. Die Apothecien sind ungewöhnlich groß, wulstig berandet und dicht weißlich bereift. *Ochrolechia androgyna* (S. 148) hat gewöhnlich rosa bis orangerosa Apothecien und Sorale, ihr Lager reagiert C+ rosa.

Ökologie und Verbreitung: Auf Pflanzenresten und Erde über der Waldgrenze, gewöhnlich in Gesellschaft mit anderen Arten, die Pflanzenreste, frische humose Böden und Moose in windoffenen Lagen überkrusten. Arktisch-alpin verbreitet. In den Alpen nicht selten.

Ochrolechia upsaliensis (2,2 cm)

Lecanora epibryon (Moos-Kuchenflechte)

Hauptmerkmale: Pflanzenreste, Moose und Boden überziehende grauweiße Krustenflechte. Apothecien mit dunkel rotbrauner, flacher Scheibe und deutlichem, erhabenem, oft gekerbtem bis welligem, bleibendem Lagerrand, 1–2 mm breit, gewöhnlich dichtstehend. Lager K+ gelb, C–, P–.

Unterscheidungsmerkmale: Flechte vom Aussehen einer *Lecanora argentata/subrugosa* (S. 143) mit großen Apothecien oder *Lecanora campestris* (S. 223); bei Beachtung des Substrates kaum zu verwechseln. Es gibt mehrere *Rinodina*-Arten ähnlicher Ökologie, diese haben jedoch graubraune bis braune Lager und keinen weißen Apothecienrand. *Megaspora verrucosa* hat konkave schwärzliche, anfangs punktförmige, in Warzen eingesenkte Apothecien und ein nicht mit K reagierendes Lager.

Ökologie und Verbreitung: In Lücken von licht- und oft windoffenen Rasen und Zwergstrauchgesellschaften über der Waldgrenze; arktisch-alpin verbreitet. In den Alpen mäßig häufig.

Lecanora epibryon (1,9 cm)

Protopannaria pezizoides (Braune Pannarie, Becherling-Pannarie)

Hauptmerkmale: Krustenflechte mit braungrauem, braunem bis rötlichbraunem, aus winzigen, bis 0,5 (–1) mm großen, oft gekerbten Schüppchen oder Körnern bestehendem Lager, meist mit zahlreichen, 1–2 mm großen Apothecien, diese flach, mit brauner bis orangebrauner, flacher Scheibe und körnigem bis gekerbtem, hellerem Lagerrand. Lager feucht grau.

Unterscheidungsmerkmale: *Psoroma hypnorum* kommt an ähnlichen Standorten vor, hat aber deutlich größere, konkave Apothecien und ein feucht grünes, schuppiges Lager. *Protopannaria pezizoides* geht manchmal auf Fels oder Rinde über, dann ist auf eine Verwechslungsmöglichkeit mit *Parmeliella triptophylla* zu achten, deren Apothecien werden nur bis 1 mm groß und haben keinen Lagerrand, sondern einen Eigenrand; die Lagerschüppchen sitzen auf auffallendem schwarzem Vorlager.

Ökologie und Verbreitung: Auf nackter, frischer bis feuchter Erde, auf Moosen, auf substratfeuchtem Silikatfels, meist an geschützten, oft absonnigen Stellen, sehr selten auch an der Basis von Laubbäumen. Alpen zerstreut, außerhalb der Alpen in Mitteleuropa sehr selten. Arktis, Nordeuropa, bergige Gebiete Mittel- und selten Südeuropas.

Protopannaria pezizoides (1,1 cm)

Alectoria ochroleuca (Windheiden-Alectorie, Strauchige Alect.) *Gowardia nigricans* (Hexenhaar)

Hauptmerkmale: Grüngelbe bis hellgelbliche oder graue, sparrig und locker verzweigte, bis 10 cm hohe aufrecht wachsende bis niederliegende Strauchflechte mit dünnen, stielrunden bis nur schwach verflachten Ästen, in alpinen Windheiden. Apothecien sehr selten, braun. Äste/Stämmchen nicht hohl, aber mit lockerem Mark, bis 1,5 (–2) mm dick, mit gestreckten weißlichen Narben (Pseudocyphellen), an den Enden oft grau bis fast (blau-)schwarz gefärbt.
Unterscheidungsmerkmale: *Alectoria ochroleuca* ist kaum zu verwechseln, wenn man auf den Standort (Boden, alpine Lagen) und den Aufbau aus stielrunden dünnen gelblichen Abschnitten achtet. Einen sehr ähnlichen Wuchs zeigt *Gowardia (Alectoria) nigricans*, sie ist aber schwärzlich bis grau gefärbt, nicht gelblich; auch sie lebt in alpinen Windheiden und auf bewachsenen Felsen. Ähnlich gebaut und gefärbt wie *A. ochroleuca*, aber mehr fädig-bartförmig hängend ist *Alectoria sarmentosa* (S. 158); sie lebt auf Bäumen in Bergwäldern. *Cladonia*-Arten mit gelblichem Lager sind stets aus deutlich hohlen Stämmchen/Ästen aufgebaut.

Alectoria ochroleuca (7,2 cm)

Ökologie und Verbreitung: Über der Waldgrenze in windoffenen Rasen und lückigen Zwergstrauchheiden sowie zwischen Felsblöcken und bewachsenen Felsen. Die Art ist im Norden Europas und in den Hochgebirgen des restlichen Europas zu finden, also arktisch-alpin verbreitet. In den Alpen verbreitet und mäßig häufig.

Gowardia nigricans (7 cm)

Nephromopsis cucullata (Eingerollte Tartschenflechte) ***Nephromopsis nivalis*** (Schneeflechte) (*Flavocetraria cucullata, F. nivalis*)

Hauptmerkmale: Blass grünlichgelbe bis fast gelblichweiße, aufrecht wachsende bis fast niederliegende blättrige bis strauchige Flechten mit flachen, runzeligen oder rinnig eingerollten Lagerabschnitten, wenig verzweigt, bis 4 cm, selten bis 7 cm hoch. Apothecien braun, sehr selten.

Unterscheidungsmerkmale: *Nephromopsis cucullata*: Lager mit glatter Oberfläche, vor allem gegen die Basis eingerollt (fast röhrig), Lappenenden verflacht bis schwach konkav, geteilt, Enden gerundet. Lappen um 1,5–3 (–5) mm breit, an der Basis gelbbraun oder rötlich bis rotviolett.

Nephromopsis nivalis: Lager mit runzeliger Oberfläche, aus verflachten bis leicht konkaven, nicht rinnigen Abschnitten. Lappen um 2–10 mm breit, an der Basis gelbbraun. Die beiden Arten lassen sich gut unterscheiden. Ähnliche Arten gibt es nicht. *Cetraria tubulosa* kommt an ähnlichen Standorten vor, hat auch eine ähnliche Wuchsform, ist aber intensiv gelb gefärbt.

Ökologie und Verbreitung: In kalten Lagen, fast nur in der subalpinen bis alpinen Stufe, in lückigen Magerrasen und Zwergstrauchheiden an windexponierten Standorten, zwischen und auf Felsen. Nordeuropa, Hochgebirge, extrem selten auf hohen Mittelgebirgsgipfeln. Alpen recht häufig, extrem selten und äußerst gefährdet im Böhmerwald, Hochschwarzwald (nur *Nephromopsis cucullata*, aussterbend), Thüringer Wald und in Norddeutschland (je nur *N. nivalis*, ausgestorben/aussterbend).

Name Tartschenflechte: alteingeführter Name. Tartsche: mittelalterl. Schild, wegen der Form der Apothecien der Gattung *Cetraria* und Verwandten.

Nephromopsis cucullata; mit *Thamnolia vermicularis* (6 cm)

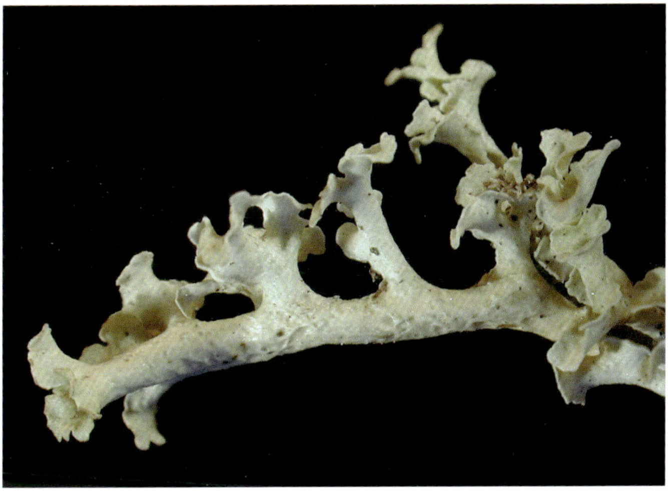

Nephromopsis cucullata (1,8 cm)

Nephromopsis nivalis (4 cm)

Cetraria tubulosa (Gelbe Tartschenflechte) (*Vulpicida tubulosus*)

Hauptmerkmale: Intensiv gelb gefärbte blättrige bis strauchige Flechte mit verflachten bis etwas eingerollten, aufsteigenden bis aufrechten Lappen, mit wenigen kurzen Seitenlappen, bis um 3 cm hoch, rasig wachsend. Oberfläche mehr oder weniger uneben bis runzelig, „Unterseite" oft etwas heller oder leicht bräunlich. Mark gelb. Ohne Sorale und Isidien. Apothecien fast immer fehlend, braun. An den Lappenrändern zahlreiche kleine schwarze, hervorstehende Pyknidien. Locker dem Boden aufliegend. K–, C–, P–.

Unterscheidungsmerkmale: Die Flechte ist kaum zu verwechseln, wenn auf die intensiv gelbe Farbe und das gelbe Mark geachtet wird. Diese Merkmale hat auch die verwandte *Cetraria pinastri* (S. 167), die aber auf Baumrinde wächst und an den Lappenrändern Sorale bildet. Eine ähnliche Wuchsform und eine ähnliche Ökologie hat *Nephromopsis nivalis* (S. 400). Sie unterscheidet sich durch ihre blass grünliche bis grüngelbliche Farbe, ein weißes Mark und eine stark netzrunzelige Oberfläche. Sie kommt oft mit *C. tubulosa* vergesellschaftet vor.

Ökologie und Verbreitung: Über der Waldgrenze an windexponierten Stellen auf basenreichen Böden und übererdeten Felsen, gern an Graten. Die Art hat zwei Verbreitungszentren, im Norden nördlich und östlich der Ostsee sowie in den alpiden Gebirgen (in den Alpen nicht selten, Karpaten, Pyrenäen).

Name: siehe S. 400.

Cetraria tubulosa (2,7 cm)

Thamnolia vermicularis s. lat. (Würmchenflechte, Totengebein)

Hauptmerkmale: Wurmförmige weiße Flechte. Einzellager niederliegend bis aufsteigend oder auch aufrecht, röhrig-zylindrisch, allmählich zugespitzt, unverzweigt bis spärlich verzweigt, basal absterbend, bis 4 cm lang/hoch, selten bis 6 cm, 1–2 mm dick, gewöhnlich zahlreich beisammenstehend, unregelmäßig orientiert oder rasig wachsend. Fruchtkörper unbekannt. K+ intensiv gelb, P+ orange bis rot oder K+ blassgelb, P+ gelb.

Unterscheidungsmerkmale: In breiter Artauffassung unverwechselbar. Die durch molekularphylogenetische Untersuchungen aufgefundenen Sippen lassen sich mit einfachen Methoden nicht unterscheiden. Eine Differenzierung von Varietäten aufgrund der Chemie ist nicht sinnvoll.

Ökologie und Verbreitung: Hochgebirge, windexponierte Standorte in alpinen Heiden, Alpen mäßig häufig, extrem selten in Böhmerwald und Sudeten. Weltweit in alpinen Habitaten.

Thamnolia vermicularis (ca. 10 cm)

Stereocaulon alpinum (Alpen-Strunkflechte)

Hauptmerkmale: Bis 3(–4) cm hohe, bodenbewohnende, weißliche Strauchflechte mit dicht beschuppten derben, harten Stämmchen, spärlich verzweigt, aufrecht bis aufsteigend, dorsiventral gebaut, unterseits Stämmchen mit weißlichem bis fast immer zumindest stellenweise rosa gefärbtem Filz. Schuppen verflacht bis zylindrisch, vor allem gegen die Enden dichtstehend. Apothecien dunkelbraun, terminal, oft fehlend.

Unterscheidungsmerkmale: Es gibt mehrere ähnliche, ebenfalls locker dem Boden aufsitzende *Stereocaulon*-Arten. Sie sind schwer zu unterscheiden und deutlich seltener als die Alpen-Strunkflechte. *Stereocaulon alpinum* ist nur sehr selten unterhalb der subalpinen Stufe zu finden (sehr gefährdete Reliktstandorte). *Stereocaulon tomentosum*, eine bei uns aussterbende Flechte, kommt dagegen vom Tiefland bis in mittlere Berglagen vor, selten höher; bei dieser Art sitzen die Apothecien an Seitenästchen, und der Filz auf der Unterseite der Stämmchen ist eher weißgrau, nicht rosa. Bei dem sehr seltenen *Stereocaulon saxatile*, das in Mitteleuropa hauptsächlich in den Mittelgebirgen im mittleren Deutschland sowie in Norddeutschland (kaum in den Alpen) auf bemoosten, übererdeten Felsblöcken vorkommt, ist der Filz dunkelgrau. *Stereocaulon tomentosum* unterscheidet sich auch in der Reaktion mit P; die Schuppen reagieren P+ orange, bei den anderen beiden Arten ist die Reaktion nur leicht gelblich.

Ökologie und Verbreitung: In Vegetationslücken über der Waldgrenze, vorwiegend auf kiesigen Böden, besonders auf Moränen, Gletschervorfeldern. Arktis, Nordeuropa, Gebirge Mitteleuropas.

Stereocaulon alpinum (6,5 cm)

Cladonia stellaris (Alpen-Rentierflechte)

Hauptmerkmale: Lager sehr dicht buschig verzweigt, mit kuppelförmig gewölbter Oberfläche (blumenkohlartig), ohne deutliches Hauptstämmchen, mit feinen, hohlen Ästchen, die gleichmäßig zu viert um eine offene „Achsel" angeordnet sind, blassgelblich, gelblichweiß, bis 8 cm hoch. Man kennt diese Strauchflechte von Friedhofs-Gebinden und von Bäumchenattrappen von Modelleisenbahnanlagen und Architektenmodellen.

Unterscheidungsmerkmale: *Cladonia arbuscula* ist viel gröber und spärlicher verzweigt (siehe S. 346), unterscheidet sich ferner durch nach einer Seite gerichtete, oft an den Spitzen gebräunte Endzweige und den Besitz eines Hauptstämmchen, das sich vorwiegend erst im oberen Teil verzweigt, sie zeigt eine P+ orangerote bis rote Reaktion. *Cladonia mitis* ähnelt *Cl. arbuscula* sehr, ist aber wie *Cl. stellaris* P–. Beide Arten können mit *Cl. stellaris* vergesellschaftet auftreten. Dagegen ist *Cladonia portentosa* kaum in hohen Lagen anzutreffen; ihr fehlt der kuppelförmige Umriss der Büschchen; zudem entwickelt sie ein Hauptstämmchen.

Ökologie und Verbreitung: In subalpinen bis alpinen Lagen, sehr selten (in Kaltluftlöchern, Mooren, Blockmeeren) darunter. Flechte der Tundra und der borealen Nadelwälder und der Alpen. In Zwergstrauchheiden, Lichtungen, an felsigen Stellen in den Alpen, extrem selten und aussterbend in Schwarzwald, Böhmerwald, ferner z. B. Riesengebirge, Karpaten.

Cladonia stellaris (ca. 18 cm)

Cladonia stellaris; mit *Cetraria islandica* (Mitte) (ca. 18 cm)

Cladonia bellidiflora (Schönfrüchtige Scharlachflechte)

Hauptmerkmale: Schlanke, ganz überwiegend unverzweigte, stiftförmige, dicht mit grau- bis gelbgrünlichen (feucht intensiver grünen), abstehenden, gekerbten Blättchen/Schüppchen besetzte Stämmchen, nicht sorediös, an der Spitze mit roten gewölbten unberandeten Apothecien. Flechte vom *Cladonia*-Typ, bis etwa 4 cm hoch, ohne Becher. K–, C–, P–.

Unterscheidungsmerkmale: Die ähnlich gefärbten, ebenfalls mit grünlichen Schuppen/Blättchen besetzten Podetien der *Cladonia coccifera*-Gruppe (S. 348) haben Becher, *Cl. bellidiflora* ist stets becherlos. *Cladonia floerkeana* (S. 358) und *Cladonia macilenta* (S. 184 / 358) haben zwar becherlose, stiftförmige Podetien, sind aber weißlich bis grau oder graubraun gefärbt, haben nie graugrünliche bis gelbgrünliche abstehende Blättchen, allenfalls rein graue oder graubraune. *Cladonia macilenta* ist dicht mit Soredien besetzt, *Cladonia floerkeana* ist berindet oder hat eine körnig-warzige Oberfläche und ist meist gegen die Enden kurz verzweigt. Beide können mit K+ gelb oder K– reagieren.

Ökologie und Verbreitung: In hochmontanen lichten Nadelwäldern und über der Waldgrenze, auf dem Boden oder auf Erdauflagen über Felsen, an moosigen Stellen, gewöhnlich absonnig wachsend. Nordeuropa, in Mittel- und Südeuropa in den Hochgebirgen, in den Alpen ziemlich selten bis mäßig häufig, sehr selten und hochgradig gefährdet in hohen Mittelgebirgen, wie Hochlagen von Harz, Böhmerwald und Schwarzwald.

Cladonia bellidiflora (ca. 4 cm)

Solorina crocea (Safranflechte)

Hauptmerkmale: Große derbe, trocken brüchige Blattflechte mit orangerot/ziegelrot gefärbter Unterseite und brauner bis graugrüner, feucht olivgrüner Oberseite und mit auf das Niveau der Oberfläche eingesenkten, dunkelbraunen, großen, bis 8 mm breiten Apothecien. Lager bis 12 cm. Unterseite mit bräunlichen vernetzten Adern und spärlichen Rhizinen.

Unterscheidungsmerkmale: Durch ihre orangerote Unterseite unverkennbare Blattflechte frischer bis feuchter, lange schneebedeckter Böden der alpinen Stufe. Keine andere Flechtenart hat eine ähnlich aussehende Unterseite; bei den anderen *Solorina*-Arten ist die Unterseite blass oder das Lager ist reduziert und nur um die Apothecien entwickelt.

Ökologie und Verbreitung: Auf nackter, oft durchfeuchteter Erde an absonnigen Stellen, vor allem in Schneetälchen, in der alpinen Stufe. In der Arktis und alpinen Lagen der Hochgebirge Mittel- und Südeuropas. An entsprechenden Standorten nicht selten.

Solorina crocea (7 cm)

Peltigera venosa (Aderige Schildflechte)

Hauptmerkmale: Kleine, einblättrige, rundliche, an einer Seite oft etwas verschmälerte, kaum gegliederte graue bis bräunliche Blattflechte mit randlich stehenden, aufsitzenden, flachen braunschwarzen bis dunkelroten, dunkel berandeten Apothecien und weißer Unterseite mit dunklen, fächerartig angeordneten Adern. Lager trocken starr, zerbrechlich, befeuchtet frischgrün. R–.

Unterscheidungsmerkmale: Kaum zu verwechselnde, etwa 2 cm groß werdende Thalli mit 1 bis 6 randlich stehenden, horizontalen, bis 4(–6) mm großen Apothecien. Unterseite mit fächerförmig divergierenden dunkleren Adern, ohne Rhizinen. Auch *Peltigera leucophlebia* (S. 235) wird in feuchtem Zustand tiefgrün, hat aber viel größere, tief geteilte Lager mit randlich oft aufgebogenen, welligen, 2–4 cm breiten Lappen mit unterseits am Rand hellen, weiter innen schwarzen vernetzten Adern und Rhizinen. Ihre Oberseite trägt millimetergroße, warzenförmige braune bis schwärzliche Cephalodien. Apothecien sind nicht häufig, sie sitzen an kurzen Lappen.

Ökologie und Verbreitung: Auf nackten bis schwach bemoosten Mineralböden, an offenen Böschungen, Gräben, Erosionsstellen an Bächen, an kühlen bis kalten Standorten, heute fast nur über der Waldgrenze, Alpen.

Peltigera venosa (5,3 cm)

Lobaria linita (Alpen-Lungenflechte)

Hauptmerkmale: Der Lungenflechte ähnelnde, bis etwa 10 cm breite Laubflechte, braun, feucht grün, olivgrün, „netzgrubig", d. h. mit zahlreichen, durch vernetzte Leisten getrennten flachen Dellen, unterseits mit kahlen hellbraunen bis beigen Aufwölbungen, dazwischen mit vertieften filzig-kurzhaarigen Rinnen. Lappen abgerundet, mit aufsteigenden Rändern, 1–2 cm breit, etwas glänzend, ohne Sorale oder Isidien. Apothecien extrem selten. Mark P–.

Unterscheidungsmerkmale: Charakteristische, nicht zu verwechselnde alpine Art. Von der auf Rinde und Silikatfels wachsenden *Lobaria pulmonaria* (S. 166) durch das Fehlen von Soralen und Isidien, eine negative P-Reaktion des Markes (bei *L. pulmonaria* P+ orangerot) und die gerundeten, nicht abgestutzten Lappen unterschieden. *Peltigera leucophlebia* ist feucht sehr ähnlich gefärbt, kann auch an ähnlichen Standorten vorkommen, hat aber eine glatte Oberfläche mit zerstreuten dunklen Wärzchen (Cephalodien) und eine von erhabenen schwarzen Adern überzogene Unterseite; die *P. leucophlebia* sehr ähnliche, sehr seltene *Peltigera aphthosa* ist unterseits durchgehend filzig und überwiegend dunkelbraun bis fast schwarz gefärbt.

Ökologie und Verbreitung: In Zwergstrauchheiden, zwischen Felsen, auf nacktem oder bemoostem Boden über der Waldgrenze, ziemlich selten. Arktisch-alpin verbreitet.

Lobaria linita (ca. 11 cm)

Literatur

Ahti, T., P. M. Jørgensen, H. Kristinsson, R. Moberg, U. Søchting & G. Thor (1999–2007): Nordic Lichen Flora Vol. 1–3. – 94, 115, 219 p. ; Bohuslän '5, Uddevalla.

Ahti, T., S. Heidmarsson, P. M. Jørgensen, R. Moberg, U. Søchting, A. Thell & G. Thor (2011): Nordic Lichen Flora Vol. 4: Parmeliaceae. – 184 p.; Uppsala, Museum of Evolution.

Ahti, T., S. Stenroos & R. Moberg (2013): Nordic Lichen Flora Vol. 5: Cladoniaceae. – 117 p.; Uppsala, Museum of Evolution.

Cezanne, R., M. Eichler, M.-L. Hohmann & V. Wirth (2008): Die Flechten des Odenwaldes. – Andrias 17: 1–520. (erhältlich: Staatl. Museum für Naturkunde, Karlsruhe).

Cezanne, R., M. Eichler, F. Berger, W. v. Brackel, C. Dolnik, V. John & M. Schultz (2016): Deutsche Namen für Flechten. – Herzogia 29: 745 –797.

Dobson, F.S. (2018): Lichens: An Illustrated Guide to the British and Irish Species, 7th ed. – 520 p.; Slough, Richmond Publishing.

Kirschbaum, U. & V. Wirth (2010): Flechten erkennen – Umwelt bewerten. – 204 S.; Wiesbaden, Hessisches Landesamt für Umwelt und Geologie.

Smith, C.W., A. Aptroot, B.J. Coppins, A. Fletcher, O.L. Gilbert, P.W. James & P.A.Wolseley (2009): The Lichens of Great Britain and Ireland. – 1046 p.; London, Natural History Museum Publications.

Stenroos, S., S. Velmala, J. Pykälä & T. Ahti (2016): Lichens of Finland. – Norrlinia 30: 896 p.; Helsinki, Finnish Museum of Natural History.

van Herk, K., A. Aptroot & L. Sparrius (2017): Veldgids Korstmossen. – ed. 2; 371 p.; KNNV Uitgeverij.

Wirth, V., R. Düll & S. Caspari (2023): Ulmers Taschenatlas Flechten und Moose. – ed. 3; 336 S.; Stuttgart, Ulmer.

Wirth, V. (2010): Ökologische Zeigerwerte von Flechten – erweiterte und aktualisierte Fassung. – Herzogia 23: 229–248.

Wirth, V., M. Hauck & M. Schultz (2013): Die Flechten Deutschlands. – 1244 S.; Stuttgart, Ulmer.

DVD

Baumann, K. und V. Wirth: Flechten – was sie sind, wie sie leben. Bestellung: kh.baumann@t-online.de

Dank

Für die freundliche kostenlose Überlassung von Bildern danken wir Herrn Dr. P. Bilovitz (Graz, S. 393 u. bis 395), Dr. P. Diederich (Luxembourg, S. 203), A. de Groot (Spanbroek/Niederlande, S. 105), Dr. Kok van Herk (Soest/Niederlande, S. 362, 363), Dr. W. Obermayer (Graz, S. 157) und Dr. M. Schultz (Hamburg, S. 296 u., 297, 317). Alle anderen Fotos stammen von den Verfassern. Herrn R. Cezanne und Frau M. Eichler (Darmstadt) sei für eine frische Probe für das Foto von *Halecania viridescens* gedankt, Frau Dr. Andrea Berger (Leverkusen) für Verbesserungsvorschläge, Dr. H. Sipman (Berlin), Prof. Dr. M. Grube (Graz) und Prof. Dr. H. Mayrhofer (Graz) für wertvolle Hinweise.

Liste von häufig in der Literatur vorkommenden Synonymen

Im Text dieses Buches aufgeführte Synonyme sind im Register berücksichtigt.

kursiv: Synonyme
normal: aktuelle bzw. hier verwendete Namen

Acarospora chlorophana = Pleopsidium chlorophanum
Alectoria nigricans = Gowardia n.
Alyxoria varia, syn. *Opegrapha v.*
Amandinea punctata, syn. *Buellia p.*
Arthonia atra, syn. *Opegrapha a.*
Arthonia cinnabarina = Coniocarpon cinnabarinum
Arthonia cinnabarina auct. = teilweise *Coniocarpon fallax*
Arthonia ruana, syn. *Arthothelium ruanum*
Arthothelium ruanum = Arthonia ruana
Aspicilia caesiocinerea = Circinaria c.
Aspicilia calcarea = Circinaria c.
Aspicilia contorta = Circinaria c.
Aspicilia lacustris = Hymenelia l.
Aspicilia radiosa = Lobothallia r.
Bacidia sabuletorum = Bilimbia s.
Bacidia subincompta auct. = Toniniopsis separabilis
Baeomyces roseus = Dibaeis baeomyces
Bagliettoa sp., syn. *Verrucaria* sp.
Bilimbia sabuletorum, syn. *Bacidia s., Mycobilimbia s.*
Buellia alboatra = Diplotomma alboatrum
Buellia epipolia = Diplotomma hedinii
Buellia punctata = Amandinea p.
Calicium lucidum, syn. *Cyphelium l.*
Calogaya pusilla, syn. Caloplaca p., *C. saxicola* auct. p.p.
Caloplaca lactea auct. = Xanthocarpia marmorata
Catapyrenium rufescens = Placidium r.
Catapyrenium squamulosum = Placidium s.
Cetraria aculeata, syn. *Cornicularia a., Coelocaulon aculeatum*
Cetraria chlorophylla = Nephromopsis c., syn. *Tuckermannopsis c.*
Cetraria cucullata = Nephromopsis c., syn. *Flavocetraria c.*
Cetraria hepatizon = Melanelia h.
Cetraria muricata, syn. *Cornicularia m., Coelocaulon muricatum*
Cetraria nivalis = Nephromopsis n., syn. Flavocetraria n.
Chrysothrix sp., syn. *Lepraria* sp.
Circinaria sp., syn. *Aspicilia* sp.
Cladonia pyxidata subsp. *chlorophaea* = C. chlorophaea
Coelocaulon sp. = Cetraria sp.
Coenogonium pineti, syn. *Dimerella p.*
Coniocarpon sp., syn. *Arthonia* sp.
Cornicularia aculeata = Cetraria a.
Cornicularia muricata = Cetraria m.
Dendrographa decolorans, syn. *Schismatomma d.*
Dibaeis baeomyces, syn. *Baeomyces roseus*
Dimerella pineti = Coenogonium p.
Diplotomma alboatrum, syn. *Buellia alboatra*
Diplotomma hedinii, syn. *Buellia epipolia*
Enterographa zonata, syn. *Opegrapha z.*
Flavocetraria sp. = Nephromopsis sp.
Flavoparmelia sp., syn. *Parmelia* sp.
Flavopunctelia flaventior, syn. *Parmelia f.*
Gallowayella sp., = Xanthomendoza sp.
Gowardia nigricans s. syn. *Alectoria n.*
Haematomma elatinum = Loxospora elatina
Haematomma porphyrium = H. ochroleucum
Haematomma ventosum = Ophioparma ventosa
Hymenelia lacustris, syn. *Aspicilia l., Ionaspis l.*
Ionaspis lacustris = Hymenelia l.
Hypotrachyna sp. = *Parmelia* sp.
Imshaugia aleurites, syn. *Parmeliopsis a.*

Lecanora antiqua = Polyozosia a.
Lecanora badia = Protoparmelia b.
Lecanora muralis = Protoparmeliopsis m.
Lecanora persimilis = Polyozosia p.
Lecanora radiosa = Lobothallia r.
Lecanora sambuci = Polyozosia s.
Lecanora semipallida = Polyozosia s.
Lecidea aeruginosa = Trapeliopsis flexuosa
Lecidea atrata = Tremolecia a.
Lecidea flexuosa = Trapeliopsis f.
Lecidea granulosa = Trapeliopsis g.
Lecidea lucida = Psilolechia l.
Lecidea lurida = Romjularia l.
Lecidea tenebrosa = Schaereria fuscocinerea
Lepraria candelaris = Chrysothrix c.
Lepraria chlorina = Chrysothrix c.
Lepraria finkii, syn. *Lepraria lobificans*
Lepraria membranacea, syn. *Leproloma membranaceum*
Lepraria vouauxii, syn. *Leproloma v.*
Leproloma sp. = Lepraria sp.
Leptogium lichenoides var. *pulvinatum* = Scytinium p.
Leptogium pulvinatum = Scytinium p., syn. *L. lichenoides* var. *p.*
Lobothallia radiosa, syn. *Aspicilia r., Lecanora r.*
Loxospora elatina, syn. *Haematomma elatinum*
Massjukiella sp. = *Polycauliona* sp.
Melanelia hepatizon, syn. *Cetraria h.*
Melanelia stygia, syn. *Parmelia s.*
Melanelixia sp., syn. *Parmelia* sp.
Melanohalea sp., syn. *Parmelia* sp.
Montanelia disjuncta, syn. *Parmelia d., Melanelia d.*
Mycoblastus fucatus = Violella fucata
Opegrapha atra = Arthonia a.
Opegrapha varia = Alyxoria v.
Opegrapha viridis = Zwackhia v.
Opegrapha zonata = Enterographa z.
Ophioparma ventosa, syn. *Haematomma ventosum*
Oxneria sp. = *Xanthomendoza* sp.
Pannaria pezizoides = Protopannaria p.
Parmelia acetabulum = Pleurosticta a.
Parmelia borreri = Punctelia b.
Parmelia caperata = Flavoparmelia c.
Parmelia carporrhizans = Parmelina c.
Parmelia conspersa = Xanthoparmelia c.
Parmelia disjuncta = Montanelia d.
Parmelia exasperata = Melanohalea e.
Parmelia exasperatula = Melanohalea e.
Parmelia fuliginosa = Melanelixia f.
Parmelia glabra = Melanelixia g.
Parmelia glabratula = Melanelixia g.
Parmelia laciniatula = Melanohalea l.
Parmelia loxodes = Xanthoparmelia l.
Parmelia pastillifera = Parmelina p.
Parmelia pulla = Xanthoparmelia p.
Parmelia quercina = Parmelina qu.
Parmelia revoluta = Hypotrachyna r.
Parmelia soredians = Flavoparmelia s.
Parmelia stenophylla = Xanthoparmelia s.
Parmelia stygia = Melanelia s.
Parmelia subargentifera= Melanelixia s.
Parmelia subaurifera = Melanelixia s.
Parmelia subrudecta = Punctelia s.
Parmelia tiliacea = Parmelina t.
Parmelia verruculifera = Xanthoparmelia v.
Parmelina sp., syn. *Parmelia* sp.
Parmeliopsis aleurites = Imshaugia a.
Parmotrema sp., syn. *Parmelia* sp.
Pertusaria hemisphaerica = Varicellaria h.
Pertusaria lactea = Varicellaria l.
Phaeophyscia sp., syn. *Physcia* sp.
Physcia siehe auch Phaeophyscia
Piccolia ochrophora, syn. *Strangospora o.*
Placidium sp., syn. *Catapyrenium* sp.
Placynthiella sp., syn. *Saccomorpha* sp.
Pleopsidium chlorophanum, syn. *Acarospora chlorophana*
Pleurosticta acetabulum, syn. *Parmelia a.*
Polycauliona sp., syn. *Xanthoria* sp.
Polyozosia, syn. *Myriolecis, Lecanora dispersa-Gruppe*
Porina aenea = Pseudosagedia a.
Porpidia sp., syn. *Lecidea* sp.
Protopannaria pezizoides, syn. *Pannaria p.*
Protoparmelia badia, syn. *Lecanora b.*
Pseudosagedia aenea, syn. *Porina a.*
Psilolechia lucida, syn. *Lecidea l.*

Psora lurida = Romjularia l.
Punctelia sp., syn. *Parmelia* sp.
Romjularia lurida, syn. *Lecidea l., Psora l.*
Saccomorpha sp. = Placynthiella sp.
Sarcogyne pruinosa, syn. *S. regularis*
Sarcogyne regularis = S. pruinosa
Schaereria fuscocinerea, syn. *Lecidea tenebrosa*
Schismatomma decolorans = Dendrographa d.
Squamarina crassa = S. cartilaginea
Strangospora ochrophora = Piccolia o.
Thalloidima sedifolium, syn. *T. caeruleonigricans* p.p.
Toninia caeruleonigricans p.p. = Thalloidima sedifolium
Trapeliopsis flexuosa, syn. *Lecidea aeruginosa, Lecidea f.*
Trapeliopsis granulosa, syn. *Lecidea g.*
Tremolecia atrata, syn. *Lecidea a.*
Tuckermannopsis chlorophylla = Nephromopsis c.
Usnea dasypoga = U. dasopoga
Usnea filipendula = U. dasopoga
Varicellaria sp., syn. *Pertusaria* sp.
Verrucaria calciseda = Bagliettoa c.
Verrucaria parmigera = Bagliettoa p.
Violella fucata, syn. *Mycoblastus fucatus*
Vulpicida sp. = Cetraria sp.
Xanthocarpia marmorata, syn. *Caloplaca lactea* auct.
Xanthomendoza sp., syn. *Xanthoria* sp., *Gallowayella* sp., *Oxneria* sp.
Xanthomendoza huculica, syn. *Oxneria huculica, Xanthoria fallax* auct. p.p.
Xanthoparmelia somloensis = X. stenophylla
Xanthoparmelia sp., syn. *Parmelia* sp.
Xanthoria fulva = Xanthomendoza f.
Xanthoria fallax p.p. = Xanthomendoza huculica
Xanthoria candelaria = Polycauliona c.
Xanthoria polycarpa = Polycauliona p.
Zwackhia viridis, syn. *Opegrapha v.*

Register der deutschen Artnamen

A

Alectorie, Bärtige 158
Alectorie, Strauchige 398
Alectorie, Windheiden- 398
Apfelflechte 236
Ästchenflechte, Bouteilles 140
Astflechte, Buschige 70
Astflechte, Eschen- 70
Astflechte, Kopfsoral- 387
Astflechte, Mehlige 33
Astflechte, Staubige 70

B

Bartflechte, Buschige 66
Bartflechte, Gewöhnliche 66
Bartflechte, Kahle 156
Bartflechte, Reichblütige 156
Bartflechte, Starre 156
Bartflechte, Struppige 66
Baummoos 117
Becherflechte, Etagen- 352
Becherflechte, Finger- 186
Becherflechte, Gewöhnliche 350
Becherflechte, Grays 350
Becherflechte, Grünliche 350
Becherflechte, Kalk-, Aufgebogene 327
Becherflechte, Kalk-, Rosettige 325
Becherflechte, Schlanke 353
Becherflechte, Trompeten- 186, 350
Blasenflechte, Bandartige 168
Blasenflechte, Gewöhnliche 40
Blasenflechte, Mehlige 168
Blasenflechte, Röhrige 41
Blasenkruste, Blaugraue 334
Blasenkruste, Gefleckte 334
Blasenkruste, Weiße 304
Blatternflechte, Weiße 101
Bleiflechte, Baum- 98
Bleiflechte, Mehlige 150
Bleiflechte, Turners 98
Bleiflechte, Zwittrige 148
Blutauge, Gewöhnliches 249
Blutaugenflechte 381
Blutflechte 178
Braunflechte, Bereifte 79
Braunflechte, Disjunkte 241
Braunflechte, Dunkle 242
Braunflechte, Glänzende 388
Braunflechte, Glatte 76
Braunflechte, Gold- 37
Braunflechte, Grobwarzige 242
Braunflechte, Raue 76
Braunflechte, Rinnige 388
Braunflechte, Samtige 74
Braunflechte, Spatel- 38
Braunflechte, Warzen- 242
Braunflechte, Zerschlitzte 78
Braunflechte, Zierliche 74
Braunschuppe 330
Braunsporenflechte, Birnen- 113
Braunsporenflechte, Bischoffs 323
Braunsporflechte, Kleiige 95
Buelli-Flechte, Graugrüne 96
Buelli-Flechte, Grauweiße 318
Buelli-Flechte, Pionier- 274
Buelli-Flechte, Schwarzweiße 220
Burgenflechte, Graue 214

C

Caperatflechte 43
Catillarie, Linsen- 323
Catillarie, Schwarzkopf- 104
Catillarie, Stahl- 218
Chlorophanflechte 378

D

Dotterflechte, Gelappte 207
Dotterflechte, Gewöhnliche 208
Dotterflechte, Goldfarbene 208
Dotterflechte, Kleinschuppige 52

Dotterflechte, Korallen- 258
Dotterflechte, Körnige 53
Dotterflechte, Sorediöse 52

E

Eichenmoos 32
Eingeweideflechte 389
Elchgeweihflechte 362
Endivienflechte, Kleine 362
Eschenflechte 70
Essigflechte 39
Essignapfflechte 39
Evernie, Sparrige 160

F

Fadenflechte, Gewöhnliche 386
Fadenflechte, Kleine 386
Feuerflechte, Gewöhnliche 332
Feuerflechte, Schüppchen- 332
Flechte, Imshaug- 170
Flechte, Stenhammars 303
Flechte, Uppsala- 395
Fleckflechte, Gewöhnliche 130
Fleckflechte, Stammgrund- 132
Fleckflechte, Strahlige 130
Flechflechte, Trügerische 129
Fleckflechte, Weinrote 132

G

Gabelflechte 117
Gallertflechte, Echte 296
Gallertflechte, Filzige 165
Gallertflechte, Gefranste 296
Gallertflechte, Polster- 296
Gelbflechte, Gewöhnliche 34, 289
Gelbflechte, Huzulen- 72
Gelbflechte, Kalk- 289
Gelbflechte, Kleine 72
Gelbflechte, Leuchter- 36
Gelbflechte, Vielfrüchtige 35
Gelbflechte, Zierliche 200
Graurosettenflechte 305
Großsporenflechte, Warzige 394
Grubenflechte, Jenaer 313

H

Halecanie, Grünliche 96
Hautflechte, Wasser- 260
Heideflechte 364
Herzflechte, Kalk- 314
Herzflechte, Perlen- 134
Hexenhaar 398
Hirschgeweihflechte 362
Holzrune 189
Holzschriftflechte 189
Hornflechte 343
Hundsflechte, Echte 366
Hundsflechte, Schuppen- 366

I

Igelflechte 344
Imshaug-Flechte 170

K

Kelchflechte, Balken- 191
Kelchflechte, Gelbbereifte 180
Kelchflechte, Grüne 180
Kelchflechte, Schwarze 120
Kelchflechte, Sitzende 120
Kelchflechte, Weiden- 120
Kernflechte, Braunfrüchtige 137
Kernflechte, Glänzende 136
Kernflechte, Kleinfrüchtige 136
Kernflechte, Kupferfarbene 134
Kernflechte, Punktförmige 134
Kernflechte, Wasser- 259
Kesselflechte, Stahl- 218
Keulensporenflechte, Grüne 152
Kleinsporenflechte, Gewöhnliche 216
Kleinsporenflechte, Kalk- 308
Kleinsporenflechte, Steilflächen- 216
Knöpfchenflechte, Kugelfrüchtige 179
Köpfchenflechte, Braune 365
Köpfchenflechte, Rosa 364
Köpfchenflechte, Schuppige 365
Körnchenflechte, Verkannte 152
Korallenflechte, Fingerblättrige 232
Korallenflechte, Spangrüne 234
Korallenflechte, Vesuv- 232
Kraterflechte, Areolen- 320

Kraterflechte, Graublaue 276
Kraterflechte, Graue 276
Kraterflechte, Kalk- 320
Krugflechte, Moos- 336
Krugflechte, Silikat- 277
Krügleinflechte, Kiefern- 140
Krümelflechte, Geschwärzte 194
Krümelflechte, Holz- 371
Krümelflechte, Lauchgrüne 133
Krummsporenflechte, Algenartige 102
Krummsporenflechte, Braune 270
Kuchenflechte, Ausbleichende 54
Kuchenflechte, Braune 385
Kuchenflechte, Feld- 223
Kuchenflechte, Fels- 262
Kuchenflechte, Fleischfarbene 262
Kuchenflechte, Floh- 110
Kuchenflechte, Gekerbte 319
Kuchenflechte, Geschwollene 175
Kuchenflechte, Hagens 108
Kuchenflechte, Hain- 108
Kuchenflechte, Hainbuchen- 108
Kuchenflechte, Helle 58
Kuchenflechte, Moos- 396
Kuchenflechte, Pannonische 213
Kuchenflechte, Randlose 60
Kuchenflechte, Schwarze 275
Kuchenflechte, Schwefelgelbe 266
Kuchenflechte, Silbrige 143
Kuchenflechte, Sorediöse 252
Kuchenflechte, Staubige 112
Kuchenflechte, Swartz' 262
Kuchenflechte, Veränderliche 192
Kuchenflechte, Verworrene 264
Kuchenflechte, Vielgestaltige 264
Kuchenflechte, Weiden- 59
Kuchenflechte, Weiße 221
Kuchenflechte, Weißliche 142
Kuchenflechte, Zerstreutfrüchtige 221
Kugelträger, Korallen- 159

L

Landkartenflechte, Abgegrenzte 281
Landkartenflechte, Alpen- 379
Landkartenflechte, Dunkle 282
Landkartenflechte, Gewöhnliche 256, 379
Landkartenflechte, Kragen- 256
Landkartenflechte, Öders 272
Lecanie, Holunder- 61
Lecanie, Nägelis 110
Lederflechte, Bach- 237
Lederflechte, Rotbraune 330
Lederflechte, Schuppige 330
Leimflechte, Braungrüne 293
Leimflechte, Krause 212
Leimflechte, Ohrförmige 293
Leimflechte, Rinnige 294
Leimflechte, Schlaffe 235
Leimflechte, Vielfrüchtige 295
Leimflechte, Zähe 328
Lepraflechte, Gelblichweiße 100
Lepraflechte, Graue 55
Lepraflechte, Häutige 250
Lepraflechte, Igel- 146
Lepraflechte, Wattige 146
Lepraflechte, Weißgraue 250
Leuchterflechte, Gewöhnliche 72
Leuchterflechte, Pazifische 72
Lindenflechte 84
Löcherflechte 168
Lungenflechte 166
Lungenflechte, Alpen- 409

M

Mauerflechte 222
Moos, Isländisch 342
Moosbart, Brauner 65
Moosbart, Haarfeiner 158
Mosaikflechte 253
Muschelschüppchen, Schönes 116
Musenmund, Dunkler 105

N

Nabelflechte, Fransen- 392
Nabelflechte, Graue 238
Nabelflechte, Kalk- 291
Nabelflechte, Rußige 390
Nabelflechte, Vielblättrige 390
Nabelflechte, Zottige 238

Nabelschild, Rosafrüchtiger 380
Nabelschild, Variabler 380
Napfflechte, Isidien- 170
Nierenflechte, Sorediöse 164

P

Pannarie, Becherling- 397
Pannarie, Braune 397
Parelleflechte 267
Pflaumenflechte 32
Pockenflechte 176
Porenflechte, Bittere 148
Porenflechte, Gelbliche 147
Porenflechte, Gesprenkelte 254
Porenflechte, Gewöhnliche 138
Porenflechte, Glatte 138
Porenflechte, Häutige 138
Porenflechte, Korallen- 248
Porenflechte, Kugelkopf- 94
Porenflechte, Milchweiße 254
Porenflechte, Weißrandige 148
Porenflechte, Zonierte 98
Porpidie, Großfrüchtige 282
Porpidie, Höckerige 255
Porpidie, Kiesel- 282
Porpidie, Sorediöse 255
Punktflechte, Borrers 85
Punktflechte, Krausblättrige 50
Punktflechte, Verwechselbare 51
Pustelflechte 240

R

Rentierflechte, Alpen- 405
Rentierflechte, Ebenästige 346
Rentierflechte, Echte 346
Rentierflechte, Falsche 326
Rentierflechte, Milde 346
Rentierflechte, Wald- 346
Rentierflechte, Zarte 345
Rotlagerflechte 272
Rotschuppe 333
Rundsporenflechte, Kiefern- 102

S

Sackflechte 290
Safranflechte 407
Säulenflechte, Blaugrüne 356
Säulenflechte, Eichenstumpf- 183
Säulenflechte, Floerkes 358
Säulenflechte, Gegabelte 354
Säulenflechte, Gewöhnliche 184, 356
Säulenflechte, Haken- 188
Säulenflechte, Horn- 356
Säulenflechte, Igel- 344
Säulenflechte, Pfriemen- 356
Säulenflechte, Rasen- 361
Säulenflechte, Rotfrüchtige 184, 358
Säulenflechte, Schuppige 186, 355
Säulenflechte, Sekika- 356
Schaererflechte, Braungraue 384
Scharlachflechte, Deformierte 348
Scharlachflechte, Echte 348
Scharlachflechte, Gewöhnliche 348
Scharlachflechte, Schönfrüchtige 406
Scharlachflechte, Schwefelgelbe 360
Scheibenflechte, Punkt- 56
Schildflechte, Aderige 408
Schildflechte, Bereifte 329
Schildflechte, Bortensoral- 162
Schildflechte, Degens 368
Schildflechte, Flachfrüchtige 162, 368
Schildflechte, Hunds- 366
Schildflechte, Salat- 368
Schildflechte, Vielfingerige 368
Schildflechte, Zwerg- 370
Schneeflechte 400
Schneepegelflechte, Gelbgrüne 170
Schneepegelflechte, Graue 170
Schönfleck, Beton- 204
Schönfleck, Blassgelber 393
Schönfleck, Blaugrüner 202
Schönfleck, Dolomit- 206
Schönfleck, Dunkler 96
Schönfleck, Feuer- 92
Schönfleck, Gelbgrüner 205
Schönfleck, Goldstaub- 302
Schönfleck, Hepps 298
Schönfleck, Kleiner 298
Schönfleck, Kleiner Wachs- 92
Schönfleck, Marmor- 309

Schönfleck, Orangeroter 298
Schönfleck, Senfkorn- 393
Schönfleck, Trügerischer 201, 300
Schönfleck, Variabler 322
Schönfleck, Wachs- 92
Schönfleck, Ziegel- 215
Schönfleck, Zitronen- 203
Schönfleck, Zitronengelber 203
Schönfleck, Zweifarbiger 300
Schriftflechte, Gewöhnliche 126
Schuppenflechte, Aufsteigende 116
Schuppenkruste, Dicke 306
Schüsselflechte, Afrikanische 82
Schüsselflechte, Bereifte 44
Schüsselflechte, Breitlappige 118
Schüsselflechte, Eichen- 172
Schüsselflechte, Eingerollte 82
Schüsselflechte, Felsen- 44, 246
Schüsselflechte, Fleckchen- 172
Schüsselflechte, Furchen- 45
Schüsselflechte, Gebirgs- 246
Schüsselflechte, Gelbliche 80
Schüsselflechte, Gesprenkelte 244
Schüsselflechte, Lederschild- 118
Schüsselflechte, Linden- 84
Schüsselflechte, Mehlige 80
Schüsselflechte, Pillen- 172
Schüsselflechte, Schmallappige 244
Schüsselflechte, Verdrehte 82
Schwarzfilz, Berg- 231
Schwarzfilz, Gewöhnlicher 231
Schwarzscheibenflechte, Braune 279
Schwarzscheibenflechte, Fleck- 218
Schwarzscheibenflechte, Gewöhnliche 382
Schwarzscheibenflechte, Graue 279
Schwarzscheibenflechte, Gruppenfrüchtige 382
Schwarzscheibenflechte, Karpaten- 218
Schwarzscheibenflechte, Korallen- 195, 373
Schwarzscheibenflechte, Milchweiße 382
Schwarzscheibenflechte, Moor- 373
Schwarzscheibenflechte, Olivgrüne 57
Schwarzscheibenflechte, Rostfarbene 272
Schwarzscheibenflechte, Stein- 280
Schwefelflechte, Borken- 125
Schwefelflechte, Fels- 251
Schwefelflechte, Gelbfrüchtige 251
Schwielenflechte, Anliegende 86
Schwielenflechte, Bereifte 90
Schwielenflechte, Blaugraue 210
Schwielenflechte, Dunkle 292
Schwielenflechte, Gelbmark- 90
Schwielenflechte, Graue 49
Schwielenflechte, Grünliche 87
Schwielenflechte, Helm- 46
Schwielenflechte, Kreisförmige 42
Schwielenflechte, Punktierte 88
Schwielenflechte, Schwärzliche 48
Schwielenflechte, Stern- 88
Schwielenflechte, Unsichere 210
Schwielenflechte, Violette 90
Schwielenflechte, Zarte 47
Spaltaugenflechte, Verfärbte 150
Spitzkegelflechte 144
Stäbchenflechte, Einfache 177
Stäbchenflechte, Gewöhnliche 337
Stäbchenflechte, Haken- 140
Stäbchenflechte, Rötliche 106
Stäbchenflechte, Wacholder- 106
Stäbchenflechte, Zarte 106
Stecknadelflechte, Bräunliche 190
Stecknadelflechte, Dunkelköpfige 122
Stecknadelflechte, Goldgelbe 122
Stecknadelflechte, Langstielige 124
Stecknadelflechte, Rostfarbene 124
Stecknadelflechte, Schwefelgelbe 122
Sternflechte, Fels- 312
Strahlflechte, Tannen- 174
Strunkflechte, Alpen- 404

T

Tartschenflechte, Blaugraue 118
Tartschenflechte, Eingerollte 400
Tartschenflechte, Gelbe 402
Tartschenflechte, Kiefern- 167
Tartschenflechte, Olivgrüne 68

Tintenfleck, Schwarzer 307
Totengebein 403
Trapelie, Eingebogene 268
Trapelie, Holz- 196
Trapelie, Körnige 372
Trapelie, Schollige 268
Trapelie, Verwechselte 372
Trapelie, Weißrand- 268
Tremolecie 272
Triebflechte, Endolithische 310
Triebflechte, Gewöhnliche 310
Triebflechte, Großfrüchtige 310

V

Vielsporer, Bräunlicher 278
Vielsporer, Einfacher 278

W

Warzenflechte, Blaugraue 316
Warzenflechte, Kalk- 315
Warzenflechte, Großmündige 217
Warzenflechte, Schildchen- 315
Warzenflechte, Schwärzliche 217
Warzenflechte, Übersehene 271
Weichfruchtflechte, Bereifte 317
Wimpernflechte, Gefranste 69
Wolfsflechte 161
Wulstrandflechte 261
Würmchenflechte 403
Wurmsporenflechte, Tannen- 173

Z

Zeichenflechte, Ockerfrüchtige 126
Zeichenflechte, Mosaik- 253
Zeichenflechte, Rillenfrüchtige 253
Zeichenflechte, Rotbraune 128
Zeichenflechte, Schwarze 126
Zeichenflechte, Variable 126
Zeichenflechte, Würmchen- 144
Zeichenflechte, Zwackhs 128
Zimtflechte 92

Register der wissenschaftlichen Artnamen

Fett gedruckte **Seitenzahlen** bezeichnen diejenigen Seiten, auf denen die Arten ausführlich beschrieben werden. Kursive Seitenzahlen verweisen auf nicht ausführlich beschriebene, vergleichsweise genannte Arten. Seitenzahlen in Standardschrift verweisen auf die Behandlung in den Schlüsseln. Kursiv gesetzte **Artnamen** sind Synonyme.

A

Acarospora cervina *308*
Acarospora fuscata 198, **216,** 228
Acarospora glaucocarpa *308*
Acarospora macrospora 228, **308**
Acarospora nitrophila 216
Acarospora praeruptorum 198, **216,** 228
Acarospora privigna 230, **278**
Acarospora subfuscescens 230, **278**
Acrocordia conoidea 314
Acrocordia gemmata 115, **134**
Alectoria nigricans 398
Alectoria ochroleuca 376, **398**
Alectoria sarmentosa 154, **158**
Alyxoria ochrocheila 114, **126**
Alyxoria varia 114, **126**
Amandinea punctata 31, **56**
Anaptychia ciliaris 62, **69**
Anisomeridium polypori 115, **144**
Arthonia atra 114, **126**
Arthonia punctiformis *130, 134*
Arthonia radiata 115**, 130**
Arthonia ruana 115, **130**
Arthonia spadicea 132
Arthonia vinosa 115, **132**
Arthopyrenia punctiformis 115, **134**
Aspicilia cinerea 229, **276**
Athallia cerinella 63, **92**
Athallia cerinelloides *92*
Athallia pyracea 63, **92**

B

Bacidia arceutina 64, **106**
Bacidia bagliettoana *337*
Bacidia incompta 177
Bacidia rubella 64, **106**
Bacidia subincompta 177
Bacidina delicata 64, **106**
Bacidina sulphurella 115, **140**
Baeomyces placophyllus 340, **365**
Baeomyces rufus 340, **365**
Bagliettoa calciseda 287, **315**
Bagliettoa parmigera-Gruppe 287, **315**
Bellicidia incompta *177*
Biatora globulosa 155, **179**
Bilimbia sabuletorum 324, **337**
Blastenia ammiophila *393*
Blastenia herbidella *106*
Blennothallia crispa 198, **212**
Brodoa atrofusca *389*
Brodoa intestiniformis 375, **389**
Bryoplaca sinapisperma 376, **393**
Bryoria capillaris 148
Bryoria fuscescens 62, **65**, 154, **158**
Buellia aethalea 199, 230, **274**
Buellia griseovirens 63, **96**

C

Calicium adspersum 114, **120**
Calicium glaucellum 114, **120**
Calicium lucidum *191*
Calicium salicinum 114, **120**
Calicium tigillare 182, **191**
Calicium trabinellum 155, **180**
Calicium viride 155, **180**
Calogaya decipiens 197, **201**, 285
Calogaya pusilla 197, **298**, 285
Caloplaca aurantia 298
Caloplaca cerina 63, **92**
Caloplaca cerinella 92
Caloplaca cerinelloides 92
Caloplaca chlorina 197, **202**, 227, 229

Caloplaca cinnamomea 393
Caloplaca cirrochroa 300
Caloplaca citrina 203
Caloplaca decipiens 201, 300
Caloplaca dolomiticola 206
Caloplaca flavescens 298
Caloplaca flavocitrina 203
Caloplaca flavovirescens 205
Caloplaca herbidella 106
Caloplaca marmorata 309
Caloplaca oasis 204
Caloplaca obscurella 63, **96**
Caloplaca pusilla 298
Caloplaca pyracea 92
Caloplaca sinapisperma 393
Caloplaca stillicidiorum 376, **393**
Caloplaca teicholyta 215
Caloplaca variabilis 322
Caloplaca xantholyta 302
Candelaria concolor 62, **72**
Candelaria pacifica 62, **72**
Candelariella aurella 197, **208.** 287
Candelariella coralliza 227, **258**
Candelariella efflorescens 30, **52**
Candelariella medians 197, **207**, 285
Candelariella reflexa 30, **52**
Candelariella vitellina 197, **208**, 227
Candelariella xanthostigma 30, **53**
Catillaria chalybeia 199, **218**
Catillaria lenticularis 288, **323**
Catillaria nigroclavata 64, **104**
Cetraria aculeata 338, **343**
Cetraria chlorophylla 68
Cetraria ericetorum *342, 343*
Cetraria islandica 338, **342**
Cetraria muricata *343*
Cetraria pinastri 154, **167**
Cetraria tubulosa 376, **402**
Cetrariella commixta *388*
Cetrelia cetrarioides 114, **118**
Cetrelia olivetorum *119*
Chaenotheca brunneola 182, **190**
Chaenotheca chrysocephala 114, **122**
Chaenotheca ferruginea 114, **124**
Chaenotheca furfuracea 114, **122**
Chaenotheca phaeocephala 114, **122**
Chaenotheca trichialis 114, **124**
Chrysothrix candelaris 114, **125**
Chrysothrix chlorina 227, **251**
Circinaria caesiocinerea 230, **276**
Circinaria calcarea 288, **320**
Circinaria contorta 198, 288, **320**
Cladonia arbuscula 338, **346**, 376
Cladonia bellidiflora 377, **406**
Cladonia borealis *348*
Cladonia caespiticia 341, **361**
Cladonia cenotea 182. **188**
Cladonia cervicornis 341, **362**
Cladonia chlorophaea 339, **350**
Cladonia ciliata 338, **345**
Cladonia coccifera 339, **348**
Cladonia coniocraea 182, **184**, 340, **356**
Cladonia convoluta *327, 363*
Cladonia cornuta 340, **356**
Cladonia deformis 340, **348**
Cladonia digitata 182, **186**
Cladonia fimbriata 182, **186**, 339, **350**
Cladonia floerkeana 339, **358**
Cladonia foliacea 341, **362**
Cladonia furcata 340, **354**
Cladonia glauca 340, **356**
Cladonia gracilis 339, 340, **353**
Cladonia grayi 339, **350**
Cladonia humilis *351*
Cladonia macilenta 182, **184**, 339, **358**
Cladonia macroceras *353*
Cladonia mitis 338, **346,** 376
Cladonia parasitica 182, **183**
Cladonia pleurota 339, **348**
Cladonia pocillum 324, **325**
Cladonia polydactyla *185*
Cladonia portentosa 338, **346**
Cladonia pulvinata *352*
Cladonia pyxidata 339, **350**
Cladonia pyxidata subsp. *pocillum* 325
Cladonia ramulosa *355*
Cladonia rangiferina 338, **345**, 376
Cladonia rangiformis 324, **326**
Cladonia rei 339, 340, **356**
Cladonia squamosa 182, **186**, 340, **355**

Cladonia stellaris 376, **405**
Cladonia subulata 339, 340, **356**
Cladonia sulphurina 339, 340, **360**
Cladonia symphycarpa 324, **327**
Cladonia uncialis 338, **344**
Cladonia verticillata 339, **352**
Cliostomum griffithii 64, **105**
Coenogonium pineti 115, **140**
Collema auriforme 293
Collema crispum 212
Collema cristatum 294
Collema flaccidum 224, **235**
Collema fuscovirens 293
Collema polycarpon 295
Collema tenax 328
Coniocarpon cinnabarinum *129*
Coniocarpon fallax 114, **129**
Cyphelium tigillare 191
Cystocoleus ebeneus 224, **231**

D

Dendrographa decolorans 115, **150**
Dermatocarpon luridum 225, **237**
Dermatocarpon miniatum 225, 284, **291**
Diarthonis spadicea 115, **132**
Dibaeis baeomyces 340, **364**
Diploicia canescens 198, **214**
Diploschistes gypsaceus *277*
Diploschistes muscorum 324, **336**
Diploschistes scruposus 230, **277**
Diplotomma alboatrum 199, **220**
Diplotomma hedinii 288, **318**
Diplotomma venustum *318*
Dirina stenhammarii 286, **303**

E

Enchylium tenax 324, **328**
Enchylium polycarpon 285, **295**
Endocarpon pusillum *330*
Enterographa zonata 227, **253**
Evernia divaricata 154, **160**
Evernia prunastri 30, **32**

F

Fellhanera bouteillei 115, **140**
Fellhanera subtilis *140*
Flavocetraria cucullata 400
Flavocetraria nivalis 400
Flavoparmelia caperata 30, **43**, 226
Flavoparmelia soredians 63, **80**
Flavoplaca citrina 197, **203**, 286
Flavoplaca flavocitrina 197, **203**, 286
Flavoplaca oasis 197, **203**
Flavopunctelia flaventior 63, **80**
Fulgensia bracteata 332
Fulgensia fulgens 332
Fuscidea austera *261*
Fuscidea cyathoides 228, 229, **261**
Fuscidea kochiana *261*
Fuscidea lightfootii *152*
Fuscidea pusilla *152*

G

Gallowayella fulva 72
Gowardia nigricans 376, **398**
Graphis scripta 114, **126**
Gyalecta hypoleuca *313*
Gyalecta jenensis 287, **313**
Gyalecta ulmi *313*
Gyalolechia bracteata 324, **332**
Gyalolechia flavovirescens 197, **205**
Gyalolechia fulgens 324, **332**
Gyrographa gyrocarpa 227, **253**

H

Haematomma ochroleucum 226, 227, **249**
Haematomma porphyrium **249**
Halecania viridescens 63, **96**
Hymenelia lacustris 228, **260**
Hyperphyscia adglutinata 63, **86**
Hypocenomyce caradocensis *116*
Hypocenomyce scalaris 114, **116**
Hypogymnia farinacea 154, **168**
Hypogymnia physodes 30, **40**
Hypogymnia tubulosa 30, **41**
Hypogymnia vittata 154, **168**
Hypotrachyna afrorevoluta 63, **82**
Hypotrachyna revoluta **82**

I

Icmadophila ericetorum 341, **364**
Immersaria athroocarpa *279*
Imshaugia aleurites 154, **170**
Ionaspis odora *260*

K

Kuettlingeria teicholyta 198, **215**

L

Lasallia pustulata 240
Lathagrium auriforme 285, **293**
Lathagrium cristatum 284, 285, **294**
Lathagrium fuscovirens 285, **293**
Lecanactis abietina 155, **174**
Lecania cyrtella 31, **61**
Lecania naegelii 64, **110**
Lecanora albella 115, **142**
Lecanora albescens 221
Lecanora allophana *58, 143*
Lecanora argentata 115, **143**
Lecanora campestris 198, 199, **223**, 229
Lecanora carpinea 64, **108**
Lecanora cenisia *223, 275*
Lecanora chlarotera 31, **58**
Lecanora conizaeoides 64, **112**
Lecanora crenulata 319
Lecanora dispersa 221
Lecanora epanora *252*
Lecanora epibryon 376, **396**
Lecanora expallens 31, **54**
Lecanora gangaleoides *275*
Lecanora garovaglii *222*
Lecanora hagenii 108
Lecanora intricata 229, **264**, 374
Lecanora intumescens 155, **175**
Lecanora leptyrodes *108*
Lecanora mughicola *192*
Lecanora muralis 222
Lecanora pannonica 198, **213**
Lecanora polytropa 199, 229, **264**
Lecanora pulicaris 64, **110**
Lecanora rupicola 228, **262**
Lecanora saligna 31, **59**
Lecanora silvae-nigrae *264*
Lecanora soralifera 227, **252**
Lecanora subaurea *252*
Lecanora subcarnea 228, **262**
Lecanora subcarpinea 64, **108**
Lecanora subrugosa *143*
Lecanora sulphurea 229, **266**
Lecanora swartzii 228, **262**
Lecanora symmicta 31, **60**
Lecanora varia 182, **192**
Lecidea confluens 375, **382**
Lecidea fuscoatra 199, 230, **279**
Lecidea grisella 230, **279**
Lecidea lactea 375, **382**
Lecidea lapicida 375, **382**
Lecidea lithophila 230, **280**
Lecidea plana *280*
Lecidea promiscens *383*
Lecidea silacea 229, **272**, 375
Lecidella carpathica 199, **218**
Lecidella elaeochroma 31, **57**
Lecidella stigmatea 199, **218**
Lepra albescens 63, **98**
Lepra amara 115, **148**
Lepra aspergilla 227, **254**
Lepra corallina 226, **248**
Lepraria caesioalba 226, **250**
Lepraria finkii 115, **146**
Lepraria incana 31, **55**
Lepraria membranacea 226, **250**
Lepraria neglecta *250*
Lepraria rigidula 115, **146**
Lepraria vouauxii 63, **100**
Leprocaulon microscopicum 234
Leprocaulon quisquiliare 224, **234** Leproplaca chrysodeta *302*
Leproplaca cirrochroa 285, **300**
Leproplaca xantholyta 285, 286, **302**
Leptogium gelatinosum 296
Leptogium lichenoides 296
Leptogium pulvinatum 296
Leptogium saturninum 154, **165**
Letharia vulpina 154, **161**
Lobaria linita 377, **409**
Lobaria pulmonaria 154, **166**
Lobothallia radiosa 286, **305**

Loxospora elatina 155, **173**

M

Massjukiella candelaria 36
Massjukiella polycarpa 35
Megaspora verrucosa 376, **394**
Melanelia hepatizon 375, **388**
Melanelia stygia 375, **388**
Melanelixia fuliginosa 62, **74**, 225
Melanelixia glabra 62, **76**
Melanelixia glabratula *74*
Melanelixia subargentifera 63, **79**
Melanelixia subaurifera 30, **37**
Melanohalea elegantula 62, **74**
Melanohalea exasperata 62, **76**
Melanohalea exasperatula 30, **38**
Melanohalea laciniatula 62, **78**
Menegazzia terebrata 154, **168**
Micarea denigrata 182, **194**
Micarea lignaria 341, **371**
Micarea nitschkeana *194*
Micarea prasina 115, **133**
Montanelia disjuncta 226, **241**
Mycoblastus affinis *178*
Mycoblastus sanguinarius 155, **178**
Myriolecis albescens 221
Myriolecis crenulata 319
Myriolecis dispersa 221
Myriolecis hagenii 108

N

Nephroma parile 154, **164**
Nephroma resupinatum *164*
Nephromopsis chlorophylla 62, **68**
Nephromopsis cucullata 376, **400**
Nephromopsis nivalis 376, **400**
Normandina pulchella 114, **116**

O

Ochrolechia androgyna 115, **148**
Ochrolechia arborea 93, **98**
Ochrolechia microstictoides 115, **150**
Ochrolechia pallescens *267*
Ochrolechia parella 228, **267**
Ochrolechia turneri 93, **98**
Ochrolechia upsaliensis 376, **395**
Opegrapha dolomitica *253*
Opegrapha gyrocarpa 253
Opegrapha rufescens 128
Opegrapha vermicellifera 115, **144**
Ophioparma ventosa 374, **381**
Orphniospora mosigii *384*
Oxneria huculica 72

P

Parmelia discordans *246*
Parmelia ernstiae 30, **44**
Parmelia omphalodes 225, 226, **246**
Parmelia saxatilis 30, **44**, 226, **246**
Parmelia serrana *44*
Parmelia sulcata 30, **45**
Parmeliella triptophylla *397*
Parmelina carporrhizans 155, **172**
Parmelina pastillifera 155, **172**
Parmelina quercina 155, **172**
Parmelina tiliacea, 63, **84**
Parmeliopsis ambigua 154, **170**
Parmeliopsis hyperopta 154, **170**
Parmotrema arnoldii *119*
Parmotrema crinitum *119*
Parmotrema perlatum 114, **118**
Parmotrema stuppeum *119*
Peltigera aphthosa *236, 409*
Peltigera canina 341, **366**
Peltigera collina 154, **162**
Peltigera degenii 340, **368**
Peltigera didactyla 340, 341, **370**
Peltigera extenuata *370*
Peltigera horizontalis 154, **162**, 340, **368**
Peltigera hymenina 340, **368**
Peltigera leucophlebia 224, **236**
Peltigera membranacea *366*
Peltigera polydactylon 340, **368**
Peltigera praetextata 341, **366**
Peltigera rufescens 324, **329**, 341
Peltigera venosa 377, **408**
Pertusaria albescens 98
Pertusaria amara 148
Pertusaria aspergilla 254
Pertusaria bryontha *394*

Pertusaria coccodes 63, **94**
Pertusaria corallina 248
Pertusaria coronata *94*
Pertusaria flavida 115, **147**
Pertusaria glomerata *394*
Pertusaria hymenea 115, **138**
Pertusaria leioplaca 115, **138**
Pertusaria pertusa 115, **138**
Pertusaria pseudocorallina *248*
Pertusaria pustulata *139*
Petractis clausa 287, **312**
Phaeophyscia nigricans 30, **48**
Phaeophyscia orbicularis 30, **42**, 292
Phaeophyscia sciastra 284, **292**
Phlyctis agelaea *101*
Phlyctis argena 63, **101**
Physcia adscendens 30, **46**
Physcia aipolia 63, **88**
Physcia caesia 198, **210**, 226, 284
Physcia dubia 198, **210**, 226, 284
Physcia stellaris 63, **88**
Physcia tenella 30, **47**
Physciella chloantha 63, **87**
Physconia distorta 62, **90**
Physconia enteroxantha 63, **90**
Physconia grisea 30, **49**
Physconia perisidiosa 63, **90**
Piccolia ochrophora 63, **92**
Placidium rufescens 286, 324, **330**
Placidium squamulosum 324, **330**
Placynthiella dasaea *195*
Placynthiella icmalea 182, **195**, 341, **373**
Placynthiella uliginosa 341, **373**
Placynthium nigrum 285, 286, 288, **307**
Platismatia glauca 114, **118**
Pleopsidium chlorophanum 374, **378**
Pleopsidium flavum 378
Pleurosticta acetabulum 30, **39**
Polycauliona candelaria 30, **36**
Polycauliona polycarpa 30, **36**
Polyozosia albescens 199, **221**
Polyozosia crenulata 288, **319**
Polyozosia dispersa 199, **221**, 288
Polyozosia hagenii 64, **108**
Polyozosia persimilis *111*
Polyozosia sambuci *109*, *111*
Polyozosia semipallida *221*
Polysporina simplex 278
Polysporina subfuscescens 278
Porina lectissima 228, **259**
Porina leptalea 115, **137**
Porpidia crustulata 230, **282**
Porpidia macrocarpa 230, **282**
Porpidia soredizodes 227, **255**
Porpidia tuberculosa 227, **255**
Protoblastenia calva 286, **310**
Protoblastenia incrustans 286, **310**
Protoblastenia rupestris 286, **310**
Protopannaria pezizoides 376, **397**
Protoparmelia badia 228, 374, **385**
Protoparmelia memnonia *385*
Protoparmeliopsis garovaglii *222*
Protoparmeliopsis muralis 199, **222**, 286
Protoparmeliopsis versicolor *305*
Pseudephebe minuscula 375, **386**
Pseudephebe pubescens 375, **386**
Pseudevernia furfuracea 114, **117**, 224
Pseudosagedia aenea 115, **134**
Pseudosagedia chlorotica *134*
Pseudoschismatomma rufescens 114, **128**
Psilolechia lucida 227, **251**
Psora decipiens 324, **333**
Psoroma hypnorum 397
Punctelia borreri 63, **85**
Punctelia jeckeri 30, **50**
Punctelia subrudecta 30, **51**
Pyrenodesmia chalybaea 322
Pyrenodesmia variabilis 288, **322**
Pyrenula nitida 115, **136**
Pyrenula nitidella 115, **136**
Pyrrhospora quernea *54*

R

Racodium rupestre 224, **231**
Ramalina capitata 375, **387**
Ramalina farinacea 30, **33**, 224
Ramalina fastigiata 62, **70**
Ramalina fraxinea 62, **70**
Ramalina pollinaria 62, **70**
Rhizocarpon alpicola 374, **379**

Rhizocarpon distinctum 230, **281**
Rhizocarpon ferax *257*
Rhizocarpon geographicum 227, 229, **256**, 374, 379
Rhizocarpon lecanorinum 227, 229, **256**
Rhizocarpon oederi 229, **272**, 375
Rhizocarpon reductum 230, **282**
Rhizocarpon viridiatrum 257
Rhizoplaca chrysoleuca 374, 375, **380**
Rhizoplaca melanophthalma 374, 375, **380**
Rinodina bischoffii 288, **323**
Rinodina gennarii *323*
Rinodina immersa *323*
Rinodina pityrea 63, **95**
Rinodina pyrina 64, **113**
Romjularia lurida 286, 324, **330**
Ropalospora viridis 115, **152**
Rusavskia elegans 197, **200**

S

Sarcogyne pruinosa 288, **317**
Sarcogyne regularis 317
Schaereria fuscocinerea 375, **384**
Scoliciosporum chlorococcum 63, **102**
Scoliciosporum sarothamni *103*
Scoliciosporum umbrinum 228, **270**
Scytinium gelatinosum 285, **296**
Scytinium lichenoides 285, **296**
Scytinium pulvinatum 285, **296**
Solorina bispora *290*
Solorina crocea 377, **407**
Solorina octospora *290*
Solorina saccata 284, **290**, 377
Sphaerophorus fragilis *159*
Sphaerophorus globosus 154, **159**, 224
Squamarina cartilaginea 286, **306**
Squamarina lentigera *306*
Stereocaulon alpinum 377, **404**
Stereocaulon dactylophyllum 224, **232**
Stereocaulon saxatile *404*
Stereocaulon tomentosum *404*
Stereocaulon vesuvianum 224, **232**
Strangospora pinicola 63, **102**

T

Tephromela atra 198, 230, **275**, 374
Tephromela grumosa *213*
Thalloidima candidum 285, **304**
Thalloidima diffractum 304
Thalloidima physaroides 324, **334**
Thalloidima sedifolia 324, **334**
Thamnolia vermicularis 377, **403**
Thelotrema lepadinum 155, **176**
Toninia candida 304
Toninia physaroides 334
Toninia sedifolia 334
Toniniopsis dissimilis *177*
Toniniopsis separabilis 155, **177**
Trapelia coarctata 229, **268**
Trapelia glebulosa 229, **268**
Trapelia involuta 229, **268**
Trapeliopsis flexuosa 182, **196**
Trapeliopsis granulosa 341, **372**
Trapeliopsis pseudogranulosa 341, **372**
Tremolecia atrata 229, **272**, 375
Tuckermannopsis chlorophylla 68

U

Umbilicaria cylindrica 375, **392**
Umbilicaria decussata *392*
Umbilicaria deusta 225, 375, **390**
Umbilicaria grisea 225, **238**
Umbilicaria hirsuta 225, **238**
Umbilicaria hyperborea *390*
Umbilicaria polyphylla 225, 375, **390**
Umbilicaria pustulata 225, **240**
Umbilicaria torrefacta *390*
Umbilicaria vellea *238*
Usnea dasopoga 62, **66**
Usnea florida 154, **156**
Usnea glabrescens 154, **156**
Usnea hirta 62, **66**
Usnea intermedia 154, **156**
Usnea subfloridana 62, **66**

V

Varicellaria hemisphaerica 115, **148**
Varicellaria lactea 227, **254**
Variospora aurantia 285, **298**

Variospora dolomiticola 197, **206**, 286
Variospora flavescens 285, **298**
Verrucaria caerulea 287, **316**
Verrucaria macrostoma 199, **217**
Verrucaria nigrescens 199, **217**, 287
Verrucaria praetermissa 229, **271**
Violella fucata 115, **152**
Vulpicida pinastri 167
Vulpicida tubulosus 402

X

Xanthocarpia crenulatella *197, 205, 309*
Xanthocarpia marmorata 286, **309**
Xanthomendoza fallax *73*
Xanthomendoza fulva 62, **72**
Xanthomendoza huculica 62, **72**
Xanthoparmelia conspersa 226, **244**
Xanthoparmelia loxodes 226, **242**
Xanthoparmelia pulla 225, **242**
Xanthoparmelia stenophylla 226, **244**
Xanthoparmelia tinctina *244*
Xanthoparmelia verruculifera 226, **242**
Xanthoria calcicola 284, **289**
Xanthoria elegans 200
Xanthoria parietina 30, **34**, 284, **289**
Xanthoria candelaria 35
Xanthoria polycarpa 35
Xylographa parallela 182, **189**

Z

Zwackhia viridis 114, **128**

Über 400 Pilzarten
bestimmen und kennenlernen!

Dieses bewährte Praxisbuch, das in seiner Konzeption einzigartig ist und bereits weit über 25.000 mal verkauft wurde, ermöglicht das Kennenlernen der Pilze auf einfache, systematische und somit sichere Weise. Der Grundkurs führt nämlich unter Verwendung eines leicht verständlichen und reich bebilderten Schlüssels „Schritt für Schritt“ an die Bestimmung heran. Die hierfür wichtigen Merkmale können so zuverlässig erkannt und dadurch Familien und Gattungen sowie über 400 der am weitesten verbreiteten Pilzarten sicher bestimmt werden. Um Verwechslungen gänzlich auszuschließen, werden die bedeutendsten Speisepilze und ihre giftigen „Doppelgänger“ nochmals ausführlich und in brillanten Detailaufnahmen vorgestellt.

Rita Lüder
Grundkurs Pilzbestimmung
Vom Anfänger zum Profi
7. Aufl., 480 S., ca. 2.000 farb. Abb., geb., 12 x 19 cm
ISBN: 978-3-494-01933-8
Best.-Nr.: 494-01933

€ 26,95

Preisstand 2023

Quelle & Meyer Verlag www.quelle-meyer.de